Organizational Innovation
for 50 Years

組織創新
五十年

鄭伯壎 著

台灣飛利浦的跨世紀轉型

Transformation of Philips Taiwan

懷念永遠的微笑鬥士

羅益強先生（1937-2015）

衆裡尋它千百度　溯源直指笑鬥士

（照片來源：羅益強先生榮調紀念照片集）

序

築夢與圓夢

　　本書的撰寫，比想像的要困難多了，過程更是十分曲折，從發想到完成竟然長達二十年之久，光是書寫本身就足以成為一則豐富有趣的故事來加以敘說了。臺灣大學工商心理學研究團隊與台灣飛利浦結緣甚早，從1985年就開始了，一直到2000年都還有合作關係。這關係是如何啟動的？1998年，我在臺大心理學系五十週年系慶的產學合作演講時，是這樣描寫的：「十二月的校園沐浴在一片金色陽光的溫暖當中，寧靜、安詳而恬適……兩位西裝筆挺的紳士（Kuilman與魯業琦先生）神情優雅地上了心理學系北館二樓，進入莊仲仁教授研究室。從此，揭開了臺大與台灣飛利浦長期產學合作的歷史序幕。」

　　這一段歲月真是難得的人生際遇，為我的初始的學術生涯烙下深刻的歷史印記：在歷經好幾任荷蘭籍總裁的領導之後，台灣飛利浦由本地出身的羅益強先生主其事，並以破壞性創新的思維方式快速翻轉經營模式，而由外商海外的一個加工製造點神奇地成為世界級的研發、行銷及製造中心，表現十分亮眼。我們三人團隊（包括現任中山大學人資所的任金剛教授）一方面進行各種改善指標的調查分析，一方面立下宏願，一旦機緣成熟，一定要把此一段難得的經驗記錄下來，作為組織與管理的經典案例。事實上，當初（1986年）由飛利浦內部顧問常昭鳴先生陪同到中壢廠區訪

問時，許祿寶總經理就已經期許我們要做出類似霍桑研究一般的成績。

所謂「德不孤，必有鄰」，1997年當我由英國劍橋大學管理學院訪問研究回來之後，獲得《臺灣產業研究》客座主編臺灣大學國際企業系吳青松教授的邀約，撰寫一篇有關台灣飛利浦組織發展與策略的論文。因爲他打算編輯一本《外商在臺灣》的專刊，探討外資在臺灣經濟發展中的角色，以及如何在技術與管理上做出貢獻。大概耳聞我們團隊十分投入在台灣飛利浦的顧客與員工滿意度的研究調查當中，對其組織成長與變革知之甚深，乃力邀我們貢獻一篇論文。那時，正是台灣飛利浦如日中天的時代，不但業務蒸蒸日上，成爲荷蘭皇家飛利浦盾牌上那顆閃閃發亮的新星，而且帶領臺灣電子產業衝鋒陷陣，在競爭激烈的日本市場上開疆闢土，力爭上游。

二十世紀末，正是金融海嘯及企業改造當道的時期，爲了成功邁向另一個千禧年，企業紛紛瘦身減肥。最著名的案例莫過於美國奇異公司（General Electric Company, GE），其變革過程相當精彩動人，力道雷霆萬鈞，成就非凡，企業也從此脫胎換骨，成爲新世紀的領航者。一時，奇異變革之類的著作洛陽紙貴，中子彈傑克（傑克・威爾許Jack Welch, Jr.）更成爲家喻戶曉的響噹噹人物。許多學術與實務界人士也都對此案例讚譽有加，咸認爲是二十世紀末期最偉大的組織變革，威爾許則是百年來最傑出的企業領導人。可是，傑克・威爾許所採用的乃是震盪療法，大刀闊斧進行裁員，大量換血。許多單位都面臨兼併、整合、重組及裁撤的殘酷命運，從業人員的痛苦指數驟升。因而，威爾許被猛烈批評爲像一顆中子彈，只會取人性命，不傷建築本體。雖然事後證明變革頗爲成功，但我們不禁要問：變革需要如此冷酷無情嗎？這種慘烈的變革方式真的適用於珍視人的價值的企業嗎？答案顯然是否定的！

在臺灣，能與奇異相提並論的成功變革顯然不多，但是羅益強先生

帶領的台灣飛利浦躍進式變革絕對是其中之一，其效果不但不遑多讓，而且過程與手法更是溫和柔軟許多，牧羊人畢竟與投彈手差異很大。而且透過激勵每個人主動管理好自己的事，來發揮止於至善的精神，更是效果卓著，也不由得想起十八世紀時，羅斯柴爾德家族創始人的睿智忠告：「要如何致富？」…「管好自己的事！」。雖然環境變化快速，新興產業源源不絕地蹦出，但很多經營法則卻是歷久而彌新的。因此，趁此邀稿良機，應該把台灣飛利浦的傳奇故事撰寫出來，以免藏諸名山，徒留遺憾；同時，亦可振奮在地企業的志氣，承先啟後，開創更美好的未來。於是，乃與臺灣大學商學研究所博士班研究生林家五（現為東華大學企管系教授）一起動手，寫了一篇〈台灣飛利浦的經營與組織發展：一項整合性的觀點〉的論文，投稿到《臺灣產業研究》。可是，卻又覺得意猶未盡，一篇幾十頁的論文，實在難以詳述故事的細節與精彩動人的情節，應該打鐵趁熱，擴充為書。因而，乃將章節、大綱及其要旨一一記下；並認真討論出一頁訪談表，羅列十項重要問題，打算當面請教羅益強總裁。另外，出版社也在一旁加油打氣，列為最優先出版的書籍之一。因此，師生兩人，摩拳擦掌，一副勢在必行的樣子。

遺憾的是，這些事從未發生，好像一場春夢，了無痕跡。原來，歷史進展常常在意料之外，無常總是悄悄而來，計畫往往跟不上現況的變化。的確，人生既難預測，又難掌控：不但我們投稿的論文石沉大海，音訊全無，而且《臺灣產業研究》的外商專刊也從未出版；我們打算寫的書，雖然出版社期盼殷切，但因為訪談羅益強先生的願望未能實現，研究、教學、課業又多，此書的撰寫計畫也就戛然而止，無疾而終。對於美夢未能成真，我們倒不覺得扼腕，因為事情總是像波濤一樣，洶湧而來，一波未平，一波又起，條件因緣不俱足，只能徒呼負負，靜待時機成熟；而且也實在沒有太多餘暇的時間思考如何走下一步。尤其在邁入二十一世紀之

後，我們團隊獲得教育部追求卓越計畫的補助，所有成員都轉向探討具有本地文化特色之「華人組織行為」的議題，並成功地建構了一些「華人領導理論」之類的模型。伴隨著亞洲經濟的崛起，在天時、地利、人和齊備的有利條件下，東風竟然可以西漸，家長式領導成為國際新興的領導理論，不但影響了歐美領導研究的走向，而且在國際學術界發光發熱，贏得不少掌聲。我們亦樂於陶醉其中，積極發揮所謂的國際影響力。

十分弔詭的是，當我們淡出與台灣飛利浦的合作關係之際，全球飛利浦的未來之路，似乎也正在醞釀著轉變，公司的使命與願景與過去大不相同，並逐漸從電子產業抽身，轉向醫療與照護產業。於是，在全球飛利浦的版圖中，臺灣的身影愈來愈顯得輕薄短小，其規模與影響與二十世紀完全不可同日而語。我們與台灣飛利浦的距離，也變得愈來愈遙遠。然而，念頭一起，似乎就不會消失，必須加以圓滿。就在記憶變得模糊褪色之際，在2012年台灣飛利浦品質文教基金會的例會當中，由許祿寶董事長主持，討論基金會未來的發展方向。結果有成員提議，也許可以將出版系列書籍列入計畫，一方面為過往的台灣飛利浦的傑出表現，留下隻字片語，做為歷史紀錄；一方面也可以豐富基金會的活動，開展更多元的經驗交流。進而，強化台灣飛利浦退職同仁之大家庭「飛友會」的聯繫，且提攜後進，並造福鄉梓與貢獻人類社會。因為以台灣飛利浦經驗之精彩，必可提供效法典範，啟迪後進，為本地當前停滯不進之經濟注入一些創新性思維；同時透過對過往傑出經驗之詳細剖析，提供面對挑戰之卓越榜樣，亦可展現開創與創新之精神，造福人類。

於是，乃翻箱倒篋，搜出以往的檔案與資料重新審視一番。不看還好，一看不得了，許多過往鮮活的印象，都已經消磨殆盡，留下的記憶所剩無幾，只有點點滴滴的隱晦訊息飄浮著，閃爍不定。也許年輕時不是那麼困難的工作，現在已成為巨大的挑戰，勢必耗費一段時日，事倍而功

半。千思百想，總算找到一個兩全其美的辦法，尋思既然服務於學術殿堂，何妨把它視為一項研究計畫來執行，並號召博、碩士班研究生一起來共襄盛舉。如此一來，應可如期完成此項計畫，而且亦可讓年輕學子由做中學，從這個難得的案例當中，學到許多書本與文獻無法學到的默會之知。何況，就像美國幽默作家馬克吐溫所說的：「一位動手抓住貓尾巴，把貓摔回家的人，其所獲得的教訓，千百倍於旁觀者。」這種直接動手的作法的確是一種實實在在的教育，比研讀論文的正式作法更勝一籌。

於是，乃重新擬訂與擴充各章節的主要內容與綱要。為求周延，經過多次的開會討論，廣徵各方意見，終於以一年左右的時間完成了大綱，總共分為七章。除了首末兩章為前言與結論之外，以五章的篇幅來交代台灣飛利浦非凡的過去。接著，廣泛蒐集各種文獻、檔案、報導及相關資料，尤其是承蒙基金會諸位成員的鼎力襄助，使得各章節的資料更為豐富周延。然後，再將資料分配給研究生閱讀，定期舉辦研究討論會，加以消化、吸收，再轉化為文字。

為求嚴謹精確，更力邀當初曾任台灣飛利浦的高階主管來進行深度訪談——畢竟公司輝煌的歷史是由他們創造出來的，許多人都是開創元勳，擁有極為寶貴的一手經驗。對本書的撰寫，他們亦樂觀其成，因此，針對訪談問題總是知無不言，言無不盡，希望在短暫時間內，將過往所有學習、經歷及領悟傾囊相授，並重現往日經營的歷史場景。尤其羅益強先生更是不改本色，總是快人快語，在訪談時就直接挑戰研究生說：「為什麼要參加這項研究寫作計畫？想知道什麼？」也強調年輕人必須要有本事，要勇於向上挑戰，就像一流劍客一樣，專找能打敗他的人來比劍，而非找兩三下就可以贏的人來讓自己覺得很神氣：「不，要去找能打敗你的，才能學得到東西嘛！」一切彷彿時空重現，勾起了我三十年前第一次與羅先生開顧問會議時的情景，有位高階主管想請教日本顧問有關如何執行的問

題，羅先生馬上說：「No，這是我們自己的工作，不要推給顧問。他們是來找問題的！」經過多次深度訪談之後，再謄出文字稿，做爲第一手的資料。然後，根據所有資料寫出草稿，我再根據草稿加以統整、改寫，並延請參與經營的主管給予評論，提供修改意見。如此來來回回、反反覆覆五、六次，再逐漸成形，並加以定稿。

草稿的撰寫，當初的分配狀況是首章與末章由周婉茹（現任中原大學心理學系助理教授）與我負責，第二章謝佩儒，第三章白昆欣，第四章陳韋丞，第五章謝芳文，第六章簡忠仁（現任元智大學管理學院助理教授），我非常感謝這些研究生的投入。每一章完成後（2014），再由我參考最新資料與評論意見，陸陸續續修改，就好像在修改投稿論文一般。剛開始，在修改每一章時，本來是只針對該章的主要內容進行校準，但在總其成時，卻發現有的章節重複過多，有的章節則掛一漏萬，必須要加以刪減、增補、區分及彙整。於是，乃一而再、再而三地來來回回循環修正，又花了不少時間。另外，也因爲2003年以後，台灣飛利浦的業務已精簡爲本地銷售，我們接觸有限，蒐集的資料較少，無法理解其間的組織轉型過程，並掌握所處的時空背景與脈絡因素。因此，必須擴大時間視野，廣泛蒐集相關文獻來加以構思。這種情形當然與當初計畫著重於考察台灣飛利浦的茁壯與成長有關，較聚焦於品質改善成果，而忽略了千禧年以後，荷蘭皇家飛利浦的組織文化革新與企業轉型策略，以及伴隨而來的全球布局的大洗牌、大變革，以及破壞性創新。不同的時間視野，也的確會有不同的體會。

因而，乃做更進一步思維與廣泛閱讀，並博采眾議，將第六章切分爲兩章，前一章討論台灣飛利浦成爲卓越企業的過程，把整合後的品質改善模型列爲重點，說明BEST（Business Excellence through Speed and Teamwork）與台灣飛利浦的關係，並交代荷蘭飛利浦的願景與策略走

向，以及如何透過切割與出售（割售）、合併與收購（併購）來重新定位企業的經營模式，並使得台灣飛利浦逐漸縮減規模，演變爲銷售據點；後一章則討論飛利浦淡出電子業後，如何蛻變成爲醫療與照護產業的經過，以及對台灣飛利浦的衝擊。於是，全書八章總算成形，而凸顯了台灣飛利浦的跨世紀轉型過程，內容包括前言（第一章）、開創（第二章）、立志（第三章）、蛻變（第四章）、飛躍（第五章）、精實（第六章）、轉向（第七章），以及結論（第八章）。

英國詩人雪萊曾說：「詩人，與哲學家、畫家、雕塑家及音樂家一樣，在某種意義上是創造者。然而，在另外的意義上，則是時代的產物。即使是最出類拔萃的人，也不能逃脫此一主從關係。」作家如此，企業也是一樣，她一方面可以創造未來，一方面卻也需要接受時代的考驗。台灣飛利浦是在全球總裁弗利茨‧飛利浦以一票對八票、獨排眾議到臺灣設廠，經過全體外籍與本地員工的胼手胝足，上下一心，總算搭上全球電子產業高速成長的列車；再加上羅益強帶領的品質改善變革，終於一飛沖天，成爲世界級的電子巨擘，成效驚人。可是，在邁向全球化後，形勢丕變，全球市場競爭激烈，荷蘭飛利浦乃決定淡出市場成熟、生命週期短暫，以及景氣循環快速的產業；又面臨臺灣政治凌駕經濟、中國崛起，於是台灣飛利浦乃由中心成爲邊陲，其歷史情節，戲劇張力十足。

史丹佛大學教授O'Reilly與哥倫比亞大學教授Tushman在《創新求勝》一書中強調：「『成功之後衰敗，創新之後怠惰』的模式長存於各行各業當中……這是全球所有企業的通病。」可是，台灣飛利浦的歷史故事並不全然如此：她十分成功，也十分努力，可惜因爲是屬於全球化企業的聯屬公司，而非自主的企業體，而無法徹底遂行自己的意志，也許這是跨國企業聯屬公司難以逃脫的宿命。然而，對母公司而言，即使成功，也得居安思危，透過主動蛻變與策略創新，促使自己進一步往前展視，以期從

今日之堅強地位，邁向更美好的明日。因而，全球布局發生大改變，也是理所當然的。也許組織創新與企業轉型正是世界一流企業得以基業永固的理由，百年之後仍能長青永續。對善於代工製造、命運操之在別人的經濟體而言，這樣的歷史教訓，難道不是暮鼓晨鐘，足以振聾發聵，發人深省嗎？

成功雖然不容易複製，但歷史卻可以提供啟示，令人反省深思。所謂：「以古為鏡，可以知興替」、「多識前古，貽鑒將來」，從本書的案例中，應該可以獲得許許多多的啟發，其中犖犖大者也許是：組織需要同時兼顧演化型與革命型創新，透過持續改善累積突變之動能，由量變轉為質變，以告別昨日，迎來更璀璨的明天。在此過程中，領導人極為重要：「他們所做的決定是成敗的關鍵，高明的決定足以化解成功的魔咒，避開失敗的陷阱！」未來也是由具遠見的領導人所創造出來的，正如人類的歷史一樣：領導人指出前去之路，其餘人等則跟隨效行，再立下典範制度，成就百年丕基。

「眾志成城，眾擎易舉」，本書的完成也是如此，因為許許多多人的協助，方可竟其功，我們的團隊其實只是助緣而已。要特別感謝許祿寶先生所帶領的財團法人台灣飛利浦品質文教基金會成員的積極投入，尤其是安排深度面談，廣邀飛友會成員貢獻意見的同仁，他們的熱心參與，增加了許許多多的寶貴文獻與資料，令本書內容豐富周延不少；也要感謝欣然接受訪談的羅益強總裁、張玥總裁，以及孫紀善女士，因為他們的慨允，才有更為難得、翔實及珍貴的第一手資料；還有羅益強夫人劉小如女士提供的照片檔，因為她，本書方能圖文並茂，賞心悅目；謝宜瑾助理的不辭辛苦，認真繕打與尋找相關圖片；以及旁徵博引，努力繕校文稿的善心匿名人士，都是幕後功臣。除此之外，對參與台灣飛利浦經營的所有人士亦應致上最誠摯的謝意，他們是形塑過往五十年榮

光的主人翁。記得台灣飛利浦贏得日本戴明獎時，許祿寶先生接受天下雜誌訪問，他說：「以往的成長，靠的是跟荷蘭總部『徒弟跟師傅的學習』；全面品質改善活動是跟日本人學習。如今比較瞭解如何掌握一些方法，比較懂得怎樣要求，但剩下來的問題是『能否傳給下一代』。」因而，本書的出版，不僅是爲了見證本地的企業先驅曾經走過的半世紀榮光，也在於深切反思應該如何將知識傳承給下一代，以期「承先啓後，繼往開來」。雖然坊間當代企業發展史的書籍所在都有，可是嚴謹性卻相對有限，析理亦不夠透徹，而無法對企業之興衰轉折的機制有所洞察，獲得寶貴的教訓。希望本書的出版能夠稍微彌補上述缺憾，並爲華人社會的企業史的書寫提供一條道路。然而，更重要的是，希望所有的新的世代都能立基於前人的經驗，吸收前人的智慧，開創更恢弘的新局：青出於藍，而更勝於藍；讓今日勝於昨日，明天猶勝於今天，使得這個世界變得更加美好，每個人都更爲幸福，是所至盼！

鄭伯壎

謹識於國立臺灣大學

2018年仲夏

目錄

序……ii

第一章　前言：推動臺灣奇蹟的另一隻手…………………………… 1
　　第一節　廠商活動與經濟成長……7
　　第二節　時代背景：臺灣的經濟發展與外商因素……12
　　第三節　回首從前：臺灣電子產業的變遷……24
　　第四節　本書的立場與架構……30

第二章　開創：飛向高雄加工出口區的歐洲春燕………………… 35
　　第一節　荷蘭飛利浦的百年基業……36
　　第二節　看見福爾摩沙……47
　　第三節　台灣飛利浦的茁壯……51
　　第四節　英國南安普敦廠的品質事件與啓示……75
　　第五節　日本第一的挑戰……82

第三章　立志：啓動世紀變革…………………………………………… 89
　　第一節　覺醒：危機就是轉機……90
　　第二節　展望：成爲遠東市場的主要玩家……94
　　第三節　品質與速度是關鍵……99
　　第四節　推動全公司品質改善……105
　　第五節　品質指標、總裁診斷及方針展開……130
　　第六節　摘取戴明品質桂冠之路……145

第四章　蛻變：加速變革引擎…………………………………………… 151
　　第一節　百尺竿頭更進一步……152
　　第二節　顧客是關鍵……165
　　第三節　顧客滿意度指標與調查……170
　　第四節　策略性方針管理……181
　　第五節　邁向顧客導向的組織……187
　　第六節　顧客的第一選擇……193

第五章　飛躍：累積世界級聲望……………………………………… 199

第一節　珍視員工價值……200

第二節　員工需求的掌握與滿足……207

第三節　邁向有機式組織……214

第四節　贏得日本品質獎……223

第五節　領先大未來……226

第六章　精實：成為卓越企業……………………………………… 233

第一節　臻於卓越的 BEST……234

第二節　更上一層樓的品質標竿……246

第三節　台灣飛利浦的企業公民責任……249

第四節　全球組織大整併……257

第七章　轉向：確立新使命………………………………………… 263

第一節　精心極簡……264

第二節　創新為你……270

第三節　台灣飛利浦的人才擴散……272

第八章　結語：反思組織創新五十年……………………………… 281

第一節　台灣飛利浦的角色嬗遞……282

第二節　品質改善與組織變革之旅……287

第三節　組織轉型的啓動與改善……293

第四節　雙管齊下的組織轉型……304

第五節　台灣飛利浦的經驗與啓示……311

參考資料……325

參考文獻……327

附錄一、《品管無價》（*Quality is free*）精華摘要……331

附錄二、台灣飛利浦組織轉型年表……337

第一章

前言：推動臺灣奇蹟的另一隻手

　　邁入千禧年之後，資訊科技與數位科技突飛猛進，工業4.0乃成為舉世注目的焦點。工業4.0是指全球產業在歷經蒸汽機發明、電力驅動，以及電腦崛起等三次革命之後，結合電腦、軟體及網際網絡，透過人工智慧所產生的創新，將改寫產業未來的風貌與版圖，成為人類產業歷史上的第四波革命。在此浪潮之下，任何的企業都得拋開舊思維，奮力轉型，以掌握未來的先機。但是，這種轉型並非僅止於對生產流程、人力資源，以及組織結構的進一步簡化而已，也涉及了更深層的價值觀與基本預設的改變。換句話說，資訊科技（IT）的更迭只是工業4.0的要件之一，組織除了要提升資訊網絡系統的效能之外，也需要認真思考未來的經營模式為何、整個產業價值鏈如何變化，以及企業本質如何重新定位等等的問題，以全新的角度去想像企業的使命與任務，並以全新的視野去制定策略與行動準則。

　　事實上，不管人類會面臨多少波的革命，企業所處的環境總是無時無刻不在變化之中。當企業面對急遽變動的經營環境與產業結構時，要想永續發展與持續生存，就得依靠組織轉型（organizational transformation）來脫胎換骨，並採取劍及履及的預應作法，快步向前，方能掌握未來，基業長青。在面對環境變化的挑戰時，究竟企業經營者是如何下定「轉型決心」的？如何提出具體步驟與作法，啟動革新之路？又如何排除變革抗拒，激勵組織成員勇於面對變局，進一步跨越成長的鴻溝？究竟是哪些脈絡因素會影響企業的策略選擇與變革行動？這些問題都值得關注探討，且需要認真以對，並進行行動研究，以提出一針見血的睿智答案，一方面帶動個別企業成長，一方面亦可進而促進一國經濟之發展。

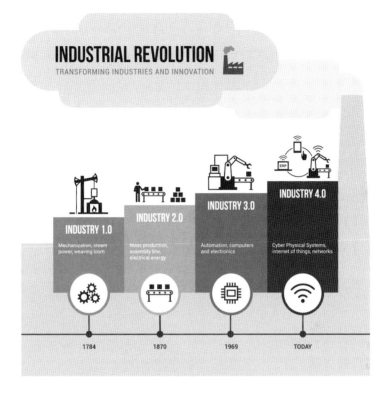

◎ 工業革命的進展

　　從過往組織創新的歷史來看，推動變革者多，而收實效者少；變革流於修辭意義的多，而劍及履及、實事求是的少，以致於變革的案例很多，但成功的卻十分有限。即使成功了，也常常是曇花一現，而未能像冬梅一般常駐枝頭，笑傲冰霜，甚至得以永續長青，百年屹立。因而，如果有一家公司能夠堅持改變的決心，逐漸由小蝦米蛻變成大鯨魚，由外商的海外製造據點轉變爲跨國營運、研發及行銷中心；由地方性的加工型製造工廠轉變爲世界級的大型企業；由製造的單一功能，擴及研發、設計、生產、行銷及物流鏈的多元體系，那就不由得令人眼睛爲之一亮，吸引眾多的目光，亟思了解究竟是如何做到的？有何江湖一點訣，或是不爲人知的獨到之處？

　　雖然機會有限，但在作者過往三十多年的企業研究經驗當中，卻很幸運地參與了一家符合上述標準之企業組織的轉型，不但對之有極為深入的瞭解，而且獲得不少洞見，可以提供給後進者參考。此跨國企業的臺灣分支企業，曾持續進行有計畫的組織發展與變革，從品質、製程改善下手，再改變人員心態與組織結構，最終甚至重新界定企業使命，而由原本的產業中跳脫，進入另一個嶄新的產業。這是一家與臺灣結緣最早、淵源最深的世界級企業，它的母公司成立至今已逾一百二十年以上，臺灣聯屬公司則年過半百；此公司曾經是世界級電子、照明及電腦業的科技巨擘，轉型之後，則成為當代醫療與健康照護產業的領導者。在本地經濟發展的過程中，此企業不但引入了製造技術與管理經營法則，而且落地生根，融入本土文化，並發揚光大，對本地經濟成長貢獻卓著；同時，在本地領導人及各管理層人員的努力之下，透過一連串的組織發展與變革，不但得以在臺灣立足、深耕及開展，更成為世界一流的公司，而創造出獨樹一格的華人本土組織發展經驗。其成功的組織發展與創新是如何做到的？背後理路為何？展現的組織行動又是如何？這些問題都是本書所企圖回答的，也將針對各項主題逐一抽絲剝繭，加以釐清，再由此建構企業轉型的模式，提供管理學術工作者、經營實踐者，以及政府經濟政策制定者的參考。這是怎樣的一家企業？其企業轉型的理念與具體作法為何？…也許故事要從以下的報導說起！

　　2014年7月12日英國《經濟學人》（Economist）雜誌以聳動的標題寫著：〈飛利浦照明，出局！〉報導此家荷蘭企業巨擘的組織重組與轉型仍在持續著─雖然組織改造之箭已經射出，但還在向前行進當中，並未完成；同時，也強調許多日本的競爭對手應該以此為學習典範，趕快做好充分的準備，以便重新再出發。她拋售了不少處於紅海、低獲利，以及容易受景氣波動影響的事業，也購入了不少具有前景的工廠與企業。因而，飛

利浦的重組之路尚未到達盡頭。對一家世界級的電子巨人而言，連賴以起家的照明事業部都可以排除在皇家飛利浦的品牌之外，那就更不用說2006年被分割的飛利浦半導體事業群了。2006年9月1日半導體事業群的執行長萬豪敦（Frans van Houten）宣布，飛利浦半導體事業群正式更名為恩智浦（NXP），從皇家飛利浦體系獨立出來，這種新經驗（new experience）為使用飛利浦品牌五十三年的電子產業歷史劃下了一道休止符。因為飛利浦出售80.1%的股權給KKR（Kohlberg Kravis Roberts & Co.）、銀湖（Silver Lake Partners）等私募基金，皇家飛利浦則僅保留19.9%，而淡出半導體產業。

在飛利浦轉型為健康產業、逐漸告別電子產業之際，曾是皇家飛利浦盾牌那顆閃閃發亮明星的台灣飛利浦也隨之轉型，從研發、行銷、製造的一條龍價值鏈，蛻變成只著眼於本地行銷與服務的銷售點。雖然如此，台灣飛利浦被切割出售的廠區卻仍然在新東家的集團中引領風騷，發光發熱。遙想當年：「雄姿英發、羽扇綸巾；談笑間，檣櫓灰飛煙滅」的年代，台灣飛利浦的轉型故事其實是十分精彩動人的——1966年飛利浦在臺灣設立「建元電子股份有限公司」（Electronics Building Elements〔Taiwan〕Limited, EBEI），凜於臺灣技術水準之優異、人才之勤奮，以及績效之卓著，乃於1970年冠上飛利浦之名，正式定名為「台灣飛利浦建元電子股份有限公司」（Philips Electronics Building Elements〔Taiwan〕Limited, PEBEI）。而同年在竹北成立了台灣飛利浦電子工業股份有限公司（Philips Electronic Industrial Taiwan Ltd., PEI），用以生產電視映像管、顯示器管（CRT）、電視機，以及顯示器（Monitor）。從此，台灣飛利浦一飛沖天，不但開啟了三十年的榮景，而且從一家跨國公司的小小加工廠，演變為綜合行銷、研發及生產的世界級大企業，成為全球半導體與消費性電子的製造重鎮，同時由新生走向絢爛，由世界邊陲走向舞臺中心，

　　就像天邊快速升起的一顆閃亮明星，她不但是臺灣排名第一的外商企業集
團，也成功帶領臺灣電子產業成爲世界級的可敬玩家……

▲ 台灣飛利浦建元電子股份有限公司

照片來源：羅益強先生榮調紀念照片集

　　本書想要陳述的正是此家公司五十年來的成長故事，鑒往知來，提供
一個組織成功轉型的案例，鋪陳企業如何面對環境挑戰，下定改變決心，
提出具體作法，發揮實效，以及如何激勵組織成員勇於面對，進一步跨越
成長的鴻溝。這樣的企業經驗不但可以提供廠商活動與企業經營的參考，
亦可透過典範學習，進而帶動個別企業的成長，以及一國經濟的發展。作
爲序曲的第一章，本章將先勾勒臺灣經濟成長轉折的過程，描繪當時的時
代背景，進而交代台灣飛利浦與主要產業變動間的關聯，並簡要勾勒本書
後續各章的內容。

❖ 第一節　廠商活動與經濟成長

面對環境巨變、技術的斷代式躍進，以及服務模式的顛覆性發展，大多數有遠見、有智慧的經營者都知道唯有依靠脫胎換骨式的變革，組織才能確保生存，邁向未知的未來。因此，「求新求變」、「危機就是轉機」的口號總是響徹雲霄；組織再造、學習型組織、全面品管、六標準差（6 sigma）及平衡計分卡的種種作法層出不窮。可惜的是，不少改革行動與作法都只是一種流行，風向一變，又開始另一波的盲目跟風。「苟日新、日日新、又日新」的目標看似具有標籤意義，但卻常常只有堅持五分鐘的熱度，專注與執行力始終無法持續，而很少能夠發揮實際的效果。

巨觀而言，在什麼狀況下，才能帶動經濟成長？這是許多政府執政的重要目標。因為經濟成長，才能創造財富，改善人民生活。可是持平而言，在此項目標背後，達成經濟成長的主要推手，非企業廠商莫屬。政府與廠商的關係是唇齒相依、互為因果的，就像牧童與牛的關係一樣。兩者孰重孰輕，也許可以用牧童牽牛喝水的比喻來說明：政府政策像牧童一樣，可以把牛牽到水邊，但喝不喝水還得看牛的決定，因而廠商的自主性扮演了十分重要的角色。

事實上，二次世界大戰以來，全球的經濟成長，主要來自於廠商活動的頻繁與企業組織的崛起。彼得‧杜拉克（Peter F. Drucker）（2003）在其《新現實》（The New Reality）的書中特別強調：「企業應是第二次世界大戰以來最成功的歷史故事，這是大多數人在1930年代所夢想不到的。」這種真知灼見在柏林圍牆倒塌之後，更顯得睿智。當共產鐵幕撤除之後，企業的崛起使得生產一向落後的共產主義社會改頭換面，生產力呈現爆炸式的成長，因而中國與蘇聯等共產國家成為當代全球經濟發展的重要地區，並不令人意外。邁入千禧年後，這種趨勢更加明顯與突出。

　　作為新興工業國的一員，臺灣的經濟發展在二次大戰之後，百廢待舉，但卻能在短短數十年的時間取得重大進展，跌破了不少經濟專家的眼鏡，而嘖嘖稱奇，並以奇蹟相稱。其成功之道，除了政府官員具有遠見，經濟與產業政策正確之外，作為經濟成長支柱的企業也扮演著舉足輕重的角色。企業與政府唇齒相依，因而，要理解單一企業的興衰，也得掌握國家經濟發展與社會變遷的狀況，並透過企業的歷史分析，來俯瞰、深究及洞察企業的起落興衰，以及能夠永續經營的理由與契機。

◎ 企業崛起帶動全球經濟發展

一、企業歷史分析

　　雖然企業已成為當前經濟社會的寵兒，但並不表示每一家企業都一定會成功，甚至成長茁壯。在許多玩家紛紛加入的狀況下，社會達爾文主義「物競天擇，優勝劣敗」的原則，早已是企業能否繼續存活的重要判定準

則與金科玉律。然而，在環境變動快速、挑戰嚴酷的狀況之下，獲得成功的組織並不多見，反而以失敗收場的企業卻比比皆是，並快速湮沒在歷史的洪流之中。至於屹立不搖，能夠歷百年而不墜的企業，就更是屬於鳳毛麟角了。為何有的企業能夠成功轉型，邁向永續經營；有的則無法面對變化，倏爾凋零，其原因何在？此問題的探討不但是重要的學術議題，也是企業永續實踐的根本關鍵。可是，雖然探尋之路不少，但此問題不但頗為複雜，而且具有動態性，因而不可能有簡單的答案。

事實上，企業轉型與產品服務之生命週期是息息相關的，而涉及了開創、成長及凋零的過程，因此需要投入長期的觀察，並進行貫時性的歷史分析，方可明察真相。也就是說，由於企業的生成與發展是鑲嵌在特定環境與時空中的，因此，從歷史的角度長期觀察企業演進的歷程，瞭解所處外在環境的變動、企業體的因應對策，以及內部採取的種種管理作法與策略分析，方能知悉企業如何在「環境變動—策略選擇—管理行動」的原則下，持續改善、轉型，並邁向永續經營。也由於企業發展受制於經濟、政治、社會、法律、稅制等各種錯綜複雜環境因素的交錯影響，每一項環境變化，都會影響企業經營策略的更迭與行動的選擇。

這種企業與環境間的關係，基本上反映的是一種多元互動、多向循環的過程，並不容易從單一時間點的橫切面來充分理解，而必須擁有長期（long duration）的視野，將企業置身於整體環境與產業脈絡中，進行分析，才能一窺全貌，且從中掌握成功轉型的祕訣。也就是說，組織轉型具有脈絡性（contextual）、歷史性（historical）及歷程性（processual）的特色（Pettigrew, 1985），行動與脈絡是不可分割的。因而在跨越漫長時空、複雜且持續性的變革轉型過程中，時間、環境、歷程及行動總是彼此相互牽扯、環環相扣的，無法忽略全貌，否則將只見樹而不見林，並落入以偏概全的陷阱之中。

因而，要理解企業的變遷、革新及成功之道，需要借助企業的歷史性分析（historical analysis），從企業史（business history）的角度，來回顧與俯瞰企業組織所面對的環境變化、領導者的決策、策略選擇，以及其後續轉型行動，以掌握企業能夠永續的理由。所謂企業史分析，不僅需要描繪企業本身的歷史，也得勾勒出經營管理模式的演變與革新；同時，亦需瞭解在環境的變動之下，企業是如何轉型，因應環境變化，或甚至是掌握趨勢，主動改變歷史進程與環境走向的。所謂「以古爲鑒，可知興替」，這種分析可以提供經驗與教訓，將過往的企業發展經驗與啓示運用至現今的企業管理議題上，藉以博古知今，判斷種種決策經驗的優劣良窳，以預應未來的改變。

由於經營環境變化快速，企業只有具備敏銳的市場嗅覺、擁有當機立斷的遠見，以及回應變動的彈性，才能適時調整發展策略，保有競爭優勢，並不斷成長；同時，也得預知、掌握及創造未來的經營模式，才能成爲產業的領航人。因而，透過歷史分析來理解長青企業長期以來所淬鍊出來的經營智慧與管理原則，不但足以振聾發聵，亦足以指引後進持續向前。可是，由於這種轉型的組織研究，視角較爲寬廣，時間冗長，因而，需要尋找具有一定歷史、且表現傑出的企業做爲研究對象，方可達成目標。可惜的是，始終屹立不搖的長青企業並不多見，能臻於世界級水準的更是絕無僅有，因此這類研究具有一定的難度，知識的累積有限，需要補足的知識空白與缺口不少。在歷史的際遇下，當發現有一家企業符合這項標準時，的確是令人驚喜萬分的，因爲其故事不但值得傳述，提供學習典範；而且能夠發人深省，啓迪智慧。台灣飛利浦，正是這樣的一個案例。

二、從台灣飛利浦說起

　　在諸多國際企業中，飛利浦是與臺灣結緣最早、淵源最深的外商：在臺灣被動元件、晶圓測試、半導體封裝及產品測試、電視映像管、電視機，以及及顯示器上中下游的產銷供應鏈環節中，都有飛利浦的影子；甚至不少臺灣現今晶圓代工與封裝測試產業的經營者，也都曾經是台灣飛利浦的一員，並受過一層層循序漸進之領導角色的洗禮、培育及啓迪。更重要的是，在臺灣經濟發展的過程中，台灣飛利浦不但引入了管理技術與經營法則，而且就地生根，發揚光大，對臺灣經濟成長有著不可抹殺的貢獻；其成功的經驗模式與科技專業，對當前臺灣企業的對外投資，亦具有非凡的意義。因此，就歷史經驗而言，當外商企業投資臺灣而設立海外聯屬公司後，其聯屬公司如何在臺灣立足、深耕、開展及蛻變，並創造獨樹一格的臺灣經驗，而成為世界一流的公司？上述問題的探討，對政府政策、管理學術，以及經營實務都饒有意義。

　　台灣飛利浦的歷史紀錄反映了跨國公司與外資企業對臺灣的良性影響，不但提升了本地的管理品質與科技技術水準，亦促進了產業的發展。的確，台灣飛利浦是非常成功的，她是早期進駐臺灣加工出口區與率先成為臺灣電子零組件電腦技術之先驅的外商，對於推動臺灣電子產業的發展貢獻自是不小。作為融合本土人才的跨國公司，其長青之道，及創造母公司與聯屬公司互利共生的作法，令人印象深刻。所謂「時代考驗企業，企業創造時代」，透過察看台灣飛利浦的誕生、茁壯、轉折的軌跡，以及所處的時代背景，來鋪陳一家企業如何邁向世界第一流，其中的轉型機制與法則為何，也許就像聆聽一首意味深長、高潮迭起的交響詩一樣，能夠讓人蕩氣迴腸；探索這段豐富精彩的歷史，不但引人入勝，而且能夠鼓舞人心。

❖第二節　時代背景：臺灣的經濟發展與外商因素

　　從歷史際遇來看，自十七世紀西方殖民主義興起，海運開通以來，臺灣逐漸成為東亞的重要貿易輻輳點。歷經荷蘭、明鄭、滿清及日本的經營統治，1945年再回歸於中華民國的懷抱。1950年代的臺灣，國民政府撤退來臺，其所面臨的經濟情勢相對嚴峻，不但經濟成長低迷、百業待興、產業亟待整頓，而且面臨資源短缺與通貨膨脹的問題。在此情勢下，經濟策略的選擇與政策的制定扮演非常關鍵的角色。政府究竟需要採用何種作法，才能將經濟情勢穩定下來呢？

　　「前車之鑑，後車之師」，仔細分析已開發國家的發展經驗，可以發現市場策略可分為對內與對外兩大類型，對內有初階形態的閉關自守型與進階形態的進口替代型兩類；對外則有初階形態的相對開放型（或出口導向型）與進階形態的完全開放型兩類。各型經濟發展的開放程度，通常是由閉關自守到完全開放，並以漸進方式逐漸改變的。完全開放意謂國內外市場完全打開，不僅對外經濟關係完全開放，而且國內經濟也面臨高度市場化的規模。

　　相較於臺灣當前沉悶的經濟狀況，臺灣在戰後直至二十世紀末期的經濟發展，的確是極為活潑生猛且朝氣蓬勃的。自1949年國民政府播遷來臺以來，一直到1990年代，臺灣的經濟發展，常令人感到驚豔，甚至留下深刻印象。由1949年的物資匱乏、民生凋敝及物價惡性膨脹的貧窮經濟社會，一躍而發展成「新興工業化國家」（Newly Industrializing Country, NIC）的典範，也是開發中國家之楷模。此一「經濟奇蹟」（1950－1990）是如何達成的？其階段為何？也許不同的專家對階段的區分並不相同，但大多數人應該同意可以大致分為幾個重要的階段，包括進口替

代（1950－1959）、出口擴張（1960－1969）、第二次進口替代（1970－1979）、自由化與國際化（1980－1989），接著則是全球化（1990以後）。爲什麼臺灣在此黃金四十年能有如此快速的經濟發展，其原因爲何？因素固然很多，但無可否認地，在資金與技術的引進上，外商扮演著舉足輕重的關鍵角色。

一、進口替代（1950－1959）

以全球的經濟發展而言，英國在十八世紀末發生工業革命以後，成爲第一個工業強國。追隨英國之後，歐美大多數國家在工業化過程中都採取了「進口替代」策略。此策略的基本思維是：利用本國生產的產品來替代進口產品，也就是藉由限制工業成品的進口，來促進本國工業化。將原來依靠進口的貨物改由本國自己生產，以有效克服本國與輸出國之間的收支不平衡。通常進口替代會經過兩個階段，第一階段，發展生產消費品的轉型輕工業，例如家電、食品、紡織及皮革等勞力密集型的產業，以替代國外進口商品，滿足國內市場的基本消費需求。第二階段，由消費品轉向國內短缺的資本財或中間性產品，如機器製造、石油加工、鋼鐵等資本密集型產業。經過此兩階段的發展後，將可奠定全面工業化的基礎，也能培養出口擴張的實力。

1949年，國共內戰結束，國民政府退出中國大陸，轉進臺灣。基於敗戰的教訓，也爲了累積反攻實力，國民政府乃著手進行臺灣經濟的重建。臺灣在日本統治時期，並未像中國一樣內戰頻仍，而能爲臺灣的農業與工業建設奠定基礎，並留下許多重要體制與設施，包括水利規劃、法律制度、農業制度、農民合作組織及基礎建設等等，使得戰後的臺灣能夠快速恢復原貌（陳正茂，2003）。

除了日本治理時代所扎下的基礎之外，政府在當時的農業經濟社會

中，有效地解決土地問題，也是促使農村快速發展與提升生產力的重要因素。為了使租佃制度合理化，並使土地公平分配，政府首先推行土地改革（三七五減租、公地放領，以及耕者有其田，）[1]，穩定農業經濟的發展；1950年代，開始實施第一個經濟建設四年計畫（1953年），重點在於推動「以農業培植工業、以工業帶動農業」的經濟發展政策（谷浦孝雄，1995）；同時由於外匯短缺，因此決定採取進口替代政策（最重要的進口大宗，一是棉紡織品，二是西藥），以農產品出口來換取外匯，也就是強化了糖、米、茶及樟腦的出口，並鼓勵農民種植香蕉、鳳梨、蘆筍等高經濟作物，外銷日本與歐洲地區，以購買與進口工業機器，發展民生工業。另外，推動技術簡單、資本需求低的勞力密集輕工業，以替代進口商品，此即所謂之「水平進口替代時期」。

　　為了實現進口替代，政府在這一時期加強關稅保護與進口管制，實行外匯配額與複式匯率，並對生產進口產品的民營企業，尤其是紡織業，提供優惠信貸（段承璞，1992：106），以扶持國內產業的自立發展。此時，臺灣經濟能站穩腳跟並有所發展，主要原因有三：（1）美援的資助，（2）大幅提高利率、降低匯率，以及（3）中國大陸資本與人才的大量流入（陳正茂，2003：190 191）。韓戰爆發後，美國為了在東亞建立更鞏固的防線，臺灣的戰略地位因此有所提升。美國國會在1951年通過共同安全法案，透過對臺灣的各種經濟援助，以協助臺灣紓解因局勢演變而增加的經濟負擔。因此，在外國投資中，由於美臺關係透過經濟援助而更加密切，雙方簽訂「美華投資保證協定」，減少了投資風險；再加上臺灣的低成本勞動力，以及政治、經濟穩定等條件，使得美國資本快速湧入臺

---

[1] 政府的土地改革政策，首先於1949年推動「三七五減租」，規定地租不超過總收種量37.5%，並強制收購大戶餘糧；1951年實施「公地放領」，將自日本人手中收回的公地出售給農民，引導地價進一步下降；1953年則施行「耕者有其田」，規定地主土地超過三公頃的部分必須出售給政府，再由政府轉售予農民。

灣（谷浦孝雄，1995）。

　　美援主要運用於中小型工業的貸款，以扶植臺灣本地產業，像東南亞首家塑膠工廠的台塑，就是美援貸款下的受惠者。其具體內容除了包括民生物資、戰略物資及基礎建設所需要的物資之外，各種技術合作與開發亦廣泛進行。美援對臺灣的貢獻主要為平抑物價、促進經濟發展，以及創造科技移轉的機會。在美援的支持下，不僅有效控制臺灣戰後的通貨膨脹，也解決當時臺灣外匯資金不足的問題，適時彌補臺灣的財政赤字，並維持物價的安定，而加速臺灣戰後的農業復興。

▲ 美援對臺灣戰後經濟的發展卓有貢獻

　　在中國大陸資本方面，由於大陸來臺人士中有不少經濟技術人才，包括尹仲容、李國鼎、俞國華、孫運璿、嚴家淦、陶聲洋等財經技術官僚，也適時填補了日本技術人才離去的空缺。再加上戰後初期來臺接收的國營

事業技術人員，以及國民政府為恢復生產對國營事業所做的投資，使得「進口替代時期」的臺灣經濟，有了穩固的基礎。此時的臺灣經濟已逐漸達成對內迅速增加生產、充裕物資供應，對外取得國際金融收支平衡的目標，更進而消除通貨膨脹的問題，達到工業穩定成長的主要目標，於是百姓生活大有改善，經濟逐漸恢復穩定。

二、出口擴張（1960－1969）

由於臺灣幅員狹小，內銷市場有限，因此1960年代逐漸面臨國內市場飽和、農業生產過剩的情況。在資源供應方面，由於天然資源有限，不但經濟發展所需的資本設備需自先進工業國輸入，就連一般農工原料也往往依賴進口。可是，進口所需要的大量外匯，在美援終止（1965年6月結束）後，大幅減少；再加上工業成長趨緩，國內的資金需求缺口愈加擴大。除此之外，人口快速增加，農村勞動力過剩之壓力，急需創造就業機會加以因應。因此，政府不但需要努力改善國內投資環境，吸引僑外投資，拓展外銷，以增加外匯收入；而且，也需要將政策由經濟穩定轉向經濟成長，加速工業的發展，以提升國民所得，增加就業機會，並改善國內資金短缺的問題。

△ 吸引外資投入以擴張出口

　　為了解決上述問題，政府改弦易轍，採取出口導向的經濟與產業政策，側重發展內銷代替的工業，以生產過剩的輕工業產品代替農產品為外銷主力，期望鼓勵這些產品的出口來帶動國內生產，使得臺灣走向出口擴張的經濟發展新階段。其成果是不但創造大量的外匯，也推動工業化的持續向上發展。在此時期，許多歐美跨國公司，包括荷蘭飛利浦，為了接近東亞市場，或取得相對低廉與勤奮的勞動力，相繼在臺灣設廠，生產電子加工出口產品，臺灣因而成為許多工業先進國廠商的加工基地。這些外資的出現，帶動了臺灣加工出口型的經濟成長，使得國內市場得以急速擴大；進而又吸引更多電子工業加工出口型的外商投資，而形成良性循環，從而提升製造品質管理的效能、管理技術的標準化，以及建立人才培育的制度。此外，為了擴大出口貿易、增加外匯收入與就業機會，政府自1965年起，先後設立高雄、楠梓、潭子三個加工出口區，以鼓勵出口；同時，亦以出口退稅與廉價勞動力為號召，吸引僑外投資。另外，從國外引進資

本與技術，進行國家基本建設、能源建設，而由勞力密集的加工業，逐步發展爲技術與資本密集的工業，也推進了電子資訊產業的研發腳步。

　　大量的外資與技術，不僅適時填補美援中止後的資金缺口，也對臺灣經濟發展中的技術因素產生了正面的影響效果。例如：臺灣家電業者開始透過與日本的合作關係，從日商進口零件，再到臺灣組裝，並引進更多家電用品，而提升了家電組裝的技術，且爲後來的消費性電子產業、電腦資訊業，以及電子零組件業，扎下初步的技術基礎。

　　在此階段，臺灣成爲國際垂直加工體系中的一環，在市場上依賴美國，在生產技術上則大多依賴日本，形成美、日、臺的「三環結構」，進一步帶動臺灣的經濟發展。在此三環結構下，當然有一些例外，例如：飛利浦屬於歐商，但歐洲的投資與廠商數量，占的比例相對較小。另外，爲了提高臺灣人民教育水準，政府於1968年將國民義務教育由六年延長爲九年，此一教育措施也奠定了1970年代臺灣經濟起飛時，中級技術人才供給的不虞匱乏。

　　整體而言，臺灣經濟在1960年代能夠高速增長，實有賴於當時有利的國際環境。出口擴張時期，正是臺灣經濟高速發展的階段，不僅經濟成長迅速（平均經濟成長率超過10%），國民生產毛額總值增長率平均達10.39%，是臺灣經濟發展的「黃金時代」（段承璞，1992）。因而，臺灣逐漸由農業社會轉爲輕工業社會，電器、紡織及塑膠等輕工業也快速成長。

三、第二次進口替代（1970－1979）

　　1970年代，全球深受糧食短缺與兩次石油危機（1973年、1979年）的衝擊，導致國際經濟的景氣蕭條，影響出口貿易，對以出口導向爲主的臺灣經濟打擊很大，並有衰退的趨勢。在國際外交上，臺灣又陸續面臨退出聯合國（1971年）、臺日斷交（1972年）、臺美斷交（1978年），以及美

軍顧問團撤離臺灣（1979年）等等的外交困境，使得臺灣的國際情勢變得險峻，並導致內外投資意願降低、出口市場萎縮的困境；再加上國內天然資源短缺，製造業所需原料受制於國外；以及因為前期快速的經濟發展，而突顯了基礎建設極端不足的問題。

　　為了改善上述種種問題，1976年開始，政府進行了經濟結構的調整，並實施第二次進口替代，先後進行「十大建設」與「十二項建設」，以鞏固並穩定經濟發展（陳正茂，2003：194），進入所謂的「垂直進口替代時期」。其主要目標是透過基礎工業的建立與基本建設的構築，垂直串聯臺灣主要的出口廠商供應鏈，一方面促進產業升級，提高產品附加價值；一方面使得工業或產業更為深化與多元。為了肩負產業升級的重大責任，當時的經濟部長孫運璿先生建議設立科技研究所、高薪聘任海外人才，並促使政府出資成立工業技術研究發展單位，而將新竹的聯合工業研究所、高雄的礦業研究所，以及金屬工業研究所合併，擴大成為一所大型的工業研究機構，即工業技術研究院（Industrial Technology Research Institute, ITRI），來引領臺灣工業的升級，進而促進經濟的進一步成長。

　　1970年代中期，由於整體經濟發展面臨轉型的挑戰，政府體認到臺灣在自然資源貧乏、國內市場規模狹小的限制下，為了促進未來產業升級，而在孕育高科技產業的宗旨下，於1979年選擇交通大學、清華大學及工業技術研究院所在地的新竹，設立以電子組件與半導體工業為核心的專業工業區——新竹科學工業園區（簡稱新竹科學園區），並以健全的基礎建設與各種租稅、投資等優惠吸引廠商。新竹科學園區不僅是臺灣第一個科學園區，更是臺灣發展高科技代工產業的濫觴之地，尤其是半導體製造業，因而擁有「臺灣矽谷」的美譽，並發展為世界半導體製造的重鎮之一。

△ 強化基礎建設用以鞏固經濟發展

　　這個時期，政府亦以發展重化工業爲主，建立自主經濟體系，並進行大規模公共投資。同時，臺灣經濟也因爲順利引進外資（包括華僑、日本、美國及歐洲）而獲得支撐，且削弱了政治孤立對經濟的衝擊（谷浦孝雄，1995）。這些重大的經濟政策與設施，使得臺灣的經濟成長率與國民所得持續快速攀升，並爲臺灣的重化工業與技術密集型工業打下堅實的基礎，奠定後續經濟發展的根基。臺灣也因此正式邁入工業國家之林，成爲亞洲四小龍（分別爲新加坡、香港、臺灣及韓國）之一。

四、自由化與國際化（1980–1989）

　　1980年代，爲了再次振興農業，政府於1982年頒布「第二階段農地改革方案」，主要內容是提供購地貸款，辦理農地重劃，推行農業機械化，以及推行共同、委託及合作經營等方式來擴大農業經營規模（陳正茂，2003：196）。80年代中期，貿易失衡與長期順差、新興產業尚待升級、

重化工業發展遇到瓶頸，造成「泡沫經濟」的危機。因而政府積極調整步伐，迅速實施貨幣升值與開放島內市場，朝「自由化、國際化及制度化」的「經濟三化策略」方向發展，減少干預，擴大開放，確立新市場機制，使臺灣經濟更能嵌入國際經濟體系之中（陳正茂，2003：197）。在自由化方面，政府展開調降關稅、取消進口限制、放寬投資管制、允許民間設立新銀行、公營企業民營化等措施；在國際化方面，則積極拓展美、日以外的貿易夥伴，並積極參加亞太經濟合作會議（Asia-Pacific Economic Cooperation, APEC）、世界經濟貿易組織（World Trade Organization, WTO）等國際商貿組織。

　　1980年代末期，臺灣經濟結構產生轉變，服務業開始成為主導產業，工業結構由勞動密集型轉變為資本及技術密集型。傳統產業大量移向海外，貿易重點逐漸移向亞太地區，半導體產業（含製造、研發、設計等）也成為此階段政府大力扶持的重點領域。於是，臺灣由資本淨輸入地區逐漸轉變為資本淨輸出地區，主要輸出至中國、東南亞及中南美洲。

五、臺灣的匯率政策

　　除了產業轉型之外，臺灣匯率政策的變換，也牽動著進、出口消費，以及經濟成長的波動。新臺幣在1949年發行之後，匯率制度歷經多次變革。初期（1949年6月），新臺幣與美元的兌換率為1美元兌換新臺幣5元的單一匯率；由於外匯嚴重短缺，政府於是施行幣制改革，同時採結匯證制度，目的在於「調節外匯供需」與探求「均衡匯率」。然而，此舉卻未能發揮實質效益。因此，1951年4月，臺灣的匯率制度又有重大變革，改行二元複式匯率制度，將原結匯證匯率訂為官價匯率，定為1美元兌換新臺幣10.30元，並採用複式匯率，適時改善臺灣當時的國際收支。期間，亦有多次匯率調整，直到1963年9月起，才又回歸單純的單一固定匯率制

度,將匯率訂為1美元兌換新臺幣40元,此一匯率水準對臺灣出口產品的國際競爭 具有顯著的提高作用。

其後,基於臺灣對外貿易盈餘增加,考量物價結構及經濟成長等因素,基本匯率遂於1973年2月,調整為1美元兌換新臺幣38元。在1976年時,由於出口貿易再度出現大量順差,為了讓貨幣政策 具自主性、降低國際因素對國內經濟的衝擊,乃於1978年7月再次升值,將匯率調整為1美元兌換新臺幣36元;同時,宣布放棄新臺幣釘住美元的固定匯率制度,改為機動匯率制度。

進入1980年代後,臺灣對美國的貿易順差愈來愈大(1987年高達約163.4億美元),而美國面臨預算與貿易雙赤字的狀況,便對臺灣的龐大貿易順差感到不滿,開始施壓要求臺灣實施貿易自由化措施、開放市場,以及讓新臺幣升值。因此,新臺幣匯率從1986年開始大幅升值,甚至在1989年9月到達1美元兌換新臺幣25.50元、1992年7月24.507元的高點。其後(1997－1998),則是受到東亞金融風暴侵襲,轉呈大幅貶值,匯率一直在1美元兌換新臺幣31元至34元之間狹幅波動,直到2012年與2013年間,才短暫升破30元關卡。整體而言,臺灣的經濟發展頗受國際情勢、國家政策、產業環境,以及外商投資的影響。

六、小結

1950至1980年代,臺灣歷經戰亂與市場動盪,政府因應國內外情勢變化,在不同階段實施不同的對應策略。臺灣的經濟發展,經過上述四個階段,成功地從農業為主的經濟型態,發展成一個出口導向的新興工業國。其中,進口替代期,主要為鞏固臺灣內需市場;而到了自由化與國際化階段,則將目標放至國際市場,並開啟了一連串的「經濟奇蹟」,而一躍成為亞洲四小龍(各階段之政策內容,如圖1-1所示)。

進口替代 1950年代	• 推動土地改革、經濟建設四年計畫、提高利率、降低匯率 • 美援資助 • 中國大陸資本與人才的大量流入
出口擴張 1960年代	• 以輕工業產品，代替農產品，外銷至國外 • 建立保稅加工制度、設置加工出口區、實施獎勵投資條例 • 推行九年國民義務教育，提升國民教育水準
第二次進口替代 1970年代	• 進行「十大建設」與「十二項建設」 • 發展重化工業，建立自主經濟體系 • 促進產業升級，設立新竹科學園區
自由化與國際化 1980年代	• 第二階段農地改革方案，擴大農業經營規模 • 實施貨幣升值，開放市場 • 朝「自由化、國際化及制度化」方向發展

⬤ 圖1-1：臺灣經濟發展的四個階段

　　此外，臺灣的產業結構改變與轉型，亦與經濟發展的變遷密切相關（如圖1-2所示）：在1950年代，以培植農業為主，透過農產外銷來發展經濟；1960年代，政府轉向發展輕工業與重化工業，電子組裝產業成為經濟發展主力；1970年代後，產業結構轉變，加工模式興起，委託加工與設計的電子產業嶄露頭角；到了1980年代，為了取得低廉的勞動力與土地，低階產業便朝向海外移轉。同時，在1990年以後，由於全球開始進入產業分工與微利的時代，而進一步刺激產業的快速外移。

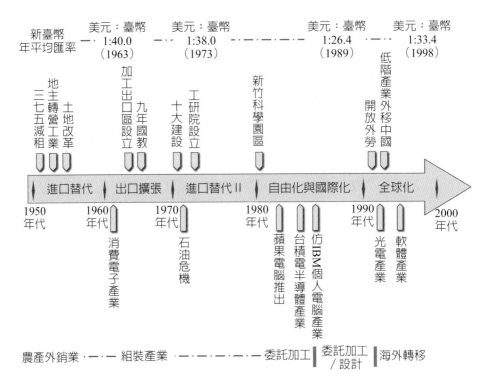

◬ 圖1-2：臺灣產業環境的變遷

資料來源：羅益強（2013）

❖第三節　回首從前：臺灣電子產業的變遷

在臺灣過往的巨觀經濟情勢轉變之下，臺灣的電子產業又是如何發展起來的？以下將詳細討論此一產業自1960年代至1990年代的發展與變遷過程。

一、1960年代

根據臺灣工業文化資產網（2009）的記載，臺灣電子產業的發展始於1960年代。一開始，是由外資企業主導。外資來臺是因為當時臺灣的勞動

力低廉，教育水準良好，又設有貨品自由出入的加工出口區，而吸引外國廠商將電晶體的製造，以及在半導體製造流程中，技術層次較低、勞動力成本較高的下游封裝與測試製程轉移到臺灣。此一萌芽階段，主要是在與本地企業合資與技術合作的基礎上，生產黑白電視機，例如東芝、三菱及日本電氣等企業；另一方面，則是於1964年引入美國通用器材公司（General Instruments, GI）後，邁向生產半導體收音機的第一步（谷浦孝雄，1995）。美國通用器材公司（簡稱通用電子）來臺設廠，主要是為了因應全球性電視機生產過剩的問題。繼通用電子之後，美國的福特、飛歌電子、RCA電子、艾德蒙及天美時等廠商，以及荷蘭商飛利浦也陸續到臺灣設廠，促成臺灣電子產業的開展，也奠定了臺灣在電子製造、研發技術的基礎。

當時臺灣的IC（半導體）技術尚未成熟，產業結構是以商業與製造業為主，為了幫助國內產品的出口與減少貿易赤字，政府乃於高雄規劃加工出口區，率先進駐設廠的台灣飛利浦建元公司，便成為臺灣IC封裝產業的開路先鋒。在這些電子業外商的引領之下，臺灣在1960年代開始擁有自己的電子零件工業；在此之前，臺灣電子產業只能生產真空管式的收音機，而其他的電子零組件則只能依賴進口，在臺灣組裝為成品後再出口，也只能賺取微薄的加工費。

二、1970年代

1970年代初期，在政府的介入與主導下，不僅投資各類的關鍵電子零組件之生產，也投入積體電路產業，並於1974年在工業技術研究院成立「電子工業研究發展中心」（後更名為「電子工業研究所」），負責積體電路工業的推展。當時由潘文淵籌組的電子技術顧問委員會（Technical Advisory Committee, TAC）在參訪美國各大電子廠，考量合作廠商的誠

意與合作預算後，考慮由美國通用器材、休斯飛機（Hughes Aircraft）及美國無線電公司（Radio Corporation of America, RCA）三家中選擇合作對象。在選擇合作對象的同時，也因爲受限於有限的經費，以及積體電路技術的複雜性，而只能選擇一種技術在臺灣發展。於是，積體電路發展小組決定以民生消費性產品及其技術爲發展方向，決議引進金屬氧化互補半導體（CMOS）技術；並在確定技術後，選擇美國無線電公司（Radio Company of America, RCA）作爲臺灣積體電路合作計畫的夥伴（洪懿妍，2003）。RCA計畫的貢獻，便是在製造之外，加進研發與設計的觀念，而開拓出臺灣產業侷限於加工製造的另外一條康莊大道。

雖然如此，這些由政府主導的策略，引進與培養了一些半導體產業製造流程的上游（設計、光罩）與中游（製造研發）技術與管理人才，但並未能與民間企業發生實質的交流，民間大多各行其是。此時，外資扮演了極爲重要的角色，其中尤以飛利浦、德州儀器（Texas Instruments, TI），以及摩托羅拉的半導體元件的封裝業最爲關鍵。這些美國與歐洲廠商的跨國企業爲臺灣引進了積體電路的封裝、測試及品管技術，因而，臺灣電子零組件的生產是以半導體封裝測試的海外基地開始的（鄭伯壎，2007）。除此之外，隨著電視機、電冰箱及錄放影機等消費性電子產品需求的快速成長，臺灣也在此時期建立了一個稍具規模的消費性電子產業，生產重點爲彩色電視機、錄音機及電子計算機三種產品，這項變化是由臺灣與日、美企業的資金與技術合作所推動的（谷浦孝雄，1995）。同時，也爲世界級的電腦大廠代工生產終端機、監視器等與電視機生產結構相近的產品（黃欽勇，1999）。

現在看來，1960年代在臺灣從事加工出口的美、日、歐洲等電子廠商，都只是將裝配製程外移臺灣，由原廠提供所有的零組件、機器設備，並利用臺灣的低成本與勤奮的高效能勞動力來組裝產品。到了1970年代，

這些外商為了更進一步降低生產成本，才逐漸轉變成在臺灣本地採購，甚至發展出由臺灣工廠接單生產的代工模式。生產的產品則由消費性電子產品（如液晶顯示器、電腦顯示器、桌上型電腦及消費性通訊器材等等），延伸為資訊電子產品，而逐漸促使臺灣發展為「電腦王國」（Republic of Computer, ROC）。這些電子業外商的進入，為臺灣培養產業快速成長時迫切需要的人才，也建立了臺灣電腦工業的基本作業規範，並以本身的生產規模帶動臺灣本土電子零組件工業的發展。

三、1980年代

1980年代初期，臺灣的電子產業開始進入資訊時代，有些電腦大廠逐漸浮出檯面：一方面是大同、聲寶及歌林等臺灣傳統家電大廠，在家電生產線之外，默默地另闢生產線，為國際商業機器股份有限公司（International Business Machines Corporation, IBM）等世界級電腦大廠代工生產低階的終端機與監視器；一方面則以宏碁、神通為首的第一代電腦公司，自行開發與蘋果相容的電腦，取名為小教授II（Micro-Professor II）及小神通，開始推出第一代個人電腦。除了這些規模較大的廠商之外，受到政府全面取締賭博性電動玩具的影響，中小型電子組裝廠商也開始將電玩生產線改裝成模仿蘋果電腦的生產線，共同分食電腦市場的大餅。這三股力量的結合，帶動了電腦產品製造的風潮。例如：在可攜式電腦（包含膝上型電腦、筆記型電腦、次筆記型電腦、掌上型電腦及個人數位助理等等）的生產中，以筆記型電腦的表現最為突出（張俊彥、游伯龍，2001）。

臺灣的筆記型電腦產業起步甚早，部分廠商是從原來生產監視器、桌上型電腦延伸進入筆記型電腦產業，亦有不少廠商是從計算機、電子字典等小型電子產品業，成功跨入筆記型電腦產業，並將過去生產小型化電

子產品所累積的技術與經驗，運用到筆記型電腦的生產與管理中。除了廠商能夠掌握時機、技術人才充裕之外，臺灣發展筆記型電腦產業的優勢，也包括了工研院電腦與資訊工業研究所（簡稱電通所）與臺灣區電工器材同業公會組成聯盟，透過產、官、研的通力合作，所產生的推波助瀾作用（張俊彥、游伯龍，2001）。

🔺 筆記型電腦產業發展迅速

在個人電腦飛快成長的年代，臺灣幾乎很少人注意到在掙扎中成長的半導體業。直到1980年代後期，為了促使民間使用積體電路技術，才在政府的強力主導下，成立國家與私人資本共同投資的「聯華電子公司」（United Microelectronics Corporation, UMC），並開啟了積體電路的裝配生產。之後，又再引進美國華僑資本的華智、茂矽及國善三家公司，共同推動超大型積體電路（Very Large Scale Integration Circuit, VLSI）的開發。由於當時民間對半導體產業並不瞭解，使得設計技術的進步未能獲得民間

相對應之生產能力的支援，導致政府主導的政策與民間企業能力之間產生落差。為了解決這個問題，政府決定援用聯華電子公司的先例，由政府與民間共同投資，並延攬飛利浦加入，成立台灣積體電路製造公司（簡稱台積電，TSMC），藉以提升民間的積體電路製造能力。透過台灣積體電路公司所開啓的「晶圓專業代工」模式，充分發揮了合縱聯盟之價值鏈中的經濟效益，帶動新一波的電子零組件產業的高速發展。也由於此時民間已具備半導體製造的自主能力，而能由以外資為主的下游封裝業，邁入以在地企業為主的上游的設計、光罩及中游的晶圓製造業。

四、1990年代

1990年初，歐美市場景氣低迷，臺灣電腦產業也受到影響，各種指標紛紛顯示出前所未有的停滯。許多外商主力大廠，例如華納利、康懋達及安培，陸續撤資，使得臺灣電腦工業遭受衝擊，面臨百花齊放後的枯萎與蕭條。然而，歐、美外商產量的陡降與跟風降價所造成的耗損，反倒刺激臺灣政府與廠商開始思考如何調整產業結構，興起新一波的跨國分工模式，並重新尋找能夠有效控制管銷成本，且能快速因應市場需求的廠商來進行代工生產。正因為如此，臺灣資訊產業才能在主流市場中，搶得一席不可或缺的位置，並在累積雄厚的資金後，開始投入半導體、映像管等電子關鍵零組件工業的研發與生產（黃欽勇，1999）。

此外，臺灣在筆記型電腦上獲得成功後，瞭解到生產鏈中還缺乏液晶顯示器，於是亦戮力於發展此一產業。事實上，這項產業的發展應該是水到渠成的，理由不難理解。首先，由於臺灣國內筆記型電腦市場相當大，可以為平面顯示器提供現成的銷路。其次，韓國在1990年代中期全面進攻液晶顯示器，而打破日本獨霸90%市場的局面。為了制衡韓國的快速發展，日本故意將液晶技術移轉到臺灣，而使得臺灣如虎添翼（Addison,

2001）。1994年，聯友光電在聯華電子的支持下成立，利用松下的技術生產小尺寸的液晶顯示器，讓臺灣的薄膜電晶體液晶顯示器（TFT-LCD）踏出了第一步。此時，臺灣在液晶顯示器製造上，早已經過十年的試行與錯誤，而扎下深厚的基礎。因而，能在大規模的投資挹助下，短時間內達到一定的產能，迅速從研究發展跳過測試生產，跨入大量生產的階段。液晶顯示器製造業的興起，為臺灣的晶片製造業帶來新的業務，使得臺灣的半導體業更是欣欣向榮，並快速發展茁壯（鄭伯壎、蔡舒恆，2007）。

　　整體而言，1990年代的臺灣，電子資訊產業已日趨成熟，成為世界上頗具實力的資訊電子產品的生產基地，產值更躍居世界第三位，成為臺灣最重要的核心產業。此時正是臺灣積極發展電子業，並在積體電路供應鏈中，加入支援產業的時期，也因為產業快速成長，以及新竹科學園區的土地已開發殆盡，臺灣的IC科技公司便開始南進，設廠於臺南科學園區。雖然臺灣電子產業在1990年代登上國際舞臺，並取得一定的市場占有率，但大多以代工為主，IC研發費用的比率不高，創新效果有限（張俊彥、游伯龍，2001），因而，有些人並不看好。可是，在邁入千禧年之後，雖然全球更加重視智慧財產權與研發投資，但臺灣的專業代工模式，卻獲得更大的成功。理由是臺灣電子產業具有垂直分工與產業群聚的特色，而發揮了彈性大、速度快、成本低，以及符合顧客需求之客製化的競爭優勢。

❖ 第四節　本書的立場與架構

一、事件背景與情境脈絡

　　台灣飛利浦的歷史已逾五十年的歲月，每個時期的發展與變化，很難單純以十年為一個週期簡單劃分。因為組織生命階段的每一個過程，都

是身處其間的參與者（包含企業經營者、員工及利益關係人）與重要事件（critical incidents）交織而成的複雜關係網，而這張網絡反映的是與當時情境的互動；就如同完形心理學（Gestalt psychology）所談論的圖形—背景（figure-ground）關係一般，當環境線索配置為背景時，圖形刺激就會變得突出而易於察覺，此時，透過圖形與背景的交替便可瞭解較為完整與全方位的組織經驗。因此，若要清楚交代台灣飛利浦這五十年來的經驗故事，就必須從情境、事件及行動三者互動的角度切入，透過情境脈絡的襯托瞭解背景線索，藉由重要事件的描繪勾勒出關鍵因素，最後再帶出因應的決策與行動後果，以掌握台灣飛利浦的精彩故事，細細品味此一交響樂章的起承轉合。脈絡關係之所以重要，是因為唯有捕捉到脈絡方能掌握動態互動，擁有俯瞰整體的全局觀，徹底瞭解階段性的變化與轉折要因，而迥異於關注單一焦點，卻看不清癥結或問題關鍵。

　　考量上述立場，本書在生命階段的劃分上，主要搭配台灣飛利浦編年史的大事紀作為骨架，擷取重要事件，尤其是品質改革進程，如品管圈（Quality Control Circle, QCC）、全面品質管制（Total Quality Control，TQC）、全面品質管理（Total Quality Management, TQM）、策略性全面品管，以及歐洲品質獎（European Quality Award, EQA）的歷程作為切分點。至於1985年推展的全公司品質改善（Company-Wide Quality Improvement, CWQI），1991年得到日本戴明應用獎，則徹底改造了台灣飛利浦的組織能力與企業文化。本書將鋪陳過程中的種種事蹟與活動，再以行動結果作為下一階段的開頭，導引出該章的重要事件與活動。因此，本書會從歷史的觀點，透過編年史的方式，搭配歷史事件與脈絡背景，以一個比較宏觀的角度來介紹台灣飛利浦的發展，尤其是側重品質改善的歷程，以及其中種種的人員與組織行為活動。由於全書內容架構在歷史脈絡中，因而論述背景會從臺灣環境的轉變談起，再討論台灣飛利浦如何去因應，

如何與環境互動，以及如何對組織本身與臺灣產業界發生影響。

二、本書特色與章節簡述

　　本書共分為八章，內容由前言（第一章）開始，探討臺灣經濟發展的背景、政府政策及外商角色，並以台灣飛利浦作為一個分析案例，說明其如何由一個海外加工廠，搖身變為世界級的企業？作為臺灣經濟發展奇蹟中的一環，台灣飛利浦的經驗與特色為何？接著，隨著在不同時期的發展脈絡，逐一探討從開創（第二章，1985年以前）、立志（第三章，1985–1991）、蛻變（第四章，1991–1995）、飛躍（第五章，1995–2000）、精實（第六章，2000–2010）及轉向（第七章，2011年之後）的主題，尤其是推動整個品質改進（quality improvement）活動的歷程，包括：品質意識的植入與提升、導入與實施全公司品質改善、實施戴明式審查、改善成果驗證、挑戰戴明獎、CWQI與經營策略結合、推動有機組織、顧客的第一選擇、珍視員工的價值、日本品質管理獎審查等一系列的活動，以及邁入千禧年後台灣飛利浦的轉型與調整。

　　扼要來說，第二章將細緻地鋪陳荷蘭飛利浦公司如何設立、成長及崛起，以及台灣飛利浦成為重要生產基地的歷程。為何母公司選擇臺灣作為海外加工基地？台灣飛利浦如何與臺灣的電子產業共存共榮？以及品質改善活動的精神與意義。第三章討論面對人力成本攀升的挑戰，台灣飛利浦如何突破重圍，堅持走自己的道路？又如何師法日本頂級企業，全面提升產品的品質與附加價值，形成改善循環？以及羅益強總裁如何向荷蘭母公司爭取組織創新與結構調整方向的主導權，並如何成功摘取品質桂冠，提升台灣飛利浦的競爭力。第四章著重於改革歷程，並從世紀更新的目標與作法開始。深入介紹台灣飛利浦重新界定「顧客」後，如何透過產學合作，以顧客滿意為主軸，進行一系列的滿意度調查與改善活動，以及品管

圈與方針管理的階段性演變。第五章將介紹台灣飛利浦如何透過改革，進行產業升級，並重新調整步伐？如何看待員工、如何培育人才，並貫徹本土化的用人策略？以及面對全球化的挑戰，如何善用自身優勢，催生新事業與技術中心，提升技術層級，掌握先機，引領未來？第六章聚焦於討論荷蘭母公司的整併與策略調整，重新界定使命後如何對台灣飛利浦發生影響？轉型後的台灣飛利浦歷經哪些轉折？以及對臺灣產業的貢獻。第七章的重點則放在轉型之後的改造方案，還有全球飛利浦所進行的躍進式創新，尤其是在醫療與綠能產業的開拓上，以及這些作為對台灣飛利浦的衝擊。最後，總結台灣飛利浦在臺灣五十年的發展過程與組織策略，分析其成功的條件，討論其輝煌成就對臺灣企業或全球企業的啓發，並帶出其管理意義與啓示，提供企業組織、政府機構及管理學術界參考（第八章）。

第二章

開創：飛向高雄加工出口區的歐洲春燕

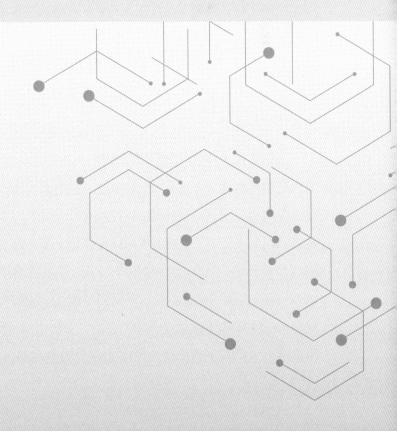

❖第一節　荷蘭飛利浦的百年基業

　　1894年大清帝國與日本帝國爲爭奪朝鮮半島而爆發甲午戰爭，爲臺灣歷史帶來重大的影響。大清帝國在此役中戰敗，於1895年與日本簽下《馬關條約》，並割讓臺灣、澎湖及其附屬島嶼給日本，而開啓了日本在臺統治的五十年。那時，歐洲的一家新興電子廠－荷蘭飛利浦逐漸茁壯，她成立於1891年，新創於荷蘭的恩荷芬（Eindhoven）小鎭，以生產照明燈具的設備爲主，且於1914年成立實驗室，重視創新與發明。截至目前爲止，已累積數以萬計的電子、通訊、精密醫療器材等多項科技領域的重要發明與專利。在歐洲，像眞空管收音機、電視機、刮鬍刀、X光醫療設備器材、工業用玻璃、電子材料等創新性產品，都是在這裡首先出現的；70年代，與美國奇異公司（General Electric Company, GE）並列爲全球最大的家電廠商；在新興電子科技產業方面，亦擁有許多先進的技術，包括太空科技、電訊交換機所需的特殊電子零件等，是全球第五大半導體企業集團。做爲台灣飛利浦的母公司，此家重量級的企業巨人是如何崛起的？是如何在全球市場擴張？又如何對新興產業的發展產生重大影響？其歷史與奧祕都值得深究。

一、荷蘭飛利浦的建立與發展

　　荷蘭飛利浦（Philips）由赫拉德・飛利浦（Gerard Philips）與其父親弗雷德里克・飛利浦（Frederik Philips）所創立，是一家生產簡單碳絲電燈泡的組裝小公司，是典型的家庭與家族企業。起初，飛利浦以製造白熾燈泡起家，並不斷推出新穎的照明技術，更設立專屬的實驗室進行產品創新與研發，以提升產品的品質。透過持續性的成長，荷蘭飛利浦在二十世紀時，已成爲歐洲最大的燈泡生產商；同時，也將產品行銷至全歐洲，成爲歐洲最大的照明供應商。除了生產照明產品外，飛利浦也審時應勢，

多方面發展產品線，1918年推出了醫療用的X光線管；而後，開始朝向家電用品的生產邁進，1925年進行首次的電視機實驗，1927年開始生產收音機，當時銷售量突破1億臺；而1939年飛利浦舉世聞名的產品電動刮鬍刀正式問世，這些熱銷的產品也使得飛利浦在全球各地擁有成千上萬的員工。

當然，事業版圖的擴張並未像一般人想像的那麼順遂。事實上，1895年，荷蘭飛利浦就遭遇到財務上的困難，這時，比赫拉德小16歲的弟弟——安東・飛利浦（Anton Philips）加入公司，善於市場行銷的安東，認為公司不可能只製造與生產產品，必須設法將產品銷售出去，因此，安東便帶著這些電燈泡開始往外拓展市場，並帶給公司新的商業活力，公司也開始快速成長，度過財務危機。

安東的兒子——弗利茨・飛利浦（Frits Philips）一直對應用物理學研究非常感興趣，而這樣的研發創新也符合飛利浦的傳統。因此，弗利茨進入飛利浦負責研發，並進行領導。他與其帶領的團隊十分了解：如果想朝向新式的照明發展，則需要延攬專業人才；而為了自力更生，則必須自行研發，保有專利。他成功地招攬附近許多一流的科學家進入飛利浦，定期推出新的研究產品。此研發能力對飛利浦的擴張極為關鍵，一直是飛利浦成長的動力。例如：在1920年時，飛利浦就已重視在稀有氣體的放射與磁學的研究，並推出許多震撼人心的產品。

在家電用品上，飛利浦也有許多令人印象深刻的產品，像是1935年生產的電視機與1938年問世的乾式刮鬍刀。由於相當重視人類健康，因此，製造了如今都還普遍使用的轉動盤片X光管；在X光設備上，飛利浦同樣享有盛名。飛利浦的生產技術在1940到1950年間更是突飛猛進，開發產品更加多元，不但在電鬍刀的刀頭有新發明，而且在電晶體與積體電路上也有突破性的發展；對電視畫面的錄製、傳送、複製，以及映像管的改良，

都有不錯的表現；在影音及資料的處理、儲存與傳送上也有許多重大的突破，並促成LaserVision光碟、CD光碟及光通訊系統的發明。另外，1970年代，更產出許多令人振奮的新創意。在照明技術上，開發了新型的PL與SL兩種省電燈泡。其他重要發展的里程碑，還包括在1984年生產第1億臺電視機，以及在1995年生產第3億支Philishave電鬍刀。各年代的代表性產品，如表2-1所示。

▼ 表2-1：飛利浦各年代的代表產品

年分	代表產品	年分	代表產品
1891	白熾燈泡	1939	電鬍刀
1918	醫療用X光線管	1950	電晶體
1927	收音機	1970	省電燈泡
1935	電視機	1980	音樂光碟

二、荷蘭飛利浦成功因素

荷蘭飛利浦的成功絕對不是偶然，其影響因素當然不少，不過以下兩項是重要的關鍵：第一、團隊合作下的設計與創新才能；第二、善於掌握環境趨勢、貼近市場的行銷與生產。

（一）自行設計與研發創新的團隊能力

荷蘭這個國家可以孕育出如此宏偉的企業，與其地理環境與民族特性不無關係。荷蘭是一個思想自由的國家，這樣自由的特性，使得荷蘭成為創意者的天堂。因而，荷蘭飛利浦擁有自行研發與創新產品的能力，並不令人驚訝，這也是飛利浦一直引以為傲的傳統。一位飛利浦的設計師曾說過：「什麼是荷蘭設計？在我看來，飛利浦設計就是荷蘭設計，更是全球

設計。」飛利浦產品是針對全世界進行設計，也許這是因為歷史上，荷蘭就是一個海權國家，曾獨霸海上，這樣的傳統與特性孕育出荷蘭放眼世界的開放文化與理念，使飛利浦擁有全球設計的視野。除此之外，飛利浦也精準了解消費者的需要，在飛利浦「精心極簡」的設計原則中，就清楚說明這一點。飛利浦的產品擁有簡單、易用、實用及耐用的特性，符合一般消費者的產品需求。

而設計出符合消費者需求產品，其背後的精神，正是飛利浦前總裁CEO柯慈雷（G. J. Kleisterlee）所強調的：「要麼創新，要麼滅亡」的信念——創新一直是飛利浦奉為圭臬的準則，而其創新理念總是站在消費者的觀點來進行思維的，例如「為您設計」、「輕鬆體驗」、「創新先進」。除了技術上的創新之外，飛利浦在產品理念上也強調要獨一無二，成為無可取代的產品。因而，其重要使命就是透過有意義的創新來提升人類的生活品質，這也就是飛利浦的產品可以受到消費者青睞的原因之一。總之，飛利浦的創新理念具有三層涵義：第一、真正提升人們的生活品質；第二、創新必須超越技術本身；第三、及時提供合適的產品給消費者。這些理念貫穿在飛利浦的每樣產品上，從最初不到1歐元的燈泡到價值數百萬歐元的醫療設備上，都可以看到這些飛利浦在產品上堅持的理念。因而，創新一直是飛利浦追求的目標，也是開拓市場的利器。

因為堅持創新，所以飛利浦擁有公司專屬的實驗室，專門進行產品的設計與研發。早在弗利茨經營的時代，就主張為了掌握企業自身命運，必須建立自己的研發能量。因此，飛利浦一直戮力於發明上，廣招擁有研究開發能力的科學家；而對產品的深入研究也一直是公司營運的核心。多年來，飛利浦把每年平均銷售額的7%花費在研究與發展上，為此投入大量的經費與資源。例如：飛利浦的科學家霍斯特（Gilles Holst）就相當擅長於預知未來的趨勢，因此開發磁學的應用，生產喇叭零件所需要的原料；

並研發一般工業所需的焊接技術，使用所謂的快速攝影，對焊接程序進行徹底分析，使得焊條品質提升，讓飛利浦在焊接設備市場上擁有很高的占有率。爲了具有獨立性與自主性，相對於其他公司，飛利浦較少向外購買技術與零件，總是希望自己能夠研發新技術；即使向外購買，也認爲必須先擁有獨立製造產品的自主能力。例如：在電子與家電產品上，飛利浦堅持自行生產關鍵零件的積體電路與映像管，因爲此兩項元件的成本就占了產品的70%。爲了不讓他人控制成本而產生營運危險，飛利浦堅持自己生產基礎的關鍵零組件，以免被競爭對手超越，甚至淘汰。

當然，發明品的創造很少是憑藉個人一己之力完成的，飛利浦熱銷的新產品大部分都是透過團隊合作的結果，因此，強調團隊合作也一直是飛利浦的特色。一項產品的成功，除了發明的想法相當重要外，透過團隊其他人發現問題，並加以改善，且提出有效的銷售方法，都具有決定性的影響效果。因而，一連串的團隊合作是產品能否成功的關鍵。例如：重大發明之一的卡式錄音帶，就是透過團隊進行許多的模型實驗後，才將產品製造出來。

（二）掌握環境優勢及貼近市場的行銷與生產

荷蘭幅員雖然狹小，但卻發展出像飛利浦這樣一個可以與美國、歐陸等的跨國大企業相抗衡的組織，其理由除了以上種種因素之外，更在於飛利浦相當擅長運用環境優勢，發揮創業家精神。工業革命是從英國開始的，第一次世界大戰之前，歐洲已經是世界經濟、科學及工業技術的中心了，飛利浦利用這些環境的優勢，創立了一間小公司；隨後，基於荷蘭的市場有限，因此發揮創業家精神，冒險開拓新市場，積極進行全球行銷，並在世界各地擴張其事業版圖。

早在1890年代公司創立後，飛利浦就警覺到，在荷蘭這樣的小國家不可能有太多的市場發展，必須將產品向外拓展，才能使公司持續成長下

去。於是當時管理者之一，擅長行銷的安東，就把最初產品電燈泡，帶出國外銷售，第一個外銷國家是俄羅斯，那時俄羅斯正開始進行工業化。接著由於世界經濟環境衝擊的關係，每個國家產業都設法保護本國的工業以抗拒外來的競爭，於是，飛利浦乃開始在荷蘭之外拓展生產點，以供應當地市場。因而，於1894年，有了第一家設於波蘭的海外加工廠。同時，在歐洲多處設立飛利浦聯屬公司後，當時的領導人弗利茨認為為了在全球拓展市場，飛利浦必須變成世界性的網狀關係組織，也應該走出歐洲，在世界其他地區開闢新的基地，維持飛利浦在這些國家的市場占有率。因此，在1950年之後，陸續進入印度、臺灣、委內瑞拉、葡萄牙、瑞典、非洲及南美洲等地成立工廠。飛利浦積極拓展海外市場的原因，除了想排除貿易障礙之外，也因為一些產品性質的關係，使得飛利浦必須在當地進行生產，像是收音機、電視機的市場開拓，就必須要能適應當地的接收情況。因此，在其他國家設廠生產，為飛利浦帶來更多的市場接近性，並節省成本，滿足顧客需求。

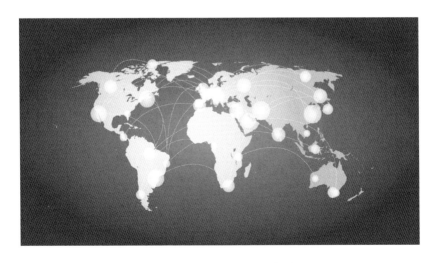

⬛ 荷蘭飛利浦積極拓展海外市場

三、荷蘭飛利浦的國際經營策略與特色

（一）善於與其他跨國公司合作

　　除了積極在世界各地拓展其版圖外，飛利浦也意識到個別公司在世界市場上很難具有足夠的個別競爭能力，唯有與相關公司合作，才能與其他世界級公司抗衡，並立於不敗之地。因此，當日本「經營之神」松下幸之助在親訪荷蘭飛利浦總部後，決定放棄美國的技術，於1952年與飛利浦合組「松下電子」，藉由引進荷蘭技術，開發映像管等多項家電產業，奠定松下之家電王國的基礎。1970年代，飛利浦更積極拓展其事業群，除了與德國西門子合作外，更於1972年時成立寶麗金公司，生產唱盤，並在唱片界發展得相當成功。此外，飛利浦擁有精準的眼光，進行多次收購活動，於1974、1975年收購兩家美國公司，分別為美格福斯（Magnavox）與西格尼蒂克（Signetics），而1980年也收購了吉悌（GTE Sylvania）的電視機業務，以及西屋電器的燈泡業務，並擴大了生產規模。這種互助合作與共存共榮的想法，在二十一世紀後，更發揮地淋漓盡致。

（二）跨國分公司的產品、人員及管理

　　飛利浦成為全球性產業的過程中，製造的產品大多集中在「消費性電子」產業，而這些消費性電子產品或元件都是由荷蘭飛利浦來主導生產形式，同時各聯屬公司產品的規格與標準也十分講究同質化，但為了因應不同地區的消費者品味與考量環境因素，各聯屬公司生產的產品可能又有些微的差異與特色，因此，消費性電子產業在跨國生產策略上特別需要兩種不太一樣的能力，分別為全球性的效率與地區性的回應能力。

　　當然，飛利浦迅速地在世界各地擴展，也為自己帶來許多管理上的困擾。首先，世界各地的語言、文化及風俗習慣皆相當不同，商業行為的慣例也大異其趣，因此，要如何與這些聯屬公司結合且做充分協調，是需

要深思的。飛利浦認為一項不可或缺的條件，乃是彼此間具有充分的訊息流通，總公司不但要隨時與世界各地掌管聯屬組織的管理者保持順暢之溝通，而且維持管理資訊之公正、透明及即時，且給予充分的授權與信任。此外，也要使這些當地主管勝任愉快，排除不必要的緊張情緒。雖然許多世界級的大公司都會設立全球事業部門，掌管全球行銷業務，但飛利浦從來不這樣想，而認為應該讓各地的聯屬公司擁有相當程度的自主權；同時，在面對任何問題時，都可以直接向總公司負責人報告。因此，飛利浦對聯屬公司的經理人透過制度化管理，給予充分授權與信任，授權幅度往往超過其他跨國企業，使得聯屬公司在決策上擁有相當大的自主性。這樣的授權幅度也使飛利浦各聯屬公司的組織更有彈性，而有利於產生不同的思維與創新想法，且融入各地的社會文化與環境脈絡。

此外，為了充分了解各地的經營環境與條件，最高當局必須親自走訪世界各地瞭解問題。因而，促使高階主管勤於巡迴世界各地，努力建立全球性的人際關係網，頻繁與當地人員交流。飛利浦投注相當多心力經營與全球各地員工的關係，並且一直設法促進整個內部組織的共識與行動一致，使得總公司與聯屬公司能夠同心協力，並讓聯屬公司感受到總公司的支持，以及與總公司是一體的。因而，在1954年就成立了「國際聯屬公司委員會」，召集世界各地主要的飛利浦經理人參與此委員會，並在會議中討論公司的一般性政策，透過集思廣益產生新構想；而各地經理人因為彼此交流而獲得更多經驗，並互相學習與切磋彼此的領導風範，且體會各地經理人的付出與努力。總之，這些作法非常有利於飛利浦與海外人員之間的聯繫，也提升各地員工的心理安全感，並培養出彼此間的信任。這種互信互愛的關係不但提升了成員對公司的忠誠，進而提升組織生產力；同時，維繫了全球各地飛利浦組織間的合作與向心力，且將飛利浦的企業精神傳達到世界各地的聯屬公司。

　　另外，飛利浦建立一套完整、細緻及標準化的全球財務報表管理系統，全球一百二十多個國家不同的事業群在同一天結算財務報表及相關之資訊，在遵守國際一般公認的會計原則（GAAP），以及之後的國際財務報導準則（IFRS），一致而即時地提供正確的財務管理報表與分析報告，強而有力的呈現各事業群與各聯屬公司的營運績效，作為適時調整經營管理策略之改善依據，並予以追蹤。同時，透過嚴謹而完整的「內部控制管理」制度，各階層之員工與主管定期進行實體自我檢核，包括各部門的策略方針設定及實施、人力資源及人事管理、流程標準化管理運作、績效之檢核等等。同時，為了確認所有的營運皆遵守當地的法律稅務法規之規範與程序管控，各聯屬公司或單位提出年度改善計畫與目標達成的時間表，各單位都須全員參與。年底在年報結帳之同時，各單位（各地）各層級之主管、各地經理人及財務長都得簽署自我評量之企業內部控制管理確認書，並依照公司一般治理原則，承擔應負營運責任與績效目標之達成，並依法遵循相關規範，且簽署承諾確認書，上傳呈交給總公司。而公司內部稽核單位則依據各事業群及相關部門之企業風險評核（Business Risk Assessment）之重點，以及相關之重大事件，不定期地去各地事業單位進行實體營運流程管控、執行績效之稽核，並提出雙向同意必要改善之結論，以及執行目標達成之時刻表。之後，被稽核之單位主管/財務長須定期回報。依重大原則之比例，內部稽核人員再會做稽核評核之具體成效。透由自我檢核內部控制管理制度及內部稽核之機制，以確保全球營運績效，以及公司治理目標之達成。

　　就海外聯屬公司的經營而言，飛利浦總公司原則上會投入並參與決策，希望對全球各地所在國的經濟有所貢獻。雖然總公司採取的是責任中心制，但在與聯屬公司的責任劃分上，通常由母公司批准投資策略，而聯屬公司則根據自己所承擔的事業群體系的市場銷售及產品鏈之營運運籌，

來擬定投資計畫，再與母公司共同謀劃協商，經由母公司的董事會批准通過後，就完全授權聯屬公司執行；然後再由母公司查核計畫執行成果。若是沒有達成目標，則會協助聯屬公司解決問題，或是指派專業人士協助；另外，母公司也負責協調各聯屬公司中的生產、製造、後勤運作、銷售及財務連結性之產業鏈。在面對每個區域所擁有的殊異環境與變化上，飛利浦認爲「穩定的存續關係」是關鍵原則。在這個原則之下，仔細衡量利弊得失，並考慮未來的狀況，方能因應可能的變化與風險；同時，也要求並培養非財務管理人員充分瞭解財務報表的內容及其功用。

　　飛利浦與各地聯屬公司之間最頻繁的交流，即是各地區人員間的交流，母公司負責派遣專業工程師、管理人員去訓練當地員工，讓其能夠熟悉製造技術、市場行銷、後勤運籌及財務管理等等的經營功能，尤其是海外各地聯屬公司、工廠在啓用新製程時，總部都會派人協助。同樣地，母公司也會徵調聯屬公司的人才來總部進行管理與技術等相關訓練，幾年後，再回到原地或派遣至他國。人員培訓管理經營相互交流，在聯屬公司的人才訓練與管理策略上，飛利浦亦服膺企業存續的原則，認爲盈虧雖然是衡量聯屬公司各階層之經營管理人績效的重要參考，但飛利浦仍會考量是否將人才做了恰當的安置，進行合理化的人員調動，以期人盡其才、人適其職；同時，亦會依照個人的職涯規劃，進行定期的輪調或提升至不同管理層級的職位，以強化管理人才的國際視野與遠見，以及市場的透視力、分析力及應變力。飛利浦強調經營管理人才都需要具備創業家精神，將公司當成自己的公司來經營。因此，世界各地的聯屬公司的經營管理人才大多是自行栽培與訓練出來的，很少到外面挖角。也因爲如此，聯屬公司的經營管理人能夠眞正了解飛利浦的文化與組織價值觀及社會公民之責任，而不需要總公司隨時耳提面命，在旁督導。因而，飛利浦的成功，除了自行研發科技之外，亦與經營管理人才的培養策略、策略的徹底落實有關。

（三）台灣飛利浦與荷蘭飛利浦的動態關係

　　臺灣在1965年成為荷蘭飛利浦海外擴張的地點之一，在設廠早期（1980年以前），荷蘭飛利浦對於台灣飛利浦各聯屬公司的管理策略是採取「跨國製造行銷策略」，主要是以總部控制管理的方式，統籌臺灣的製造與銷售，荷蘭總公司擔任主導與協助的角色，在產品的規格、製造及量產規模上，台灣飛利浦一切遵循總公司的訂單規定；在技術與投資上，也仰賴總公司的支援，一切聽命於總公司之指揮與管理，本身並沒有太多的主導權，只要負責製造與如期交貨即可。

　　可是，隨著台灣飛利浦聯屬公司的成長與茁壯，從1985年開始，在產品開發、生產產能、技術能力，運輸管理及市場開拓上，都有驚人的進步。於是，自主能力也相對提升，因而，荷蘭飛利浦對臺灣的管理策略就轉變成「跨國地區化策略」，在製造、產品開發及銷售上，授予更大的自主權。進入1990初期後，不管是在產品發展、市場行銷或是產品的研發與技術，台灣飛利浦都能以獨立自主，並逐漸成為重要的產銷中心，且扮演亞太地區總部的關鍵製造與行銷角色。也因此，在管理決策上，荷蘭總公司逐漸將權力下放，擴大授權範圍與層級，賦予台灣飛利浦的領導者更大的決策權。

　　至於管理人才的培養，雖然早期荷蘭飛利浦具有濃厚的家族資本主義色彩，會派遣荷蘭籍的經理人來管理海外的據點，但隨著聯屬公司的茁壯、各地人才素質的提升，以及全球化的趨勢，總公司也積極選拔當地的經理人來管理聯屬公司，並在管理經營上，給予聯屬公司更大的自主權。也就是說，荷蘭飛利浦與各地聯屬公司的關係，是一種權變的動態關係，視各地聯屬公司的狀況與全球環境的趨勢而彈性調整，或與時俱進，就像變形蟲般的有機組織一樣。

（四）小結

　　1991年是荷蘭飛利浦建立的一百週年，當時的年營業額已達到345億美元。百年之間，從一家小型燈泡公司成為全世界家喻戶曉的品牌，產品林林總總，種類繁多；許多產品的銷售量都是全球第一，產品品質也獲得相當好的評價。而不斷的發明、研發及創新則是奠定其百年基業的重要基礎。飛利浦總是眺望未來、預應未來，知道未來的市場需求，而能在產品尚未生產上市之前，掌握未來的趨勢，並訂立十年以上的長期計畫。不過，由於未來不可能完全清楚預知，因此每一年及每一季也會隨時評估投資風險、經營策略及績效，進行機動性的調整與整合，選擇最佳的策略與方針，並且加以落實，以即時回應環境與市場的變化。

❖ 第二節　看見福爾摩沙

一、臺灣加工出口區的春天

　　飛利浦在臺灣的發展，與臺灣的經濟環境息息相關。1960到1973年，政府開始實施「出口擴張」的經濟政策，期望鼓勵出口來帶動國內生產。此時，為了積極發展外銷工業，採取許多促進出口的措施，包括建立保稅加工制度，提供租稅獎勵與出口優惠融資、設置加工出口區（Export Processing Zone, EPZ），以及實施獎勵投資條例等等（劉慶瑞，2002）。

（一）保稅工廠制度

　　「保稅工廠制度」是對完全以出口為目的的生產工廠，給予原料與零件的免稅。換句話說，進口時即免除稅捐。此制度與「先繳稅、出口再退稅」的制度相比，利息負擔較低，因此吸引許多外國公司來臺設廠。除了外資之外，即使是國內的公司也加入此一制度，尤其是電器公司，例如生

產電視機的大同公司，也加入成為保稅工廠。

（二）獎勵投資條例

「獎勵投資條例」的目的是擴大獎勵目標與對象，以妥善分配臺灣經濟資源與促進工業升級，促使產業由勞力密集轉向技術、資本密集，進而提高產品的附加價值與強化國際競爭力。「獎勵投資條例」自1960年開始實施以來，臺灣的工業技術水準與設備規模都迅速達到國際水準，成功減輕失業問題，並充分利用工資比較低廉的有利條件，擴大國際市場。因而，這些政策確實發揮工業升級與促進經濟繁榮的功能。

（三）加工出口區設置

為了改善臺灣投資環境，經濟部長李國鼎乃致力於推動加工出口區的經濟策略。自1956年開始策劃「加工出口區」，歷經十年之研究與政策調整，完成「加工出口區設置管理條例」，並決議在高雄港區內，推動加工出口工廠的政策。此項策略主要是針對天然資源匱乏、就業率低的現實環境，規劃一個專屬地區，這是一種保稅工業區，外銷出口免稅，區內集中統轄各種行政權，並簡化行政程序，再利用臺灣本地充裕的勞動力，吸引海外投資進入（刁曼蓬，2001）。雖然香港的自由貿易區（free port）與北愛爾蘭的國際貿易區（foreign trade zone），也是出口導向的，但其主要業務是貨物分裝，與臺灣設置的加工出口區並不相同。臺灣加工出口區的特色是充分利用本地充沛而素質良好的勞動力，以廉價人力進行產品加工，並經由租稅減免與行政便利的設計，增加產品附加價值，一方面提高出口貿易的質與量，一方面吸引更多外資投入，加入臺灣的製造行列，從而促進了臺灣經濟的起飛與發展，並創造了經濟奇蹟。

1966年，臺灣第一個加工出口區─「高雄加工出口區」成立。設立之初，即揭示四大目標：第一、吸引外商工業投資；第二、拓展對外貿易；

第三、創造就業機會；第四、導入最新技術。僅兩年餘，即已招徠120餘家廠商，投資金額達2,500多萬美金，雇用員工兩萬餘名，遠超乎預訂目標，區內幾無剩餘之地。因而，經濟部於1969年，繼續籌建楠梓與臺中兩個加工出口區。加工出口區的設立，不但創造許多就業機會，也成功吸引外商投資，引進臺灣極為缺乏的技術與管理專業，並達成出口成長的目標，開啟了臺灣經濟發展歷史的新頁。

　　臺灣此一階段的經濟發展，外商扮演了重要的技術推手角色。當時移進的電子加工業外商主要以美商與日商為主，大多是在臺灣進行產品組裝（assembly）再出口，例如：美商艾德蒙（Admiral）、飛歌（Philco）、美國無線電公司（Radio Corporation of America, RCA），以及美國通用器材公司（General Instrument, GI）等，皆從事音響或電視的組裝；而日商主要為生產零組件（components）供應給美商進行組裝，成品則出口到美國市場。由於臺灣的外銷市場主要是在美國，生產技術則依賴日本，而形成美、日、臺的「三環結構」，帶動臺灣的經濟發展。

△ 設置加工出口區吸引外資

二、飛利浦投資臺灣的因緣

　　此時，遠在歐洲的電子企業龍頭「荷蘭飛利浦」，正處於跨國投資設廠的全球擴張時期。因緣際會之下，由於荷蘭飛利浦董事長弗利茨・飛利浦與蔣介石總統都是國際道德重整會的成員，相互熟識，具有良好的情誼。1965年弗利茨訪問臺灣時，蔣先生即向其強調：「臺灣雖然沒有資金、設備及技術，但有受過良好教育的人才，勤奮的人民。」另外，再加上「加工出口區」的經濟政策，便吸引了弗利茨的注意。

　　弗利茨見識到臺灣充沛價廉的人力資源，技術人才水準良好，又可以彌補當時歐洲工資高漲的缺點。因而，弗利茨認為臺灣可以成為勞力密集電子產品的加工點，值得投資設立生產基地。他在回憶錄上說：

　　「1962年我到臺灣訪問，那是個海島，人口一千五百萬。行政
　　效率高，而人民工作勤勉。臺灣境內有許多大學，讓我留下良
　　好印象。美國和日本廠商在臺的活動顯示，飛利浦在這裡也可
　　以有機會。」

● 弗利茨飛利浦先生（右二）視察建元廠
照片來源：羅益強先生榮調紀念照片集

　　弗利茨回到荷蘭後，與董事會成員開會討論，但當時的董事會成員對臺灣並不熟悉，認爲這項投資太過冒險，於是九名董事中有八位反對，而沒有獲得通過。可是，弗利茨獨排眾議，認爲臺灣具有的潛力不可小覷，並仗著家族對公司的影響力，仍然裁示投資，並毅然決然地將國際逐漸興起的電子業引入臺灣。後來他亦引以爲傲，認爲這是他這輩子所做的、最爲睿智的決策之一。荷蘭飛利浦在高雄加工出口區設廠，進行產品的代工生產，進而奠定往後臺灣電子工業的發展基礎，並啓動臺灣高科技產業不同凡響的未來。

❖ 第三節　台灣飛利浦的茁壯

　　1966年，荷蘭飛利浦在臺灣高雄第一加工出口區成立飛利浦代表辦事處，這也是荷蘭飛利浦在歐洲以外成立的第一家加工廠。不過，由於飛利浦總部並不確定臺灣工廠的產品品質是否良好，因此，成立之初並未冠上皇家飛利浦的金字招牌，而命名爲「建元電子股份有限公司」〔Electronics Building Elements（Taiwan）Limited, EBEI〕，主要從事電阻元件封裝、電阻元件、電容零件的加工生產，產品是以勞力密集、技術成熟的電子被動元件爲主，並且任命賴迪（Franciscus Nicolaas Leddy）爲第一任總經理。

　　兩年後（1968年），臺灣建元電子在生產品質與成本表現上，頗讓荷蘭總部驚豔。對臺灣這樣的蕞爾小島，竟有如此卓越的品質與生產力，感到驚訝。因此，於1968年先將臺灣工業電子股份有限公司正名爲「台灣飛利浦股份有限公司，同年也擴充建元電子之業務，增設生產主動零件、微調電容、碳膜電阻，以及積體電路（簡稱IC）封裝測試廠。1970年，建元電子正名爲「台灣飛利浦建元電子股份有限公司」（Philips Electronics

Building Elements（Taiwan） Limited, PEBEI），從此揭開了全球飛利浦集團中，「台灣飛利浦」奇蹟之旅的序幕。

　　為了產品更加多元，荷蘭飛利浦陸續設立工廠，分別生產製造不同的產品。1970年設立「台灣飛利浦電子工業股份有限公司」（Philips Electronics Industrial Taiwan Ltd, PEI），包含竹北廠區（1970年）、及中壢廠區（1975年）等二個廠區。竹北廠生產製造電視用黑白、彩色映像管（CRT，陰極射線管）、黑白與彩色電視機、電腦用顯示器管（monitor tube）、映像管與顯示器管之電子玻璃組件（screen,cone）、電子鎗（Gun）；中壢廠生產製造電視，以及電腦用顯示器。1988年，成立「台灣飛利浦電器股份有限公司」（大園廠），生產製造照明、燈具等；1993年設立台灣飛利浦電子工業公司新竹園區分公司（大鵬廠），生產製造大尺寸電腦顯示器映像管。於是，台灣飛利浦成為臺灣家電業、電腦業，以及半導體電子產業的開路先鋒。中獅電子股份有限公司成立於1971年，1992年與北美飛利浦併購控股，1994年北美飛利浦決定讓臺灣中獅電子加入台灣飛利浦電子工業股份有限公司，以生產陶瓷電容器為主。

　　經過二十年的經驗累積與亮麗表現，飛利浦從一家座落在高雄港邊之不起眼的加工廠，逐漸演變為擁有多家生產製造工廠的集團企業。1966年到1976年，為「海外加工廠」階段，台灣飛利浦的角色為製造工廠，總公司提供訂單，依總公司界定的規格進行生產製造，再直接回銷荷蘭總公司，以及全球各地聯屬公司的相關事業單位；或是由總公司接單製造，再銷售給其他國際大廠。也就是說，台灣飛利浦只要按訂單規格與品質要求製造生產產品或零件即可，不需涉及產品的設計研發、生產週期，以及銷售網絡。1972年，台灣飛利浦成為擁有不同產品與各項投資計畫事業部門的大型公司，並於1968年成立台灣飛利浦股份有限公司之臺北總部成立總管理處，負責統籌台灣飛利浦各企業組織的人力資源管理、財務管理（含

法務、稅務）、電腦中心及資訊管理、生產與製造、研發及後勤物流管理，並進行策略規劃的統整，執行標準的制度化管理，以及垂直整合的一貫作業管理。

在1985年之前，各廠區都已有不錯的表現，當時全台灣飛利浦各廠區都已實施辦公室自動化，將財務、物流、產銷、資訊系統加以整合，而使得自動化管理系統、流程的管控能一氣呵成。同年，成立遠東發貨中心。此外，飛利浦工程中心也承包高雄過港隧道的機電工程，以及中正紀念堂兩廳院的視聽音響等多項工程。這些亮麗表現，除了台灣飛利浦的努力外，亦有賴於當時被動元件、半導體、黑白與彩色電視映像管、顯示器管、黑白彩色顯示器等電子主力產品的市場成長，財務、物流、製造、研發及管理制度的系統化與自動化。除此之外，嚴密完整的產業資訊管理系統，以及標準流程之設計，亦有助於生產程序的順暢與及時、品質管理的提升與優異，以及資訊的正確與精準，而大幅提升了生產力。曾任台灣飛利浦總裁柯慈雷曾如此強調：「我們營業額常有倍數以上的成長，因而，是全球飛利浦的典範。」

1976年到1990年間，台灣飛利浦逐漸蛻變爲全球飛利浦電子零組件的亞太地區總部，以及電腦顯示器的研發中心。台灣飛利浦是二十世紀末、90年代在臺灣最成功的外商公司，且帶領臺灣產業由勞力密集轉向技術資本密集產業，躍升爲「國際製造中心」的角色。這種飛躍成長的表現是如何達成的？台灣飛利浦各廠區又各自扮演了何種角色？

一、台灣飛利浦各工廠的表現

（一）高雄建元廠

荷蘭飛利浦於高雄加工出口區建立兩個廠，一個是被動元件廠，於1967年成立，專門生產家電與通訊產品所需的被動元件（passive component）（如電阻、電容等），以及用於電腦記憶盤的磁環記憶體，是母公司在亞太區域的產銷與精密陶瓷電子零件發展中心，供應亞太地區與全球的電子元件市場。一個是生產主動元件（active component）（有源組件）的積體電路的IC工廠，於1968年成立，專門負責飛利浦家電視訊產品IC零組件的晶圓測試、封裝及產品測試。建元IC廠後來成為全球飛利浦重要IC發展重鎮與相關自動化設備技術中心，更是全球飛利浦晶圓封裝與測試的三大中心之一。

◭ 高雄建元廠是飛利浦在臺灣的第一個基地

照片來源：羅益強先生榮調紀念照片集

❖ 建元IC廠的自我成長

最初，建元IC廠從建廠、製程設計、機械設備等所有的工業技術，全都仰賴荷蘭總公司，所有的訂單也都來自總公司，並不需要承擔與處理產品的生命週期、採購、訂單及行銷等的問題。可是，建元廠志氣遠大，並

不只想聽命行事。當時臺灣的封裝廠，除了建元廠之外，還有美商的高雄電子、德州儀器、捷康，以及日商的三洋。建元廠預判德國飛利浦IC廠的產品將是未來主流，因此，要求建元IC廠工程師學習德國IC廠的封裝裝程及測試的生產過程，以利完成德國客戶所要求的樣品。隨後，建元廠工程師到臺灣各地的外商工廠觀摩IC封裝電鍍設備設計，再根據自己負責的部分進行設計，整合成為德國產品所需要的製程設備。此部分完全自力更生，並未依靠飛利浦總公司的協助，而是建元廠透過整合內部團隊，互相合作獨立發展而來。這種自行研發，要求本廠工程師自行開發電鍍製程設計的作為，是希望工程師的自主能力得以提升，而能強化生產績效。同時，自行設計製造設備，亦能使實際運作更加順暢，進而提升生產效率。

🔺 自行培養工程師解決問題的能力

另外，一開始建元IC廠的作業方式，主要是以人工操作機器為主。換句話說，工程人員扮演的角色大多是進行機器維修，確保運作順暢。這樣

的工作相當簡單而缺少挑戰，為了提供工程師繼續留在IC廠服務的誘因，乃於1980年成立「自動化設備小組」，並提出「製程設備自動化」的方案，要求工程師研發自動化設備，以提高他們的工作自主性、挑戰性，以及工作意義感。「自動化小組」經過三、四個月的討論，開發出臺灣第一部檢測IC封裝製程是否短路（瑕疵）的自動化機器設備。以往，需要運送到荷蘭母廠測試，才能知道產品是否有瑕疵。如今，IC廠在生產過程中就能分辨良品與不良品，並即時改善。

　　自動化的方案，不但達成留住優秀工程師的目的，也提升了基層作業人員的能力。更重要的是，改由電腦操控，產能倍增，品質也大為提高。國際市場的快速成長，使得IC產品的需求大增，取得總公司同意後，建元廠將自行開發的迷你電腦加裝在136臺的人工焊線機臺上。省下購置人工焊線機臺的龐大費用與人事費，迅速躍升為全球飛利浦生產力第一的IC封裝廠。

△ 羅益強為當時之經濟部長趙耀東先生說明建元廠的自動化

照片來源：羅益強先生榮調紀念照片集

　　1981年羅益強到歐洲參訪，注意到總公司的研發的產品皆朝輕薄短小的方向發展，也開發出微粒電容、電阻等新科技的被動元件產品，乃確定這是建元所需要開創的第二項事業。由於研發自動化設備的成績傲人，以及建元廠的口碑，馬上取得總公司新產品的技術許可。於是，隨著IC產品日新月異，建元廠逐漸從海外製造加工廠─只接受總公司的訂單與規格指示而進行大量生產，蛻變為自行開發IC產品設備的國際生產中心，以後甚至變成全球飛利浦的IC全球自動化技術研發中心，成為飛利浦最大的IC封裝測試基地。藉由電子元件的產品就近供應本地市場，成為飛利浦的半導體產品及被動元件進入東亞市場的先鋒部隊。將區域發展的機會與總公司的全球策略結合，拓展飛利浦亞太地區的市場。

❖ 組織重組與培養組織彈性

　　隨著自動化生產的過程，台灣飛利浦建元電子的業務逐漸成長，人員編制也逐漸擴大。可是，作業效率卻未隨規模擴大而提升。有鑒於此，公司決定將業務組織重新編組，以產品劃分為兩種利潤中心（profit center），一個是積體電路，另一則是被動元件。各中心的作業彼此獨立，並盡量縮小辦公室總體業務，恢復組織彈性。而在各中心的溝通上，PC廠與IC廠各自依產品生產之生態各有設立許多委員會，如節省能源委員會、福利委員會等，並派任各部門經理輪流當主席，透過輪調，使各部門主管與人員對公司業務有通盤了解，將溝通障礙降到最低。兩廠並相互交流、觀摩學習，導入最佳的改善方案及執行成效。

　　雖然當時台灣飛利浦只是荷蘭在海外的一個製造工廠，但生產的產品卻得面對世界市場，尤其必須非常了解亞洲市場的動態，以評估總公司所建議的次年度生產量。因此，IC廠要求主管必須自己使用終端機打出所需的資料，而不是僅僅依賴電腦中心傳來的報表。羅益強認為：「資料要隨

傳隨到，才合乎彈性要求，也才能及時做出適當的決策。」同時，訂定一年或四年計畫，再按照計畫內容調整作業規模。台灣飛利浦在邁向國際生產中心的過程中，不只在機器設備上不斷創新，對組織的運作亦有適時的更新與規劃，以因應當時亞洲，尤其是日本的競爭。

❖ 建元廠的搬遷

在建元廠產量不斷增加，營業額不斷成長的情況下，1985年初，位於高雄加工出口區的廠區已不敷使用。為了提升生產效能，乃決定將廠房遷至楠梓加工出口區內，PC廠與IC廠搬至不同的廠區。可是，遷廠之前，總公司認為遷廠過程中可能會影響生產速率，造成生產線無法正常運作，進而損及客戶權益，因此斷然拒絕。雖然如此，羅益強仍然透過事先擬定遷廠計畫，不斷演練。進行充分前置作業後，採取預先增加產量，再將機器分批搬遷的方式，在不影響正常營運下順利遷廠。

為了維持生產線上的產品持續生產不受影響，負責遷廠的團隊（製造部、工務部、物料供應部，以及相關各部門等）所規劃的第一步，是計算生產線上機器的拆解與組裝分別需要花費多少時間，計畫將生產線分成前後兩半，前半部的產品先趕工，多做一些囤積；這時，可以將後半部的機器拆解，並遷移至新廠房。當後半部的機器搬到新廠房後，經過測試且確定可以正常運作後，就開始把前半部完成的產品陸續運送到新廠房進行加工，完成後半部的製程。此時，開始拆解前半部的機器進行運送。透過雙邊進行的方式，精準計算時間之後，安排一天六班的方式進行搬遷。幾點幾分需要完成多少進度，都經過縝密的計算，而且所有負責的人都日以繼夜的工作。

由此次的遷廠計畫，亦可以看到與其他本地同業在管理規劃行動上的差別。建元廠遷廠的期間正逢農曆6月底7月初，在臺灣習俗中，通常會避

免在農曆7月（鬼月）時進行重大工程。但建元公司當局並不認為這會阻礙他們的搬遷事宜，只要透過派人隨時跟隨搬家公司進行搬運規劃、選擇搬運模式、人員調派，以及進行良好溝通，就可確保機器不會在運送過程中出問題。

最重要的是，生產線上的產品並沒有因為搬遷而受到耽擱。當時負責搬遷公司的人也相當感謝飛利浦員工的嚴謹規劃、全體動員，以及相互的溝通鼓勵，讓他們能夠安全運送機器抵達新廠。其中的關鍵，當然是所有員工，甚至是合作廠商都把公司的事當成是自己的事來處理，不但全程關注，而且全力以赴。因此，搬遷的過程中，生產進度完全沒有受到延遲。荷蘭總公司的主管還很納悶地探問：「為什麼你們整廠都搬完了，我們都還不知不覺呢？」

PC廠及IC廠的遷廠使得建元在產能上大為提升，爾後成為臺灣最大的微粒元件及IC晶圓測試、封裝及產品測試廠，營運總額占楠梓加工出口區的25%以上。每年將近兩百億的營業額，亦使得台灣飛利浦建元電子成為當時臺灣第三大的外銷廠商，並在全球資訊電子業中扮演著關鍵零組件供應者的角色。

（二）竹北廠

為了因應電視生產之蓬勃發展、減少運輸成本、縮短交期、確保品質穩定性、降低成本、提升技術及人才素質，用以支援臺灣國內消費性電子與視訊產業的發展，1970年，飛利浦持續擴充投資，在竹北成立台灣飛利浦電子工業股份有限公司（Philips Electronic Industrial Taiwan Ltd-Display Components,Glass and Materials）。竹北廠是飛利浦當時在臺投資金額與規模最大的工廠，主要生產黑白電子玻璃組件、黑白電視映像管（陰極射線映像管）、電子鎗、鐵氧磁性材料，之後又擴大投資生產，以提生產品

品質及新產品新技術、高效率之機器設備，彩色電視用映像管、黑白與彩色電腦用顯示管。弗利茨回憶說：「那樣一個工廠需要很大的投資資金、設備、技術，而且冒很大的風險。」

　　然而，事實證明，荷蘭飛利浦的眼光相當準確。映像管的製造是以機器設備為導向之資本密集工業，其產品品質要求極高，生產過程中需要工程師的「知識與技術投入」。竹北廠是一家一貫作業製造工廠，由礦砂原料，經過複雜的生產製程到不同階段的成品產出：電子玻璃組件由礦砂配料高溫燒窯製成玻璃膏，再經過淬鍊製程，產出電視用之電子玻璃螢幕（screen）與椎體（cone），並結合成映像管之空管；而映像管之製程製造，則又整合了電學、光學、磁學、化學、機械結構力學等的專業科技，所以一開始導入實際之自動化製程。為了優化製程，在開發部設立先進精密的化學分析實驗室，這在當時的民間企業是非常少見的。而參數之自助控制（類似半導體晶圓之製程）使得人為的干擾（操作紀律、搬運、環境等），以及微塵之干擾（無塵製造）的風險影響降至最低，並得以確保產品品質，直至送達客戶手中。另外在企業資源的運作方面，為了整合產業鏈的流程系統，讓製造、行銷、採購、後勤、帳款財務管理，以及人力資源薪資系統作業等等得以整合，導入ERP（Enterprise Resource Planning）系統。企業資源規劃管理系統將內部組織作業流程進行結構性（上下左右）的資訊系統作業流程之標準化，同步統一處理內部資料之使用，使得各種程序流暢運作，並即時反應資料使用狀況，且提供各層級人員及主管做即時有效之資訊分配及規劃、決策之依據、判斷，進而優質化組織管理系統運作之效率，敏捷快速達成既定之目標，從而，提高競爭力，以及市場之優勢。當然，高雄廠、中壢廠也依其營運模式之需求，推展ERP系統之運行。這種一氣呵成的運作模式環環相扣，不但可以達成目標，而且得以創造更高之利潤。

◎ 經濟部長孫運璿參加竹北彩色映像管廠開幕典禮

照片來源：羅益強先生榮調紀念照片集

　　竹北廠的產品是臺灣電腦業的關鍵零組件的主要供應商，外銷歐美及東南亞地區。由於產品品質優良，極受市場歡迎，遂在滿足市場需求情況下逐步擴廠。1978年建立彩色映像管廠，1980年增產鐵氧磁體，1983年開始生產資訊及自動化工業用監視器映像管。1993年，投入15吋彩色顯示器的生產。

Chupei Plant

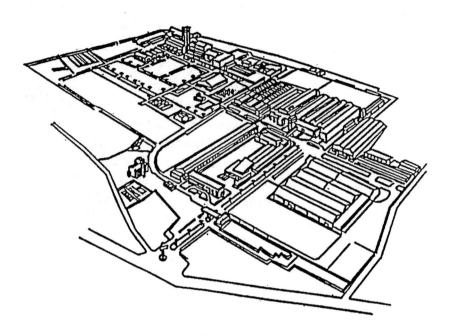

▲ 竹北廠廠區鳥瞰圖
資料來源：台灣飛利浦（1998）

　　在民營企業的擴張與政府政策的指引下，竹北廠成為全球彩色顯示器管的最大產地，1994年的產量高達1,400萬臺，占全球的33%，對降低中日貿易逆差，也貢獻頗多。事實上，自1979年以來，竹北廠每年均獲經濟部頒發外銷績優獎。這也是外商在臺灣第一次投資資本密集之產業，並導入技術，提升臺灣工業科技之層級，吸引了大批優秀的專業技術人才；而不計成本的培訓，亦提升了本地產業的績效表現，成了改善對日貿易逆差的一大亮點。以跨國企業的經驗與特長，配合臺灣產業環境的改善，竹北廠培養無數的優秀人才，包括電機、電子、機械、物理、化學、工業工程、資訊工程、財務管理、物料後勤管理、採購等等，引進新產品與技

術，提生產品層次與品質，因而產量與銷售都逐年成長，而成爲跨國企業投資臺灣的典範。總之，由原料投入生產映像管之玻璃組件，再經過不同的製程，而完成了映像管及顯示器管。透過製程品質的提升、持續不斷的改善、自動化的導入、標準作業制度的建立、製程流程的執行管控、機械設備的精進，以及30公頃廠區的各項設施的維護保養等，竹北廠從作業員到工程師，到各層的主管，在在都是環環相扣，形成一套組織嚴密的網絡體系，使得公司總體績效變得極爲優異。

（三）中獅廠

1971年設於中壢的臺灣中獅廠，於1992年被北美飛利浦併購後，於1994年併入台灣飛利浦電子工業股份有限公司，規模較小，主要生產電容器等電子元件，產品爲圓盤型陶瓷電容器，表面黏著型及樹脂塗裝型積層陶瓷電容器，其產品與高雄被動元件廠無論在產能、產品競爭力上，皆相互輝映、相互提攜，是競合的企業夥伴。

（四）中壢廠

1975年成立的中壢廠，以生產黑白與彩色電視機、黑白與彩色顯示器、彩色顯示器、偏向軛及馳返變壓器爲主。1982年至1984年是中壢廠轉型的關鍵時期，不但面臨市場競爭的龐大壓力，也需要面對美國貿易機構所祭出的反傾銷售調查。1983年，中壢廠因受到韓國電視機的低價競爭，成本已降低至臺灣外銷報價的極限，營運持續走低。雖然背負著巨大的競爭壓力與未來被淘汰的風險，但在許祿寶先生的帶領之下，卻扭轉乾坤，進而改變方向，全力研發、設計、製造新一代的黑白顯示器與彩色顯示管。最後，不但起死回生，新產品成爲市場的主力，而且業務扶搖日上，成爲全球顯示器事業群中心，並以臺灣爲主要基地行銷全世界，其經驗亦十分寶貴，故事也相當精彩動人。

❖ 中壢廠的篳路藍縷

　　1983年，面對韓國的低價競爭，中壢廠雖然將成本降低到臺灣外銷報價的極限，但仍然急速流失訂單。最後，中壢廠的人事凍結，費用精簡，全廠60%的機器停擺，作業員無事可做，只能在廠房粉刷油漆。整整一年，沒有一個新人進入中壢廠。當時的廠長許祿寶先生雖然積極找尋機會，並跟英特爾（Intel）爭取一筆黑白顯示器的訂單，但仍然是杯水車薪，無法扭轉大局。

　　1984年，許祿寶先生前往荷蘭飛利浦，擔任歐洲電視機的專案管理者。當時，荷蘭飛利浦接下一筆彩色電視NC3銷往美國的訂單，正在猶豫這筆訂單的生產製造是要讓新加坡或是臺灣負責。於是，許祿寶乃全力爭取這筆訂單，說服總公司支持。他強調中壢廠擁有豐富的經驗與良好的績效，再加上臺灣的顯示器供應鏈擁有許多可以共同合作的廠商，必能大量降低成本。最後，荷蘭飛利浦跨國合作專案開發部的主管評估後，認為臺灣比較有競爭力，於是中壢廠成功獲得這筆訂單。然而，當時的中壢廠只有生產黑白電視的經驗，為了完成這筆訂單，中壢廠必須在硬體與技術上同時進行升級。許祿寶先生回憶說：「當時，我們買了一個自動系統，叫做Hirata Line，然後將monitor，color monitor process全部植入系統中，開始去嘗試、突破。」最後，危機終於成為轉機。

　　接著，在開發新產品彩色顯示器CM9000時，中壢廠以品質機能展開（Quality Function Deployment, QFD）的方式，瞭解顧客需求。從產品機能，到外觀設計，確保每個階段的設計均符合顧客所需。藉由品質機能展開，一方面瞭解顧客期待，一方面亦能在顧客意見相左時，協助研發團隊進行評估與決策。許祿寶先生強調：QFD的價值為讓組織能在整體框架下，一一檢視每個小問題，卻又不會迷失其中。西方的思考模式是化約主義（reductionsim），把一個大問題細分為幾個小問題來檢視，但有時會

因此欠缺全局觀（holism），而無法從細部問題中綜覽全局。而QFD的應用，讓員工得以瞭解其他同仁在做什麼，以及每種活動之間的關聯（如圖2-1所示）。在中壢廠全體員工的投入與努力之下，中壢廠成功研發出彩色顯示器CM9000，中壢廠也從生產製造從黑白電視，跳過下一代的彩色電視機，而直接躍入更新一代的彩色顯示器。

　　除了產品創新之外，中壢廠亦改善生產線的倉儲運送出貨流程，選擇不增建新倉庫，而改採用「direct shipment, direct supply」（直接裝運，直接供應）的策略。這樣的倉儲管理策略震驚了荷蘭飛利浦，並提出質疑：「製造一項新的產品，怎麼會不需要倉庫呢？」原本倉儲管理是根據產品要送往的國家，進行運送排程，再封裝送出。因而，當需要出貨時，有一個人必須要進到倉庫裡面收料，然後放架，接著再使用系統出貨。中壢廠則簡化整個流程，當需要出貨的時候，就進到生產區域（landing area），直接將貨物取出，即可出貨。這樣的流程設計就像大賣場，所有的供應商、零件商通通在裡面，一件產品的製程要經過60個工作站，1個工作站30秒，約30分鐘左右產品就從軌道出去，再經過45分鐘的燒機，約75分鐘即可產出。在這樣的運作模式下，中壢廠一天約有42個貨櫃的出貨量。為了配合製造生產作業之需求，進貨量則高達120個貨櫃，有時難免造成貨進出之瓶頸與塞車。可是，生產線不能停線，不管是材料或組裝，品質都需嚴格控管，才能不停的出貨，不停的進貨。鄭聲明廠長回憶說：「剛開始接手中壢廠時，羅益強先生每個月到中壢廠巡視，問的第一個問題是：『你廣場上的貨櫃為什麼這麼多？貨櫃一直囤積，是品質不好嗎？還是有其他因素？』羅先生這樣的詢問，也讓大家去思考背後的問題是什麼，進而改善產品出貨的流程。」

　　經過半年的追蹤改善，進出貨的流程、物流之事前規劃、作業廠商之配合調度，徹底解決無差點的一條龍物流管理，且建立了一個機動化的

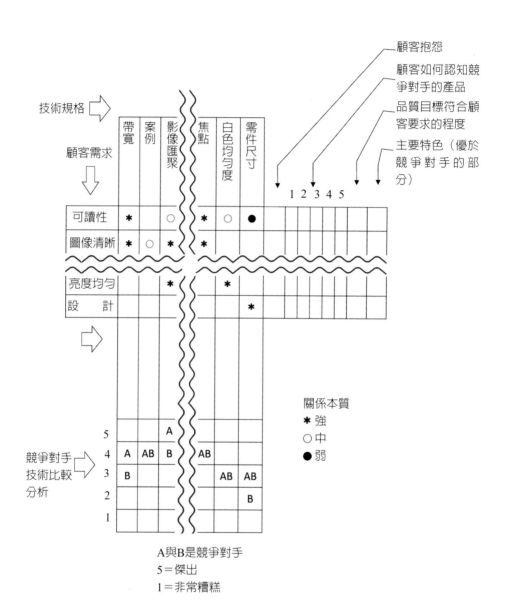

▲ 圖2-1：顯示器研發之QFD

資料來源：Hayes（1991）

作業模式。最後，中壢廠憑藉著產品的創新與生產線出貨流程的改善，來提升績效，業績於是開始飛躍，而有突破性的成長。從一個凡事必問荷蘭總公司、由事業群主導的中心，成為支援歐美各工廠的飛利浦顯示器重要中心。1980年，中壢廠的設計團隊僅有六名工程師，1988年中期，則已有超過一百人投入產品設計。在鼎盛時期，中壢廠是臺灣最大的彩色顯示器供應商，全球市占率為第三名。1991年，台灣飛利浦尚未得到戴明獎，可是，哈佛商學院（Harvard Business School）教授Robert Hayes卻已經慧眼獨具，而訪問了羅益強、許祿寶等人，並為中壢廠開發彩色顯示器的經營模式撰寫教學案例，而成為重要的哈佛大學管理課程教材。

❖ 中壢廠區文化的締造者

許祿寶是中壢廠文化的締造者，1984年到1989年之間，中壢廠在他一步步的帶領下，從黑白電視的製造廠一躍成為顯示器全球領導中心。許先生認為管理建設應該以建立思維模式的作為起點，再廣納各方想法，彙整出一套全觀理論與系統推論，並認真傳播。因而，有人戲稱他比較像是一位傳教者，而不是一位老闆：他可以和任何人在觀念、思想、系統邏輯上「相互腦力激盪」，而不知時之將盡；「Enthusiasm」（熱忱）更是他在對話中常用的英文單字，當他興奮地想說服對方時，常脫口而出「太陽底下哪有新鮮事」、「我眼淚都要掉下來了」。1984年，他調往荷蘭。離開臺灣前，他交付了許多改善任務給同仁。1985年初，

▲ 中壢廠區文化的締造者—許祿寶先生
資料來源：台灣飛利浦（1994a）

又回到中壢廠擔任總經理，那時許多人還暗自著急，擔心功課尚未做完，無法交卷。

❖ 成為全球視訊事業中心

在優秀主管的卓越領導下，中壢廠逐漸實現開發、製造、產品管理、行銷的完整企業功能，產銷一體化。雖然如此，顯示器市場已經面臨了非常激烈的價格與品質競爭，唯有繼續在成本、品質、新產品創新上不斷努力，才能確保以後的榮景。因而，中壢廠百尺竿頭更進一步，在產品創新上猛下功夫。其所製造的17吋晰利彩色顯示器，是完全由臺灣本地人員研發的智慧結晶，曾榮獲國家產品形象金質獎的肯定。顯示飛利浦在臺灣培育人才、實行本土化經營的成功。如同許祿寶先生在各項人才培育訓練的課程中，所經常強調的：「良農造良民，上農造沃土，中農造稻米，下農造雜草。」而國家獎項的獲得，亦激勵了中壢廠的員工，代表他們努力的成果已受到國家的重視與肯定，並顯示臺灣獨立開發之產品品質的卓越，且臻於一流。

1988年時，中壢廠由消費性電子顯示器全球製造及技術、研發中心，提升為全球飛利浦視訊事業中心，負責籌劃、管理、行銷，以及支援全球各區域的顯示器製造業務。同時，在品質的改善上，也做了大幅度的調整，導入並安裝平田式生產線，突破各種產品的瓶頸，生產力、產能，以及品質快速提升。當時的總經理張玥先生曾表示：「中壢廠已經變得更接近真正的客戶，也漸漸瞭解什麼是一個顧客導向的組織，應該如何從企業人的思考方向來贏得顧客的信賴。」李登輝總統更於1994年參觀中壢廠，並對於飛利浦積極培養本土人才，深表嘉許；對飛利浦顯示器研發與生產技術之先進與精良，豎起大拇指，給予無比的讚賞。

🔺 1994年4月26日，總統李登輝參觀中壢廠
照片來源：羅益強先生榮調紀念照片集

（五）大園廠

「台灣飛利浦電器股份有限公司」大園廠於1988年成立，主要生產高級專業室內照明器具、燈具及所需的零組件，供應香港、日本、新加坡等十一個亞太地區的國家，此外還負責研發任務，是母公司在亞太地區的照明技術支援中心。

（六）大鵬廠

1993年，荷蘭飛利浦通過海外最大單一產業投資案，以新臺幣90億元在新竹科學園區建立亞太區電子顯像組件中心，此即為大鵬廠，職司電腦顯示器管的行銷、研發及製造，專事研發與生產15吋、17吋及更大尺寸的高解析度彩色電腦顯示器管。大鵬廠的建廠過程雖然備嘗艱辛，但是在員工的努力之下，從整地、動土施工、興建廠房、機器設備的安裝、測試機器，直到試驗量產，其中經歷了六個颱風的洗禮，但進度竟然超前，以11個月的時間提前完成，而且預算控制得十分合宜嚴謹，充分顯示台灣飛利浦之效

能與效率的卓越水準，也展現了團隊合作精神，以及堅強的管理能力。

▲ 丁默總裁親臨參加大鵬廠的落成剪綵
照片來源：羅益強先生榮調紀念照片集

　　1994年12月20日落成當日，荷蘭總公司丁默總裁親臨大鵬廠剪綵。大鵬廠50%的廠房屬於無塵室，引進高層次顯像組件的研發生產技術，以自動化及標準化的一貫作業，生產製造大尺寸的彩色顯示器管，而紮穩臺灣視訊工業的發展基礎，強化島內顯示器產業的國際競爭力，平衡了長期以來的臺日貿易逆差。對於臺灣視訊產業而言，更有技術扎根的意義，不但促進了產業升級，而且在眾多的競爭國中脫穎而出，在全球名列前茅。

二、羅益強先生的魅力領導

　　就事後分析來看，台灣飛利浦的成長茁壯，除了與荷蘭飛利浦高階經營團隊的眼光過人、駐臺外籍專業管理人員的投入、本地管理與技術人員的上進，以及各廠區優異勞動力的努力之外，羅益強先生絕對扮演了極為關鍵的角色。他從飛利浦工程師最基層的初級職位做起，並快速成為優

秀的積體電路工程師。1972年，羅益強挑下建元IC廠經理的重擔，成為第一位出身本土的專業經理人。他有計畫、有系統、循序漸進地培養本地人才，引進荷蘭總公司的技術，並加以突破，來提升組織競爭能力，讓高雄建元IC廠成為往後三十年飛利浦百年字號上，閃閃發光的金字盾牌。

羅益強當上建元廠總經理以後，透過製程的改善，促使產品良率竟然高達92%，不但超出總公司所要求的72%的標準甚多，也遠超出生產同類IC的英國飛利浦廠。當時，客戶之一的IBM對英國廠生產的樣品品質並不滿意，但建元廠的樣品，卻能符合IBM的品質要求。這一切的表現不能不歸功於羅益強的卓越領導，他將建元廠帶向品質提升之路，這也是荷蘭總部一向強調的目標。當時，雖然生產線員工都已採用歐洲的規格標準，但他認為，不需要墨守成規，只要要求有道理，讓員工了解工作內容與意義，就會做得比管理階層所要求的還要好。

他是一位「魅力型」的領導者—所謂魅力領導（charismatic leadership）是指跟隨者在看到領導者展現特定行為時，會將之歸因為英雄式或非凡型的領導者。此領導理論從80年代起即受到重視，因為隨著經濟全球化的發展，市場競爭日趨激烈，企業組織更需要這種魅力領導者展現改革與創新精神，帶領組織因應環境的挑戰。魅力型領導者主要有五種特質，分別為具有願景（vision）、對環境敏感（environmental sensitivity）、對部屬需求敏感（sensitivity to follower needs）、承擔個人風險（personal risk），以及非凡脫俗的行為（unconventional behavior）（Conger & Kanungo, 1998）。魅力型領導者會透過以下的過程來影響部屬：首先，領導者會對組織環境做評估，並描繪出一個動人的願景，此願景可以使得部屬連結組織現況與美好的未來；然後，領導者透過具說服力的言語文字與行動，來和部屬進行溝通；同時，傾聽部屬的建議，透由各種方式的討論，傳達對績效期望，並對達成目標之使命表現出高度信心與信任；接著，魅力型領

導者會主動承擔個人風險，展現與過去作法不同的非流俗表現，並擁有追求願景的勇氣，以及使命必達的信念。這一連串的行為表現，往往可以贏得組織成員的信任與忠誠。因此，願意自發地支持領導者實現願景，並對領導者深具信心，進而對組織產生承諾感與忠誠感，使命必達。

羅先生十分符合「魅力型」領袖的描述，他善於將公司願景、策略及目標，清楚地傳達給全體員工，並加以貫徹，甚至提前達成目標。對於環境的變化，他總能做清楚的預測，並全力因應；對行動改革所需要的資源與措施，也會在進行評估後，全力推動；對於部屬的需要，他具有敏銳的嗅覺，適切而及時地滿足部屬的需求；更重要的是，他總是把員工與組織的利益放在自己的前途之前，願意自我犧牲，來成就大我。不只是基層人員，包括各階層的員工，都能感受到他的魅力領導風範，進而激勵自己向上提升，使台灣飛利浦得以邁向卓越，更上一層樓。

▲ 羅益強是魅力型領導人

照片來源：羅益強先生榮調紀念照片集

三、人才在地化

　　台灣飛利浦在設廠早期，外籍員工所占的比例並不低，可是到了1980與1990年代，八千五百多位的員工當中，只有不到三十位是外國籍員工。顯示，台灣飛利浦頗致力於人才的在地化，十分重視培養本地的工程師與專業人員。不僅鼓勵臺灣工程師提升其研發設計能力，亦希望能改善作業員的工作品質，提升其工作意義感。透過「品管圈」的建立，讓作業員在單調例行工作之餘，也能用心思考如何使作業流程更加流暢，用以培養其解決問題的能力，且提升工作成就感。羅益強再三強調：「我們能給員工很大的安全感，但卻不能保證員工的飯碗，而是保證員工在這裡永遠不會衰頹，走到外面永遠能和別人競爭。」的確，從飛利浦離開的員工，在其他企業都有相當優異的表現，可以證實此言不虛。

◯ 貝賀斐總裁與羅益強先生視察建元廠
照片來源：羅益強先生榮調紀念照片集

在培養技術能力方面，從早期的代工生產，升級到自我研發設計；許多產品從研究開發、製造、市場調查、行銷、銷售到售後服務，都由本地人獨力完成，是「完完全全的MIT，臺灣製造的」（蘇育琪，1994）。此外，在組織能力上，也不斷以先進組織作為標竿，激勵員工見賢看齊。達成後，再提升標竿水準，以預應環境變動。90年代，台灣飛利浦是以日本的日立（Hitachi）作為標竿的，這是以日本最高品質標準作為標的，也預示著參加戴明獎的品質競賽活動的可能，期望在參賽過程中脫胎換骨，更向上成長茁壯。

四、小結

1985年之前，台灣飛利浦成長的故事是隨著臺灣經濟成長而展開：1966年至1976年，台灣飛利浦是荷蘭飛利浦的一個海外生產製造基地，產品百分之百回銷給總公司，是一個標準的海外加工廠；接著向上突破，製造與行銷消費性電子產品（被動元件、IC封裝測試）、電視用黑白彩色映像管、黑白彩色顯示器管及映像管、顯示器管用之玻璃組件、鐵氧磁性材料、偏向軛馳返變壓器、關鍵電子零組件，以及黑白與彩色顯示器及電容器等。

1976至1985年，台灣飛利浦開始大量生產零組件，並自己設計與開發設備，成為全球飛利浦的電子零組件總部，以及電腦顯示器（monitor）的製造研發中心，擔任國際製造中心的角色。值得一提的是，此研發中心是在臺灣政府尚未推動亞太營運中心的政策之前，所主動成立的電腦顯示器研發中心，不但帶動臺灣經濟向前發展，也給主要廠商一種領頭與示範的作用。當時，在全球飛利浦各聯屬公司中，不論成長率或是獲利率，台灣飛利浦都表現卓越。

台灣飛利浦的成長茁壯，除了有賴當時荷蘭飛利浦外派專業管理人員

的傾囊相授，以及歷屆的領導者的帶領之外，擁有優秀、學習能力高超的管理專業人員，也是關鍵原因之一。這些人才包括研發工程師、製造工程師、設備工程師、建廠工程師，以及財務管理、人力資源、採購行銷、物流管理等等人才，並透過團隊合作與無間距的流程管理（內部上游供應及下游客戶），發揮組織的集體綜效。除此之外，台灣飛利浦亦展現不斷改善、追求卓越的精神，力求產品品質的提升，以及組織素質的提升，使之成為一個應變能力極強的有機組織，而能因應環境的迅速變化與組織的不斷成長。其主要信念是：我們必須一直往前、往外走，因為所有的競爭對手都是世界一流的團隊；而成為顧客的第一選擇則是必須堅持的目標。

❖ 第四節　英國南安普敦廠的品質事件與啓示

一、英國南安普敦品質事件

　　當然，台灣飛利浦的茁壯與成長，並非是完全自動自發、自證自成的，而是透過外在環境的刺激。1982年，當時建元廠的總經理羅益強先生按照慣例下班後到電報室，收到一封來自日本客戶的抱怨信，指出建元廠出貨給他們的產品規格不符。當時高雄建元廠生產積體電路元件（Integrated Circuit plants, IC）賣給英國的飛利浦南安普敦廠，而此日本客戶則是南安普敦廠的下游客戶。他隨即根據電報追蹤，查出這批產品的功能皆符合總公司訂單的規格，但是可能與客戶的實際需求有所出入，顧客認為產品的「外觀」不佳，雖然並未影響產品的功能表現。依照慣例，建元廠不但沒有責任，而且大可忽略客戶的抱怨。但是，羅先生卻主動聯繫客戶，了解實際問題所在，日本客戶認為：「如果外觀看起來不怎樣，則很難相信產品內部是完美的。」因此，他立即與管理團隊討論，要求相關部門修改部分設計，但管理團隊卻認為這只是日本客戶想要停止進口臺灣

產品的藉口而已。不過他卻力排眾議，認為應該聆聽客戶的聲音、滿足客戶需求，並追求品質的進一步提升與改善。隨後，召集了建元廠的工程經理，並邀請日立電視的經理來討論如何進行品質管理與改善，以期滿足客戶之品質要求的期望，並與客戶建立良好之互動。

大約同時，在1983年11月，飛利浦總公司總裁戴克（Wisse Dekker）也訂出十項品質政策，認為產品與服務品質，對於企業能否持續興盛繁榮極為重要，並且勉勵公司成員都應該養成不斷努力、精益求精的精神，而與台灣飛利浦所強調的追求品質卓越的精神不謀而合。荷蘭飛利浦總公司董事會決定大力推展公司的全面品質改善運動，由上而下全面執行品質政策，透過每一項活動的改善，來提高品質與生產力，並降低成本，以全面提升組織競爭力，並將「顧客滿意」訂為組織首要的目標。

飛利浦總公司的品質政策，主要包括以下數點：第一、品質改善是所有管理階層的任務與責任；第二、為了使公司員工都能全員參與品質改善活動，管理階層必須帶頭讓所有員工都能參加各項活動的準備、實施及評鑑；第三、對於公司每一部門，品質改善工作必須要有計畫，以有系統的方式進行，並加以追蹤；第四、品質的改善過程必須持之以恆；第五、運用各種途徑與方法，在每一部門加以宣導品質政策，務必使每一位同仁都能了解活動的意義，且具有品質改善的意識；第六、對於教育與訓練，應納入品質概念，對於現行的品質教育與訓練活動應給予評估，衡量其對品質政策的貢獻；第七、全公司必須要比以往更加重視公司內外部顧客的想法，達成顧客的品質要求；第八、應該讓所有相關單位瞭解競爭對手的表現；第九、重要的供應廠商必須配合公司的品質政策，做更密切的結合；第十、品質政策的推行進度，應列為品質檢討會議的長期議題。對台灣飛利浦而言，總公司這項政策，無疑是重要的迴響與鼓勵。

二、品質改善的先驅

　　情勢顯然具有加分促進的效果，因而，透過全公司品質改善（CWQI）之活動，台灣飛利浦各廠區的品質改善不但持續進行著，而且積極與日本的製造工廠交流。高層主管也瞭解，關心品質不是全有就是全無，要讓台灣飛利浦員工對日本品質標準感興趣且要完全符合，將會是艱鉅的任務；但各廠的高階管理團隊也認為，即使如此，亦不能因此而退縮。而且，來自南安普敦廠與恩荷芬總部的刺激，以及想要在市場立於不敗之地，品質改善絕對是不二法門。因此，管理團隊決定不但展開品質改善，而且要更積極執行。經由討論過後，確認首要目標是進行「改善行動計畫」（Improvement Action Plan），並且成立品質改善委員會（Quality Improvement Committee, QIC）。每個月都有8個品質工作團隊聚集在一起討論，每一個團隊的領導者將成為品質改善委員會的一員，在每月的定期會議中，訂定每個部門的品質改善活動計畫內容，並仔細討論所有品質計畫的執行過程。委員會亦邀請日立公司的總經理一起參與改善計畫，希望向日立學習品質改善經驗。雖然這些討論非常有效，但對「QIC應該採用哪一種系統方法來解決」的問題，卻沒有唾手可得的答案。

三、師法「品質無價」（Quality Is Free）的精神

　　幾番考量後，台灣飛利浦決定學習美國西格尼蒂克（Signetics）公司的品質推動策略。西格尼蒂克也是生產積體電路的公司，其根據美國管理學者克勞斯比（Philip B. Crosby）所著的《品質無價》（*Quality Is Free*），在泰國與韓國工廠推動品質改善。因此，台灣飛利浦決定引進「克勞斯比品質改善十四步驟」（Crosby 14—step approach）的作法（見附錄一），作者克勞斯比亦授權將《品質無價》的書翻譯成中文。在翻譯

的同時，品質改善委員會決定根據此書的內容撰寫QIC宣言，張貼在公司主要的出入口與每位經理的辦公室，希望提升同仁對品質改善的意識。公開宣布意味著：台灣飛利浦各廠的所有員工必須全力支持，且全心投入品質改善的活動。

Crosby計畫在1983年1月於建元廠開始推動，推動以前需要對整個組織的人員加以訓練，因此，八個團隊之中有一個是專門負責訓練的團隊。他們籌組了不同組織層級的品質學院，並根據對象的不同分成三層：第一層是針對部門領導者、管理階層以及工程師爲對象，透過部門經理的教導，進行20小時的品質訓練課程；第二層是針對領班、技術人員，由部門領導者進行8小時的教導；第三層則是針對第一線的操作人員，首先對其直接主管進行兩小時的訓練，再由其直接主管對操作人員進行訓練。

此品質訓練計畫貫穿整個組織，由上到下徹底實施，爲期6個月。訓練結束後，整個組織已有充分準備，可以開始推動Crosby的十四步驟。同時，爲了符合美國市場的嚴格要求，品質計畫的目標亦包括降低不良品的PPM（每一百萬個產品中出現的瑕疵品數目）。最後，將每年7月訂定爲品質月（Quality Month），品質月的活動除了表揚優秀員工之外，也檢討過去6個月的表現是否達到目標。品質月的設立，目的是希望激勵所有員工更加投入品質改善活動，並提供模範標竿讓員工學習。1983年底結束時，所有的十四個步驟都已經執行完畢，完成對操作人員的品質訓練，且將《品質無價》一書中的「在第一次就把工作做好」的精神落實於工作現場，產品的不良率也從原本之9000PPM降低爲3000PPM，整體公司的生產力大幅進步，其品質爲全球飛利浦之冠。

在台灣飛利浦，所謂的「第一次就把工作做好」精神，是倡導「品質第一、產量第一」的宗旨，強調不能因效率而忽視品質；也不能因爲個人的疏失而影響團隊的績效。一切以品質爲先，作爲工作的最高標準，因而

可以省去許多因產品瑕疵而導致的後續問題。另外，要求員工「發揮集體合作的團隊精神」，部門、員工彼此之間互相配合，以發揮團隊綜效，並達成零缺點、零瑕疵的目標。

⬢ 品質第一為首要目標

四、品管圈計畫與零缺點日

1984年以後，各廠區品質改善委員會收到來自荷蘭恩荷芬（Eindhoven）總公司的品質方針，於是將總公司的品質方針納入原先的改善計畫當中。這項計畫融合了Crosby策略與修正後的品管圈計畫，主要的改變有兩項：第一為組織的溝通傳達以由上而下（top-down）的作法，取代原來的由下而上（bottom-up）。也就是說，位於組織層級較高的品管圈委員會（Quality Control Circle Committee, QCC）（對QIC報告），需要負起更大的推動責任，並由上而下，傳達各種政策至各部門，包括生產部的經理、管理人員，以及品管圈的成員。於是，參與整個品管圈的人員

從總人數的13%增至29%。第二則是將Crosby的錯誤原因消除（Crosby's Error Cause Removal, ECR）與建議方案互相搭配，在不需要針對錯誤提供解決方法的狀況下，仍然讓員工可以透過提出問題來集思廣益，並產生可行的改善方式。換句話說，建議方案為一種溝通平臺，當員工提出建議後，能馬上得到處理，也促進了領導者與其團隊間的有效溝通。另一項重要的里程碑則是在1984年6月成立了品質確認委員會（Quality Sureness Committee, QSC），此委員會包含所有廠區的服務部門，主要功能是確認服務部門如何提供可行的服務給內部顧客。

至於品管圈委員會（QCC）的運作，則是先選出十位領班組成一圈，經過半年的訓練與成果發表之後，各自擔任圈長，分別帶領相同工作性質的員工組成品管圈，並由督導擔任輔導員。透過每月一次的固定聚會，以及工作中的不定時集會，受過訓練的圈長將品管基本概念與簡單工具教給圈員，並共同選定與自己工作直接相關的題目，分派給每一位圈員不同的工作（例如：蒐集資料、舉辦團康活動等），一起訂定改善計畫。然後，這種圈長與圈員的作法再逐漸擴張，而達到全公司五百多圈的規模。品管圈的成果發表會每年舉行兩次，除了舉辦相關品質活動之外，也頒發優秀品管圈獎金，以及依活動記錄固定申請的補助經費，作為獎勵參與品管圈的實質回饋。品管圈塑造了互相競爭的組織氣氛，但在彼此較勁中，卻提升了提案的水準與產品品質。在每一個工廠走廊的牆壁上，會張貼表現傑出的品管圈案例，讓大家在休息時間時，可以互相觀摩。配合品管圈活動，意見箱提案制度也屬於基層推動品質的活動，每個人只要有提案，一件至少發給一定數額的獎金。

可是，對品管圈委員會來說，理想建議與簡單的改善品質工具並不能滿足變化快速的市場要求，一些重要的顧客，像IBM、Delco及Ford已經開始要求供應商使用統計過程管制（Statistical Process Control, SPC）。此

套方法是事先界定工作程序中可能發生的變數，然後一邊進行，一邊測量變數，如果有任何變數數值超出控制之外，馬上得加以矯正。如此一來，所有變數都可控制在預定的範圍內，結果也必定與預期符合（Crosby，1995：124）。為了達成目標，品管圈委員會與所有員工都需要更上一層樓。

隨著品質計畫的推動，員工參與品管圈以及提出建議方案的人數逐漸增多，顯示推行的品質改善計畫已經獲得大部分員工的認可，願意投入其中，並凝聚參與品質改善的向心力。表揚對品質改善有貢獻的優秀員工是Crosby書中的一個策略，也是各品質團隊計畫的基礎之一。因此，在零缺點日這天，表揚年度最佳品質的員工，以獎勵員工個人的付出與成就。「零缺點日」也是品質改善中一項關鍵活動，此活動的目的是為了激勵員工為明日更卓越的績效而努力，進而因應市場上的挑戰與競爭。

在作法上，台灣飛利浦主要分為五方面來加以執行：第一、人員方面，提升員工的自我要求與素質，調整與改善工作態度；第二、機器設備方面，做到線型排列一貫作業，減少材料浪費，縮短運送距離；第三、儲運系統方面，達到及時生產（JIT），縮短產品交貨時間，做到零庫存；第四、製程管制技術方面，利用有系統的科學方法分析—即統計過程管制（SPC），注重事前預防；第五、結構系統方面，利用品質改進的十四步驟，使得全體員工參與有系統的品質改進善計畫。全體同仁也需要簽署零缺點誓詞，誓願下定「第一次就把工作做好的決心」，達到產品零缺點、機器零故障、流程快速、準時交貨，以及顧客滿意的目標。以建元廠為例的品質改善計畫過程，可參考表2-2。

◎ 表2-2：建元廠的品質改善計畫

年代	主要計畫
1982	品質改善委員會（Quality Improvement Committee, QIC）
1983	Crosby計畫「品質改善十四步驟」（Crosby 14—step approach）
1984	品管圈計畫－品管圈委員會（Quality Control Circle Committee, QCC）

❖第五節　日本第一的挑戰

一、日本品質世界第一

　　1980年代的臺灣，就如同1960年左右的日本，國民所得剛剛站上平均8,000美元的點上。早期「日本貨」被視爲是「劣等貨」的同義詞，但在二次世界大戰後，日本許多產品在1970年左右都逐漸成爲世界市場上的第一選擇，成爲「優良品」的代名詞，在國際經濟地位上被認爲可能超越美國，成爲世界第一的工業強國。二次大戰以後，整個世界經濟幾乎陷於通貨膨脹與衰退的困擾中，但日本卻在此時異軍突起，成爲工業領域中許多產品的領導品牌，例如：鐘錶一向是瑞士的天下，但在1979年日本的產量卻達到六千萬只，成爲鐘錶市場的最大供應國；照相機的國際市場過去一直是德國所主導，但也被日本所取代；美國曾經是製造無線電與電視機的首要國家，但後來也被日本超越。除此之外，最令人驚訝的就是日本汽車業的發展，汽車業一直是美國或西歐品牌主導市場，但日本卻異軍突起，產量遠勝他國，品質也都有過之而無不及。日本在許多產品上成爲消費者心目中的理想品牌，其經營與管理模式成爲世界許多國家的模仿對象。

　　日本的大幅躍進，當時的IBM研究室主任葛默利（Ralph Gomory）有極爲深刻的體認。他強調：

「日本的整體發展與製造週期比美國快，不管是在微處理器、電腦、電路，還是IBM其他業務層面；而且在製造、設計、即時交貨及整體合作上，都十分專精，而提高了品質標準。日本在科學上也許較爲落後，但執行速度卻快很多…如果不改善推動先進技術的方式，我們必會落到後頭。」

在短短幾十年間，日本爲什麼有如此巨大的躍進，國民所得連翻三倍，並且在經濟發展上領先美國等開發國家。究竟是什麼樣的民族特質、經濟策略，以及管理手法使得日本在全世界的市場上站穩腳跟呢？日本人到底是憑著什麼原因領先各競爭國家呢？這些問題就成了當時學術界與實務界探討的重要問題。

◎日本製成為品質保證

二、《日本第一》成功因素

針對日本於二十世紀70、80年代的崛起，美國哈佛大學的社會學教授傅高義（E. F. Vogel）撰寫了《日本第一》的書，分析他在日本觀察到的

社會結構現象，來解答為何日本能有如此優異的成績表現，並以此來警惕美國人。他從日本的文化、歷史、政府、大公司體制、教育制度、福利，以及犯罪控制等角度切入，仔細觀察日本經濟成長與企業成功的背後原因。當然，傅高義（1983）認為日本所採取的「貿易保護政策」也是原因之一，使得外商企業想要進入日本市場相當不容易，因而保護了本國企業。

　　除此之外，傅高義（1983）將日本成功的緣由歸納為以下數項：日本產業第一是基於高儲蓄率，由於個人的儲蓄率每年平均都在20%以上，因此，能夠從事更多的投資，使得日本在新工廠與設備的平均投資上，比美國多一倍。第二是在研究發展上的花費占其國民生產毛額比例較高，較偏重實用研究，而對日本的未來工業發展產生有利的影響。第三是產業工人相當有紀律，他們都極為信任管理當局能以員工的利益作為第一優先考量，因此罷工活動相當少見；第四是工人的教育程度相當高；第五是政府官員相當幹練、作風篤實，以及具有遠見，他們能將國家利益作為行事的準則，也將協助工商業發展視為自己的職責，因此，政府對企業的照顧是無微不至的──當掌握國際發展趨勢，或從研究中得知在國際市場上具有前瞻性的產品時，就會設法給予願意生產者鼓勵與資助，以促進經濟發展。

　　除了以上這些硬體制度的優勢外，日本在民族性格方面的軟體素質上也有許多他人無法模仿的優點。在明治維新後，雖有著鮮明的階層制度，但日本人除了保有東方傳統文化的倫理道德外，也相當強調人與人之間的和諧，使得組織中的老闆與員工、同事與同事間關係親密和睦。因此在群體社會裡建立一套非常具體的規範，將「團隊精神」發揚光大。日本人從幼兒園開始就被灌輸團隊精神的理念，因而使得其在工作時擁有下情上達、充分溝通，以及Z理論之類的管理哲學（Ouchi，1981）。例如：在企

業裡，主管經常在下班後與部屬一同餐敘談天，或是鼓勵員工成立工作改善小組（即為品管圈），彼此隨時交換意見，以改善公司業務。另外，日本企業亦採用「終身雇用制度」，使得員工認為自己與組織是一體的，將公司成長目標視為自己的責任，並願意為組織盡心盡力。

除此之外，使日本成為80年代最具競爭優勢的國家還有兩個重要因素，分別為「全面品管制度」與「引進技術與研究發展」。產品品管制度已推行一段時間，而使得日本產品得以稱霸全球。其制度可以顯現其獨特的品管觀念，日本於1940年代引進美國的品質管制（Quality Control，QC）概念，1960年代後開始突破原來的品管觀念，建立嚴密的品管制度，並推動全員參與作法，要求全體作業人員都得參與品管工作，因此將作業員工編組成若干品管圈小組，隨時討論可能產生的問題，並加以解決，進而提升產品品質。而原來專門負責品管的部門，則轉變成執行訓練與進行不定期抽查的督導員。透過這種作法，可以使原本落在品管人員身上的品質責任，移轉到每位執行作業的人員身上，使得部門人員將品質的好壞視為自己的責任，並下定非做好不可的決心，而不需要再透過第三者來檢驗；有問題時也可以隨時解決，而非通知他人；再加上日本人認真負責的精神，使得品管工作臻於卓越。

到了1970年代，日本更將品管責任擴展到全公司的每位員工身上，即所謂全面品質管制（Total Quality Control, TQC），此制度強調：不管隸屬什麼部門，也不拘階層高低，只要是公司員工，都得納入TQC的範圍。為達成完美的品質目標，TQC主要從兩方面著手：（一）由上而下，由品質保證系統來達成；（二）由下而上，就是追求個人完美的工作成果，企圖使品管成為每位員工的責任，而非只由品管部門人員負責。當每位員工都能達成最高品質的標準時，即可讓產品生產過程更加完美，提升產品的良率與品質。也就是說，產品的品管由製造者負責檢驗，並由小組討論如何

改善品質，將意見傳達給高階人員批准，且在全公司推行。透過上下的有效溝通，即可以達成高品質的訴求，這也就是日本產品可以臻於品質卓越的基本作法。

此外，引進技術與強調研究方法也是當時日本臻於領先的重要因素之一。日本在引進國外技術之時，必定會先了解其設計內容，然後自行進行配套設計，希望不是只靠抄襲與付出勞力而已，也必須要靠創新與腦力取勝。此外，日本亦重視經營管理技術的引進，在研究發展方面投資約在1.7%至2%之間，因而，在1980年代日本汽車的銷售即稱霸全球，甚至超越美國，其主要原因是日本花費相當多的精力在研究零件位置的設計，使得維修上容易許多，這是重視研究發展促使產品成功的範例之一（朱寶熙，1982）。

三、效法與挑戰日本

1980年代，日本對臺灣的貿易呈現巨額的貿易順差，使得政府非常憂心對日的貿易形勢，而荷蘭飛利浦也注意到了日本產品的競爭力。飛利浦的消費電子產品在歐洲市場一直所向無敵，保有很高的市場占有率，但是在世界最大市場的美國與新興的亞洲，卻一直都落在日本之後。因此，當時飛利浦的新任總裁范德克（C. J. van der Klugt）宣布要和日本展開全球競爭，並於1984年決定要推動全球各廠的品質提升計畫。

由於羅益強早在1982年就在建元廠推動電子產品品質改善計畫，因此，荷蘭總公司決定借重他的品質改善經驗，將其調至臺北擔任技術副總裁，負責台灣飛利浦的品質改善。起初，羅益強對於如何推動全盤改善計畫尚未成竹在胸，但在1985年出現了轉機，他拜訪了日本品質桂冠之戴明獎的得主，包括豐田、松下及三洋等，並聆聽日本品管之父石川馨的及時管理（ Just in Time, JIT）的演講，並體認到日本企業的成功背後是因為有

良好的團隊合作，除了縱向的上下溝通之外，更重要的是員工之間具有相當良好的橫向聯繫與合作關係，而且亦觀察到日本確實有許多值得效法的地方。因此，將日本企業視為追求進步的標竿，希望向日本第一進行挑戰，決心帶領台灣飛利浦依照日本企業的標準，以五年時間來挑戰戴明獎；並期望在挑戰的過程中，可以做好基礎建設的工作，建立優質的組織，以全面提升競爭力，因應外在環境的變化。於是，摘取並贏得戴明獎，提升品質水準將成為下一個階段：1985年後台灣飛利浦的重要挑戰。

第三章

立志：啓動世紀變革

❖ 第一節　覺醒：危機就是轉機

一、危機：成本驟升的考驗

　　1980年代的臺灣，經濟表現極為亮眼。政府推動的十大建設有效帶動了臺灣進一步的經濟發展，經濟成長率在1980年至1984年間大多在6.5%以上，甚至在後兩年達到8.32%與9.32%的水準，除了1982年較低，為3.97%之外。不斷增高的經濟水平，雖然提高了國民所得，但物價的攀升亦如影隨形；企業組織的人事成本亦逐年上漲，廉價勞動力已悄悄地成為歷史的陳跡。至於外銷產業的成功，亦使得臺灣每年的貿易順差逐年成長，進而導致新臺幣對美元匯率不斷上升。從1983年最低點的40元開始，不斷受到國際壓力的要求而調升，一路挺升到1992年的25元。

　　大幅的經濟成長與新臺幣升值，使得勞動力的年平均薪資漲幅約在6%與8%間。而人力成本的節節攀升，則讓外商到臺灣投資的比較優勢逐漸消失。相反地，鄰近的國家或地區，特別是中國的東南沿海一帶，或甚至是東南亞地區，如泰國、柬埔寨等等，由於勞動成本低廉，成為吸引外資前往投資的樂園。對台灣飛利浦而言，雖然主要的產品是積體電路、被動元件、螢幕、映像管等技術密集較高的產品，但仍受到很大的衝擊。1985年就出現了成長停滯的現象，這是自1975年以來從未發生過的殘酷事實。

　　根據國外直接投資（Foreign Direct Investment, FDI）的一般準則，在欠缺相對投資效益的情況下，跨國企業與多國籍企業通常都會考慮移轉至勞動成本較低的地方生產。在臺灣勞動成本增加的趨勢下，幾家知名的外資企業，例如美國無線電、摩托羅拉、增你智、天美時、通用器材等國際大廠，紛紛裁減員工，或關閉工廠、或減資，甚至完全撤離臺灣。即使留下了臺灣的生產據點，通常也會以「縮編」的方式縮減規模；或轉型為行

銷或業務部門，只留下業務人員來面對急遽上升的人力成本，以維持公司營運，並保留市場。

　　面對居高不下的人力成本，台灣飛利浦的生存確實面臨極大的考驗。但是，他們並未跟隨流行移出臺灣，而選擇了一條與其他外商公司迥然不同的道路——提升人力的附加價值。以企業管理的角度來說，就是積極提升個人的單位產能或生產力。一般來說，來臺設廠的外商公司都是因爲看中了60年代時期，臺灣廉價的勞動力，以及加工出口政策中的低廉稅率，而選擇進駐臺灣。當這項優勢消失之後，就會搬離臺灣，前往成本更爲低廉的地區，以維持競爭優勢。可是，台灣飛利浦的作法卻剛好相反。

　　爲了維持競爭力，企業不但需要吸收製造成本的攀升，而且更重要的是要提升產品與員工的附加價值，因而，改變乃勢所必然。台灣飛利浦當時所揭櫫的目標（或現在所稱的願景）是「30% & 30%」：第一個30%是指整體產能增加30%；第二個30%是人力成本降低30%。換句話說，每位員工的單位生產力在未來幾年內，勢必要增加一半以上。顯然地，這是一項極具挑戰性的目標。對不少公司而言，類似的願景常常淪爲口號，修辭重於實際，以致無法在既定期間內達成目標，而流於紙上畫餅，或成爲鏡花水月。

　　基於在台灣飛利浦各廠區推動品質改善的成功經驗，1985年台灣飛利浦開始採用全面品質管制（Total Quality Control, TQC）的方式來推動改革，並以荷蘭飛利浦命名之全公司品質改善（Company Wide Quality Improvement, CWQI）來稱呼。變革之初，首先要說服全體員工瞭解公司所面臨的危急狀況，以激勵員工上下一致、團結一心，全力以赴進行革新，並避免發生激烈的抗拒變革（resistance to change）——抗拒變革是指員工抗拒改變之後，往往是變革失敗的主要原因。因此，台灣飛利浦一開始就很愼重，從訴求公司面臨危機開始，逐漸啓動變革。爲求營造氣氛，

更邀請了書法名家董陽孜女士書寫「危機」（如圖3-1所示）兩個字，懸掛在飛利浦在臺灣各單位的辦公室牆上。危機兩字的色澤一淡一濃，語帶雙關：「危」字較淺、「機」字較深，表示危險雖有，但機會卻是更大的；危機也代表了轉機，否極則泰來，因而擁有無限的機會。也就是說，變是危機的根源，但在危機中有危，也有機；如果不能妥善駕馭「變」，就會面臨危；如果訓練有素能駕馭變，就是一種契機，可以在瞬息萬變的環境中，洞察先機，並抓住機會，獲得成功。

▲ 圖3-1：董陽孜女士書寫的「危機」

二、轉機：台灣飛利浦的行動

　　為了啟動變革，全面提升產品的品質與附加價值，最直接的作法，就是以當時競爭力最強的日本企業為師，察看他們是如何成為世界級品質的領先者；另一方面，則是在提升品質之後，嘗試進入日本市場，努力在全球競爭最激烈的市場中大顯身手。一旦在此市場中獲得肯定，則進軍全球其他地區就將是輕而易舉的。

　　決定挑戰日本的品質標準之後，除了要取得總公司的支持之外，更重要的是要讓全公司的員工完全投入。這兩件事看似簡單，其實並不容易。首先，海外聯屬公司的營運方向、經營模式、甚至最高經理人的派任，都是由總公司決定的。任何攸關聯屬公司未來的改變或決策，也大多以母公司的意見爲主，即使多數高階管理團隊的組成成員可能是本地人，但影響力有限。然而，台灣飛利浦的故事並非如此。無可置疑地，這涉及了當時變革的主要推動人──羅益強先生的決心：他以台灣飛利浦副總裁的身分，先取得當時的總裁貝賀斐先生的支持，再向荷蘭總公司提議，直接挑戰代表日本品質正字標記的「戴明獎」（Deming Prize）。然而事與願違，此舉不但未被接受，還被阻止了。因爲當時荷蘭總公司雖然對日本的崛起倍感壓力，但並不認同日本品質獎的標準與作法是最佳選擇。然而，羅益強也很堅持，認爲要在亞太地區攻城掠地，配合當地狀況作出明智的決定，乃是海外企業領導者的重要天職之一；而擇善固執地向品質要求嚴格的戴明獎進行挑戰，才是終南捷徑。最後，花了五年的時間帶領台灣飛利浦取得「戴明獎」，進而回頭影響母公司的品質改善政策。

　　要如何帶領全體公司員工全面參與品質改善計畫，並達成預定目標，是馬上需要面對的重大問題。當時，飛利浦在臺灣不少縣市都設有工廠，同時要讓各事業部、各工廠同步投入品質改善，其難度之高是前所未有的。理由是要促使全公司團結一心，共同爲品質改善而努力，必然會涉及高階團隊的領導與溝通、中低階主管的管理落實，以及基層員工的投入執行。究竟台灣飛利浦在1985至1991年當中，是如何展現決心、營造變革與創新共識？以及透過何種活動、方法及過程，來激勵全公司的員工積極參與組織創新與發展，再成功推動品質改善活動。最後，不但獲得日本戴明獎，也強化了公司的經營體質，員工的平均生產力提升了284%，成爲市場上令人敬畏的競爭對手。以上的問題與解答，將構成本章的主要內容。

❖第二節　展望：成為遠東市場的主要玩家

一、台灣飛利浦的定位

　　跨國企業在進行擴張時，除了考量每個進入地區的勞力成本、技術水準、產業規模及經濟環境等層面之外，也會採取適度的「地區化」策略，以便能在管理上貼近當地的員工與社群，並與當地政府維持良好的關係。飛利浦即是採取此項發展策略的典型公司之一。以台灣飛利浦而言，十分重視本地人才的培養，當本地工程師的羅益強在1982年被提升為高雄建元廠的總經理之後，本地員工也回報予亮麗的業績。當時，建元廠所生產的IC產品及被動元件，其良率已達到相當高的水準，品質超越歐洲地區的聯屬公司不少，因此1985年建元廠榮獲由荷蘭飛利浦頒發的品質獎。基於羅先生的傑出表現，也為了因應勞力成本上升的危機，荷蘭飛利浦總部又進一步拔擢羅益強為台灣飛利浦的副總裁，希望借重他在建元廠的成功經驗，協助整個台灣飛利浦在產品品質與產能上脫胎換骨，提升產品與服務的附加價值，克服成本逐漸上升的難關，進而深化「地區化」的策略。

　　整個全球飛利浦產品的市場分布大多集中於歐洲地區，荷蘭飛利浦在二十世紀初期就已經在歐洲市場成功地占有一席之地，但在亞洲市場與美洲市場，則遭逢強大的競爭對手，尤其是日本，而無法快速提升市場占有率。憑藉著高雄建元廠的高績效表現，荷蘭總公司打算把臺灣轉變為前進亞洲與美洲市場的重要基地。因此，主要政策計畫將台灣飛利浦打造成為遠東市場的主要生產基地，並在臺灣成立遠東發貨中心。期望透過這些策略，成功進入東亞市場，並擴大飛利浦產品的市場占有率。

　　被定位為全球飛利浦遠東生產基地的台灣飛利浦，為了成功進入亞洲市場，進行幾項重大的投資、研發、生產、製造及行銷計畫，並在工廠內

進行生產與產品線創新，對外則積極與臺灣相關機構合作。在產品線的翻轉與創新方面，竹北廠（含新竹科學園區的大鵬廠）由生產電視映像管工廠，變成爲全球飛利浦顯示器管的產銷研發中心，也是中壢廠顯示器的重要供應商；中壢廠由生產黑白電視的基地，成爲總公司在遠東地區之消費性電子產品的製造中心；高雄建元電子的積體電路廠與被動元件廠之廠區正式分開，並於1986年開始獨立作業，一方面擴大生產規模，一方面提升專業化程度；接著，1988年於桃園設立了照明燈具廠，增設新產品線。同時，新產品線增設與新廠房的啓用，都建立在自動化的基礎上，使得高產能、高品質之生產工廠的目標不再遙不可及。因而，在荷蘭飛利浦的全球布局中，臺灣的重要性與地位不斷攀升。

🔵 羅益強（左一）與台灣飛利浦總裁貝賀斐（左二）
陪同全球副總裁（左四），拜會行政院院長俞國華（右二）
照片來源：羅益強先生榮調紀念照片集

對外策略聯盟方面，飛利浦採取「合縱：合眾弱以攻一強」的策略，尋求合作夥伴，並從價值鏈的觀點進行全面思考，與具有類似處境的公

司合作，也與政府合資成立相關企業，藉以整合台灣飛利浦已有的上下游產業，形成一條龍的價值鏈，以降低成本，並提升競爭力。在此策略下，荷蘭總公司與政府簽約共同成立「台灣積體電路製造股份有限公司」（Taiwan Semiconductor Manufacturing Company Limited, TSMC），進行晶圓製造，希望提高IC產品線的生產效率。至於設計部分，台灣飛利浦則在臺北總公司設立積體電路設計中心，因此，在IC產業上的垂直整合趨於完整，不但有助於提高整體生產效率，也縮短產品的製造週期，並降低運送過程所導致的成本損耗。因而，當時的李國鼎資政就認為：「像飛利浦這種全球性的外商，可以給臺灣在未來的國際競爭中有致勝的可能，並能與日本、韓國的大企業相互抗衡。」這些策略的順利執行除了因為全體員工的努力，羅益強、許祿寶等高階主管的帶領之外，當時的台灣飛利浦總裁貝賀斐（Bergvelt）先生的樂觀其成，順水推舟，也是功不可沒。有了這些聯盟，台灣飛利浦的產品線更加整齊、效率更加提高，並有機會朝向更高的品質標準邁進。

二、投資台積電

1985年，臺灣政府積極發展VSLI半導體產業，並與工研院籌劃設立工廠。萬事起頭難，初期更是篳路藍縷，並未獲得本土大企業之支持，因而，李國鼎先生最後找到荷蘭飛利浦進行合作。1986年台積電成立之初，飛利浦扮演出資者的股東角色與購買晶圓產品者的顧客角色，成為台積電重要的市場與技術來源。當初世界幾間大公司都一致認為一間公司投資一間晶圓廠並不符合成本效益，理由是工廠的待機（idle）時間會造成很大的損失（lost）。然而，台灣飛利浦判斷，遠東PC產業發展很快，晶圓將是PC製造很重要的一環，晶圓製造會成為臺灣產業發展的機會。因而，若能成立一間晶圓廠專職生產晶圓，發展遠景必是指日可待。

　　當時臺灣的組裝（assembly）技術尚停留在插件機（mounting）的使用，但台灣飛利浦已看到將來會改用微小被動零組件（chips）的機會，因此在高雄設廠製作chips resistors、chips capacitors，然後賣到全世界。另外，也將微小被動零組件的插件機借給工研院，讓工研院開班訓練臺灣企業界的工程師，學習把微小被動零組件設計到製程當中，與臺灣的相關機構互助合作，互利共生。

　　高雄建元廠原本是替歐洲製造的IC晶圓進行晶圓測試、封裝與測試，完成後再運回歐洲及各地生產製造消費性電子的工廠（如新加坡、美國等地），組裝成品後銷售。若能在臺灣進行晶圓製造，就不必遠從歐洲運送晶圓。然而，當時全球飛利浦在歐洲市場著重於客戶端（consumer），而非PC製造。另外，日本市場亦是強調客戶端，但是對臺灣而言，若能在臺灣生產製造晶圓，將能串聯整個PC產業，成為全球晶圓產業鏈的供給者。

　　可惜的是，台灣飛利浦雖然掌握晶圓封裝測試的技術，卻缺乏前端製造晶圓的技術，所以積極尋覓與其他企業合作。羅益強表示：「原本台灣飛利浦與聯電洽談合作，但聯電希望製造晶圓，生產自己的產品，而非開放空間公共使用，讓其他業者亦可委託製造。因而，雖然雙方的合約草案已經擬好，但最終因與台灣飛利浦理念不一致，而沒有合作成功。」後來，張忠謀先生與台灣飛利浦接觸洽談，雙方的想法極為接近，一拍即合，從而開啓了台灣飛利浦與台積電的合作之路。1986年11月，科學工業園區管理處投審會核准行政院開發基金、荷商飛利浦公司等投資者可在園區投資設立台灣積體電路製造股份有限公司。因此，在1987年2月，台積電之籌備處主任胡定華先生向科學園區管理處申請正式成立公司，並帶出了璀璨的未來。

◎ 飛利浦投資TSMC簽約儀式

照片來源：羅益強先生榮調紀念照片集

三、遊說荷蘭飛利浦

　　至於台灣飛利浦推動品質改善的策略又是如何呢？1983年，荷蘭飛利浦有感於日本競爭對手的崛起，開始推行了全公司品質改善計畫（Company-Wide Quality Improvement, CWQI）。此計畫主要是根據克勞斯比（Philip B. Crosby）的品管原則來執行的，當時的總裁戴克（Wisse Dekker）下令全世界各地的飛利浦都要依照這套標準進行改善，並明確聲明：「產品與服務的品質是我們公司存續最重要的關鍵。藉著採行一個可以完全控制公司每一項活動的品質政策，可以達到最高品質、生產力及適合的目標，並因此得以降低成本。我們必須培植每一位員工持續不懈、致力改善的工作態度。」身為聯屬公司的台灣飛利浦，當然也不能置身事外。然而，對台灣飛利浦的高階管理層來說，眼前的市場狀況在在顯示日本所進行的品質改善是更為有效的，若僅遵循母公司的模式，可能緩不濟

急，無法即時在日本市場上大顯身手，成爲顧客的優先選擇。

　　於是，羅益強副總裁選擇了另外的一種品質改善模式，並提出參訪日本企業的計畫，特別是成功挑戰「戴明獎」的幾家企業，更是首選。但將此計畫上報荷蘭總公司時，總公司並不是非常贊成，畢竟身爲全球跨國企業的母公司，其所推行的政策當然要求落實到每個聯屬公司，而非反其道而行。可是，充滿企圖心的羅益強副總裁知道，唯有赴日本頂級企業觀摩學習，台灣飛利浦才有機會瞭解日本公司品質卓越的祕訣；也期望藉此機會讓台灣飛利浦的品質更上一層樓，並打入日本市場。所幸當時的台灣飛利浦總裁貝賀斐十分支持羅益強副總裁的提議，因而取得去日本接受震撼教育的機會。

❖ 第三節　品質與速度是關鍵

一、日本震撼之旅

　　「知己知彼，百戰不殆」，要能夠成功進入日本市場，當務之急當然要了解對方是如何獲得買家的青睞。在獲得荷蘭總公司的同意後，羅益強副總裁聘請一位日籍顧問，請他安排台灣飛利浦的高階管理團隊，參加一項爲國際公司舉辦的「品質經營研習會」，並到十家曾獲得戴明獎的公司參訪，包括安川電機（Yasukawa Denki）的小倉廠、德州儀器（Texas Instruments）的日出廠、三洋電器（Sanyo）的岐阜廠、松下電子（Panasonic），以及豐田汽車（Toyota）等等，期望從這些公司的成功表現中汲取經驗，幫助台灣飛利浦提升品質。這個研習會也邀請各受訪公司的各級主管與品管專家，例如石川馨、赤尾洋二、大野耐一等人向研習會成員介紹他們的品管理念與方法。此次觀摩讓許多台灣飛利浦的成員一輩

子難忘，以下是其中三個令人震懾的例子。

　　首先，是參訪豐田汽車的經驗。那時豐田汽車工廠的最高指導原則是「及時生產」（Just in Time, JIT）：從原物料進入工廠，到最後成品從工廠送出，生產線上沒有多餘的動作，也沒有被忽略的細節。透過精心設計的看板，可以確切顯示工廠內產品的進度、訂貨及出貨數量等資訊，確保完全達成「在必要時間生產必要數量的必要產品」目標，以減少庫存，降低倉儲成本，並靈活因應市場需求的變動。另外，豐田汽車的自動化製程也十分進步，除了擁有自動生產、裝配的機械外，也有機器能夠監控製程，甚至有「防呆」裝置，避免作業員因單調例行的動作而精神渙散，造成整條裝配線的生產延宕。自動化的設置也讓原本單一功能的作業員有時間去執行其他功能的任務，人員配置顯得很有彈性。令人吃驚的是，在參訪時隨機抽查任何員工，他們都十分清楚公司的期望，也極為瞭解要如何維護品質等等。這些例證都清楚顯示了為什麼日本汽車能夠在全球市場上屹立不搖。

◔ 與時間賽跑的「Just in Time」

　　另外一個例子是松下電子。一踏進工廠大門，映入眼簾的是幾乎沒有工人的生產線。他們的作業員只有在機器發生問題的時候才派上用場，沒問題時機器就自動執行生產。當機器有問題的時候，員工會在要求的三分鐘內要把機器拆下來，換上一部完好的上去，讓產品能夠持續生產。另外的負責人則要盡快把機器修好，並且隨時準備替換下一臺有問題的機械。如此的處理方式也讓參訪者受到非常大的衝擊，因為在臺灣若發生一樣的情況，員工第一時間絕對是先把生產線停住，機器修好之後再繼續運作。完全不會想到盡力維持生產線的運作，減少機器停頓帶來的損失。

　　最後是參訪安川電機公司的經驗，來接待的是一個取代人力工作的機器人，手持著一臺螢幕，上面寫著「Welcome」，並要求參訪者插入一張卡片。當卡片插入後，機器人會加以辨識，在辨識出參觀的人是誰之後，馬上呈現一張地圖，告訴參訪者要如何前進到會議室。有趣的是，當羅益強等人進到會議室後，依舊沒有看到半個人，但卻有一杯杯咖啡隨著輸送帶傳到參訪者的座位前。同時，電腦螢幕開啟，開始播放簡報動畫來介紹公司。當這些都結束後，才有人出來迎接他們，並且引領他們去參觀工廠。令人驚訝的是，派來迎接他們的依舊不是人，而是一部無人駕駛的車，載著他們參觀工廠內的生產線。一眼望去，工廠裡面上料、下料都是全自動化，透過中央電腦進行控制。當材料短缺時，便會向倉庫發出補充材料的要求，此時裡面的機器人會把材料再重新送來。若後端的機器尚未完成產品，則前端的機器還必須在旁邊排隊。在1985年就見識到如此自動化的廠房，參訪的人無不感到震驚與佩服。

二、品質至上是唯一的文化

　　參訪後，一行人回到臺灣馬上召開會議，討論在日本的所見所聞，並決議台灣飛利浦未來走向：究竟是要謹守本分，走傳統歐美方式的品質改

善之路，如同其他飛利浦聯屬公司所使用的Crosby步驟，期望當個跨國公司的生產基地就好；還是跟隨日本的方式，挑戰全新的品質標準，並轉型為身兼生產與銷售之重鎮，挺進東亞市場。

歐美國家的品質改善，主要依賴的是品管部門或是各單位內的專家，由他們來負責產品檢驗，並且著手改善產品的品質，生產線上的作業員依舊維持原本的作法，是一種以專業為主的分工模式；而日本的品質改善，則是強調全公司的投入，因此所有人都要負起品質改善之責任。尤其日本是垂直導向的社會，因此主管需要以身作則帶頭做，才有可能影響部屬。換言之，台灣飛利浦需要進行抉擇：究竟以專業分工為主，還是全員投入？所有從日本參訪回來的人都知道，若要跟隨日本的方向走，就不是幾個簡單的步驟就可以搞定，而是要整個組織徹底改變，而且領導者、管理者及所有員工都需要全力投入才有可能。

最後的決議當然是選擇了日本的品質改善之路。可是，光憑高階主管的決定，是沒有辦法凝聚全體員工的共識的。因此，決定以挑戰日本品質桂冠「戴明獎」作為目標，讓所有員工都有一個明確的方向，一方面提升產品品質，一方面凝聚員工對於品質改善的決心，最後達到整體企業體質改善的目標。

（一）品質改善的第一步

要讓台灣飛利浦趕上已獲得「戴明獎」企業，組織改造勢在必行。在進行之前，首要工作就是讓員工們具有危機意識，以突破現狀。其中一個方法是提高公司每位員工的績效目標，其次是找出目前未被發現的問題。相較於後者，前者是長期目標，無法在短時間內奏效。至於要求員工找出問題，則需要透過自我檢核，找出問題的癥結，才能向上突破。但在檢討員工自身狀況之前，首先需要有正確的觀念與態度。通常這是組織改造最

困難的地方，因為每個人工作一段時間後，對於某些事情都已形成定見與習慣作法，而不願意改變，或發生抗拒變革的情形。

特別是在「品質」的觀念上，每位主管與員工可能都有自己的一套品質標準。要如何讓所有主管與員工都建立正確的「品質」觀念，並加以落實，將是台灣飛利浦成功改造與轉型的關鍵。台灣飛利浦所處的工作情境，與日本公司有些類似，都是縱向垂直的上下結構強過水平的專業分工，因此，一定要讓主管本身能夠瞭解「品質」的核心理念，再透過適當的管道，把概念向下傳播出去。同時，必須以實際行動取代口頭命令，來帶領底下員工持續進行轉變，才有可能啟動變革，上下齊心投入品質改善。

（二）何謂「品質」

品質常常是一家企業能夠在市場上存活下來的理由。台灣飛利浦在1982年採用Crosby《品質無價》（*Quality is Free*）的作法後，灌輸給主管的觀念就是：「品質免費，但卻不是贈品。」在日本參訪時，也學到類似的原則。當公司全體員工都有這樣的觀念與態度時，每個人就會去思考問題發生的原因，進而努力提高品質。正如曾任IBM品質學院院長的巴利（Thomas J. Barry）所言：「品質有90%來自態度，剩下的10%才來自知識。」有了正確的態度，才有可能推行全公司的品質改善。因此，每個人都必須在第一次就把事情做好，也需要知道如何做好。如此一來，品質的追求就不需要額外的花費了。台灣飛利浦很看重這部分，也舉辦很多活動、籌組許多委員會，來落實「品質」的觀念。總之，在「品質」這個議題上，台灣飛利浦投入了相當大的精力，其表現更遠遠超過總公司的要求。

三、點燃改善之火

　　要能夠順利挑戰戴明獎，除了台灣飛利浦最高主管支持外，也要看荷蘭飛利浦的態度。雖然羅益強得到了台灣飛利浦總裁貝賀斐的支持，但荷蘭飛利浦在得知此消息時，卻持反對意見。如同前面章節所陳述的，當時荷蘭飛利浦也正在推行全公司品質改善活動，但其核心精神與日本所推行的戴明品質改善卻有很大的不同：除了參與程度有差別以外，荷蘭飛利浦的品質改善較著重產品本身的品質改善，而非日本所倡導的全公司（包含生產、運輸、後勤、財政、人事及廠務等）品質改善，關注的焦點相當不同。所以當羅益強提出挑戰戴明獎的構想時，總公司還特地打電話給他，表明不支持的態度。

　　根據羅益強的回憶，他當時決定親自到荷蘭總部去爭取。可是，才剛踏進總部副董事長的辦公室時，劈頭就聽到時任荷蘭飛利浦負責管理全球生產業務的負責人馬丁・寇毅門（Martin Kuilman）說：「你聽清楚了，不准去參選挑戰，若要參選一切後果自行負責。」但他聽到Martin的答覆時，第一時間試圖解釋為什麼要挑戰此獎、對於台灣飛利浦有何好處，對整體飛利浦有何好處等等，並開始跟Martin溝通。

　　Martin：「我都聽到了，但是我告訴你董事會的決議，你不可以
　　　　　　　去挑戰。」

　　羅益強：「好啦！那我也聽到了，我要走了。」

　　Martin：「你說你聽到了是什麼意思？」

　　羅益強：「我聽到就是說我清楚聽到你告訴我不能挑戰啊，我
　　　　　　　聽到了。」

　　Martin：「你說清楚到底是什麼意思？你到底是挑戰還是不挑
　　　　　　　戰？」

羅益強：「我不挑戰的話，那你們就停止啊，不搞品質改
　　　　　善…」

Martin：「這是董事會的決議啊！」

羅益強：「我聽到啦！」

Martin：「好啦！我公事談完了，我們來談談你心裡怎麼想的，
　　　　　你到底是…」

羅益強：「你們董事會不讓我挑戰戴明獎，但挑不挑戰是五年
　　　　　以後的事情！我現在推的是戴明取向的作法，跟董事
　　　　　會的決定並不衝突，就照樣推。等五年後，要挑戰戴
　　　　　明獎時，再說吧！」

Martin：「老羅，你似乎早就胸有成竹了。」

　　後來羅益強返臺前，兩人又再次相遇，Martin再度警告不要做，強調
「這是董事會的決定」。可是，羅益強回臺灣之後，立刻召開會議，在貝
總裁的支持下，決定追隨日本企業的腳步，以五年的時間挑戰日本品質桂
冠 ── 戴明獎。正是這項決定，後來成爲台灣飛利浦品質起飛的關鍵，也
開啓了臺灣工業史上最卓越且具代表性的品質改善之旅。

❖ 第四節　推動全公司品質改善

　　參訪日本企業後，台灣飛利浦高階主管有兩大體悟：首先是瞭解消費
性電子、汽車、照相機等日本產品之所以能夠在世界市場的成功，其原因
是品質管理制度，包括TQC、JIT及TPM（Total Preventive Maintenance，
即全面預防維護）能徹底落實在全公司的各個部門；其次是如果台灣飛利
浦沒有建立一套系統性的方法，吸收先進國家產業的優點，或甚至轉型爲
有機組織，是沒辦法在強敵環伺下的環境存活的。因而，全面性的全公司

品質改善刻不容緩。於是號召管理團隊，呼籲勢必要花費心思好好推動改革。在改革進行之前，更需要進行一番完整的規劃，如此品質改善才不會淪於掛在嘴上的口號，成為虛幻的實踐目標。

在推動改革前，不只是當時的羅副總裁認為需要改變，其實還有很多原因讓台灣飛利浦的高階主管決定投入CWQI。以公司內部的狀況來說，首先，在CWQI進行之前，各廠的品質改善活動都比較零散，成效不夠穩定；承辦範圍也大小參差不齊，而急需統整。再者，公司各產品品質尚未能達到遠東區顧客的要求，而且落差不小。此外，因良率不高所導致的重置成本與後續服務的成本都無法降低。由於挑戰戴明獎需要有新的訓練方式引導，也需要搭配適當的工具與手法來進行改善，提升品質。因此，CWQI已經箭在弦上，該是採取行動的時候了！

△ 勢在必行的全面品質改善

一、啓動改善引擎

（一）CWQI的核心是人

　　「全公司品質改善」（CWQI）究竟要如何推動呢？要從哪裡切入？下手處在哪裡？此問題的基本關鍵是：企業組織是由人所構成的，要提升產品、服務及管理等等的品質，就得從人的素質切入，來加以提升，也就是員工對於「品質」需要有不同的認知，需要清楚品質的要求，且給予訓練與強化。然而，要如何強化呢？理念是什麼？做爲啓動者的羅益強所採取的是牧羊人哲學。他認爲一個牧羊人絕對很難同時帶領所有的羊朝同一個目標前進，尤其是當羊群一共有八千多隻的時候。因此，要成功地把羊群帶到一個新的地方去，其作法應該就是先找到幾隻願意前進的領頭羊，當牠們往前走之後，其他的羊群就會跟進。若不跟進還停留在原地的，就是準備要脫離羊群的人，公司也不用特別挽留。因此，在羅益強副總裁心中早有定見，認爲CWQI是各階層主管當仁不讓的任務，必須完全浮現在主管腦海裡，而且融入主管的辦公室文化內。主管首先要充分了解何謂CWQI，清楚地向其部屬說明與教導，將正確的「品質」觀念不斷向下傳遞與傳達；同時，事前蒐集現場資料，瞭解現況的弱點，找到眞正的原因，以及可以下手改善之處，並堅持到底，不放棄任何可以改善的機會；上下一起同心協力，讓「品質」持續向上提升。

　　CWQI不像品質管制只是針對公司有限的產品或服務而來，而且發生場域只限於工廠或櫃臺之類的地方。事實上，全公司品質改善是一項系統化的思維，牽涉到公司營運的各項功能，而需要深入探討流程設計是否順暢、各項功能的作業是否多餘或不足，各個方面能否更加精進。最重要的是，它必須要改變員工做事的基本觀念與態度，而非只是單純針對產品進行品質管理與管控。因此，訓練是很重要的。「從1985年開始，就每年花

1,500萬臺幣左右的訓練經費；八千名員工每人每年的受訓時數占總工作時數的7.6%」，當時負責推動CWQI的管理處處長童維堅如此強調。

▲ 主管是帶領團隊前進的領頭羊

（二）CWQI的運作架構

❖ 品質管理的架構

　　企業的經營與管理是透過公司內部不同的單位各自運作，以及各部門間的合作來完成任務的。因此，品質改善活動通常由部門內部的作業運作改善開始，接著再針對跨部門之間的任務進行改善─後者更是整個公司運作的關鍵，因為公司內大部分的工作都無法單獨在部門內完成，如成本控制管理、產品製造、銷售之交期、新產品開發等等，而突顯出統合各任務類別的跨部門管理是非常重要的。

　　在台灣飛利浦的組織架構下，對於部門本身的管理稱之為「日常管理」（daily management）；而跨部門之間的管理，或是協調運作的管理則稱為「跨機能別管理」（或跨功能管理）（cross-functional management）（簡稱機能管理）。由於部門管理具有直接從屬的垂直關係，對主管來說，只要直屬員工落實執行即可，比較容易掌握。相對的，跨部門之間的管理是屬於間接或非從屬的關係，在執行上需要透過高一層的督導人員涉入，結果較難預測與控制。為了有效推動機能管理，負責人員的組成與位階關係必需仔細思考，同時人數多寡與工作分配也會影響成果的好壞。

　　總之，機能組織展開活動的效果良好與否，乃立基於各部門本身是否有效執行任務的基礎上。也就是說，日常管理良好，方可產生基本效果；同時，亦攸關於各部門是否願意為一項任務而彼此協調與互相支持。其中，中高階主管與團隊合作扮演著重要的角色，主管除了要能有效帶領本部門做好日常管理之外，也需要與其他部門溝通與合作，整合相關部門的流程，予以銜接並相互配合。另外，則是建立制度，徹底要求每一步基本動作的程序，整合所有管制點成為有效制度，並根據制度系統流程來運作。

　　「跨部門機能別」的管理，是戴明獎評審的重點項目之一。從機能管理中，可以看出一個公司或事業單位中的員工，如何看待彼此的部門，如何互助合作，以及協同處理，並落實與他人或其他部門的協調溝通，來克服面對的問題，完成共同工作任務。基本上，當日常管理與機能管理能夠執行徹底時，則企業組織已立於穩定狀態，產品品質具有一定的競爭力。可是，在競爭激烈、變化莫測的環境中，穩定並不保證可以安渡難關。此時，高階管理團隊必須隨時做好動態的管理控制，順勢而為，依循環境的變化而進行快速改變。在CWQI的品質改善活動裡面，這是屬於「方針管理」（policy management）的範疇，也是因應環境變化最核心與關鍵的一步，但前提是日常管理與機能管理都已臻於完善，方針管理方可發揮最大效果。也就是說，如果基礎管理沒有做好，則再好的策略都無法展現出其應有的優異設計效果。

❖ 不同層級的目標

　　正因為「日常管理」是「機能管理」與「方針管理」的基礎，所以對台灣飛利浦這種接近萬人的大型公司來說，「日常管理」如何在各單位不同階層中順利推行，考驗著部門或單位主管的能力與智慧。為了提升管理觀念、素質及能力，台灣飛利浦將徵得當時日本品管大師狩野紀昭教授的同意，將其所著的《日常管理的貫徹》一書翻譯成中文，作為全體員工教育的參考教材，希望落實「日常管理」，以奠定基礎，提升CWQI的執行效果。

　　在同一單位中，不同職級的主管所要服務的對象是不同的，專注的管理項目也不一樣。第一線員工及其主管，需要負責的工作就是維護管理（maintenance management），著重於工作現場的流程與秩序管理；中層主管偏重改善管理（kaizen management），強調如何縮短製程或精簡人力；最後，高層主管則把最多心思放在創新管理（innovation management）的部分，思考產品的未來或如何開發新產品等等的問題。透過圖3-2，可以清楚瞭解各層級主管所應該擔負的管理任務，及其比重大小。

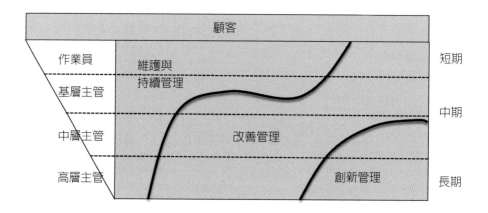

▲ 圖3-2：不同層級人員的管理重點

（三）CWQI的推動單位

全面品質改善是一項涉及整體公司的組織創新活動，影響範圍橫跨公司各個部門，主要內容含括明確的方針與政策、全員參與、思想觀念的革新，以及適當的教育訓練。因此，責成組織效率部（Organization & Efficiency Department）來負責，這是飛利浦執行工業工程機能的重要單位，隸屬公司總管理處，其原先的主要職責是提供內部的組織設計與執行效率的諮詢服務。在組織效率部之下，亦透過兩大推動小組來落實改善活動（如圖3-3所示）。

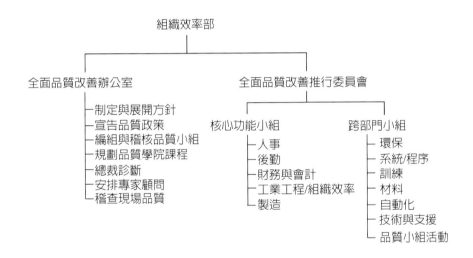

▲ 圖3-3：組織效率部組織架構

第一、全面品質改善辦公室（祕書處／推進室）。屬於基本幕僚單位，負責一般行政管理的協調與支援，以及年度重要品質活動的策劃與推動，是所有品管活動的重要後勤部門，也是推動者得以隨時掌握狀況的關鍵。全面品質改善辦公室的主要任務有：方針制定與展開的協調溝通、品質政策的宣告、每個月品質月的活動、品質小組（品質改善團隊，

QIT/QMT；品管圈，QCC）的編組與任務分派、品質小組（QIT/QMT及QCC）的年中稽核與期中/期末成果發表、總裁診斷、品質學院的課程規劃、專家顧問的延攬與請益安排、現場品質稽查等等，任務的涵蓋面頗為廣泛。

第二、全面品質改善推行委員會。這是一種功能性的任務組織，是CWQI的核心之一，負責跨部門小組的品質改善工作，即機能管理的部分。透過此委員會，用以提升組織部門之間的橫向溝通能力。其主要工作乃在改善幾個重要核心功能小組的效能，運作方式是品質改善小組向推行委員會主任委員報告，而主任委員則是總裁本人。推行委員會的任務與組成頗具彈性，但必須適時而有效地掌握公司的所有品質活動，且隨著公司改善重點的改變，隨時進行調整。因此，各工作小組的負責人非常重要，通常是由臺北總公司總管理部相關機能的高階主管擔任，或是由各事業群工廠的最高階主管負責。從高階主管的完全投入，可以看出台灣飛利浦對於CWQI的執行相當徹底與落實。在執行上，推行委員會的編制基本上分成兩類：一是跨部門小組（cross function team），負責的議題為環保、系統/程序、訓練、材料、自動化、技術與支援，以及品質小組活動（QIT/QMT及QCC）；二是核心功能小組（core function team），掌管人事、後勤、財務與會計、工業工程/組織效率、製造等功能。透過改善辦公室與推行委員會的努力，台灣飛利浦產品的品質持續改善，績效也更為提升。

二、尋找外援

台灣飛利浦雖然決定要進行日本取向的TQC（或在日本內稱作CWQC），但其實是沒有太多的日本品管經驗，有的只是參觀過幾間日本公司的學習成果。因此，台灣飛利浦積極尋找外援。首先，鎖定日本推動全面品質控制的專家，聘請他們提供各項推動過程的指導；其次，則是國

內深諳品質管理活動的專家，以及訂定改善測量指標的一些工商心理學與組織心理學教授。

（一）聘請日本專家顧問指導

　　參訪日本企業的震撼之旅，已經給管理團隊不少的啓示。接著，又安排了各單位的一級主管到日本進行考察學習，藉此對獲得戴明獎的企業有更進一步的認識。這些獲獎的日本傑出企業，都具有以下幾項共同的特色：第一、以整體組織爲對象，全面推動品質改善。聚焦於全員參與的部門別管理與部門間彼此合作的機能別管理，並以此爲骨幹來推動全面品質管理；第二、完整的保證體系。從各方面給予顧客全面而完整的品質保證；第三、整潔有序的現場。現場管理紀律嚴謹，廣泛地運用目視管理、顏色管理、看板、五常（分別是整理，Seiri；整頓，Seiton；清掃，Seisou；清潔，Seiketsu；及教養，Shitsuke，取其日文發音開頭皆爲S，合稱爲5S）、愚巧法（避免員工因單調動作而分神的方法）、標準化，以及統計過程管制應用等等的作法；第四、機能別的戴明循環步驟。機能別管理透過正式而明確的時程，推動全面品質管理活動，而且遵循PDCA（Plan-Do-Check-Action）的循環步驟；第五、展現公司的特色：各企業在全面品質管理上，皆能展現各家公司自己的特色。

　　由於上述能力與技巧並非是與生俱來的，因而，台灣飛利浦決定要邀請這方面的專家來臺協助。這些專家在日本業界都是聲譽崇隆，對於現場或品質診斷擁有豐富的實務經驗，有的人甚至是戴明獎的評審委員。透過他們的臨場指導、現身說法及經驗傳承，可以縮短台灣飛利浦的學習時間。日本專家提供的服務，包括教育與訓練、總裁診斷、工廠輔導與諮詢、分享成功個案經驗，以及安排參訪日本企業等等的項目。

(二) 日本顧問的現場提問

　　日籍顧問與專家蒞臨台灣飛利浦之際，臺灣員工總可以在諮詢過程中有許多收穫。以「品質」來說，最常在一般公司看到的現象是，顧問隨時在問問題，但許多被問及的當事人常常會因為無法回答而選擇忽略或敷衍帶過。但在日本顧問眼中，凡事必然事出有因，一切端看是否願意追根究柢，付出努力窮究結果背後的真正根源，並且具體陳述該項問題的事實與原因，而不是以品質來籠統概括全部，逃避閃躲根本原因，或是支吾其詞。換句話說，當產品出問題時，對於品質觀念沒有落實的銷售人員會說：「這是品質的問題。」相對的，一個把品質觀念深植在心裡的銷售人員會說：「這可能是包裝時出了問題、或是運送上面的疏失所造成的。」從這兩者的回答就可以看出，後者對於細節與可能原因的探究與掌握更多。

⬥ 日本顧問到中壢廠現場審查
照片來源：羅益強先生榮調紀念照片集

　　另一次的特殊經驗，是豐田公司的岩田良樹先生指導時所發生的趣

事。當時台灣飛利浦的員工自信心很高，對於自己設計出來的自動化機器感到自豪，因此在岩田先生來建元廠指導時，就決定拿出當時自動化程度最高的機器IC Wire Bonding來試試豐田顧問的功力，讓他見識台灣飛利浦也不是省油的燈。但他開口的第一句話卻是：「怎麼用了這麼多人？」他就請工作人員把椅子搬到牆邊，坐著等待。有工作的人才離開座位。過了一小時，果真發現許多人都待在原位，無事可做。顯示雖然機器效率不錯，但是台灣飛利浦卻沒有善用人力，許多作業員只在一旁觀看機器而非操作機器，因而浪費了許多不必要的人員配置。

　　另一個例子也頗為類似：員工對於內部機器的換模製程甚為自豪，岩田先生卻認為他們所花的時間太長，應該只需要其中的四分之一時間。同時也叮嚀他們要多做離線（off line）時的準備工作，並充分利用機器，因為機器的工作時間是非常昂貴的，不能讓機器停歇。經過如此這般的指點迷津，台灣飛利浦的現場人員無不佩服指導顧問之專業性。

（三）臺灣教授的協助

　　除了邀請日本籍的顧問及專業人士來指導外，針對生產線員工、或製程工程師級的人員，公司也邀請國內大學的教授來協助，例如：義守大學陳文魁教授（擅長統計品管）與中原大學王晃三教授（曾任中華民國品質學會理事長）等，提供統計品管方面的指導，讓基層管理者能學到許多品管工具，使品質改善的過程更有方向與效率。

　　除此之外，改善指標的訂定與測量，也是品質改善的重要項目，其目的是為了察看改善的幅度，而進行大樣本的人員調查，包括員工的品質意識、員工士氣、顧客滿意度、辦公室自動化，以及企業形象等等。透過這些調查可以瞭解員工對於品質的認知與態度、對目前工作環境與條件的滿意程度；掌握顧客對於服務或是產品的滿意度，以及社會大眾對台灣飛利浦的形象與觀感。同時，亦可採用追蹤調查，來判斷組織改善的幅度。這

部分是委託臺灣大學心理學系工商心理學組所組成的研究團隊來進行，主要的成員為莊仲仁教授、鄭伯壎教授及任金剛先生（那時為研究助理，現任中山大學教授），他們對這些問題的掌握、調查、分析及建議，也都相當專業。

三、CWQI的溝通平臺

在成立推動單位、尋找諮詢顧問與合作夥伴之際，也同時規劃適當的溝通平臺，吸引全體員工參與、貢獻意見，以及互相交流，以達成整體組織的改善目標。

（一）品質共識的凝聚

❖ 全面品質改善研討會

CWQI的推行要成功，領導人的決心絕對是最重要的部分，他需要帶領高階主管從觀念上產生改變，並提供工具與方法來執行；然後再由高階主管影響中階、基層主管，循序而下，最後才有辦法影響到第一線員工。因此，公司核心管理團隊決議，透過全臺飛利浦的研討會進行訊息溝通、傳播訊息及凝聚共識。第一次研討會在1985年3月舉行，召集了當時全臺所有的高階主管一百五十餘人參加。由於台灣飛利浦在全球飛利浦的各事業群中舉足輕重，因此全球飛利浦總裁戴克博士也蒞臨第一次的CWQI研討會議，在開場前向所有在座的高階主管強調「品質改善」的意義，傳達全球飛利浦對品質改善的理念。

隨後，逐年展開研討會。以一年一度的品質改善大會來說，大多都是由中高階主管參與。在兩天改善大會的討論中，除了日本顧問的課程講授之外，還有臺大團隊的年度調查結果報告，例如：「員工士氣」、「顧客滿意度」等等。至於另一項重要活動就是參與者的分組討論，依照主管職

位與功能性質的不同進行分組討論，議題聚焦於全面品質改善，包括：遇到的最大瓶頸爲何？有無建立適當的訓練架構？日本式的品質改善如何應用到臺灣的環境當中？透過腦力激盪的方式，尋求解決問題的共識。

在研討會的最後，則由總裁與公司品質改善推行委員會各委員共同主持，詳細討論並整合同仁在分組討論時所提出的各項建議。在誠懇與和諧的氣氛中充分溝通、交換想法。這種全臺灣規模之中高階層主管齊聚一堂的研習，讓彼此能夠暫時拋開繁瑣的公事，爲公司品質改善盡一份心力。雖然過程頗爲辛苦，但是台灣飛利浦也從不吝惜盛情款待各地遠道而來參加的主管，年年舉辦從未間斷。每年的強調重點也隨著時間、策略而調整。對於領導者而言，透過這種全員參與的活動，凝聚組織群體的向心力是非常有效的方式，可以讓組織維持向上的動力，持續不懈地進行改善。

❖ 品質學院研習培訓

除了透過全國性的研討會來溝通之外，主管、員工的在職教育訓練也是當務之急。正如日本品管前輩石川馨所言：「QC始於教育，也終於教育」，品質要提升非得透過完整的教育才能落實——透過教育來訓練人才，使企業擁有能長遠生存的競爭條件。同時，透過每個階層的長期品質教育，而不是只針對品管部門或高階主管來進行短期訓練，這也是日本的品質改善能夠超越歐美國家的關鍵。因此，當時CWQI委員會率先考慮的重要任務就是籌設「品質學院」（Quality College），目的是要介紹與探討品質改進的架構與作法。相較於品質改善研討會，品質學院的目的是教導員工或管理者如何使用改善工具。

依據Crosby十四步驟所做的品質改善活動當中，品質學院需要負起所有員工教育訓練的重責大任。透過品質學院層層展開相關的教育與訓練，將品質觀念與使用工具深植於所有員工的腦海中。換個角度來說，品質學院

其實是一系列品質改善課程的總稱，就台灣飛利浦而言，它不是一個特別
成立的正式機構或單位，而是由人事訓練單位與相關部門所組成的任務編
組，職司教育訓練。其中的課程規劃、實施、效果評估，以及事後追蹤，
人事部門也會進行周詳的管理，甚至將之納入人員升遷的必要條件中。因
為與誘因系統掛鉤，所以所有員工都十分重視品質學院的訓練與成效。

❖ 零缺點日、榮譽日及品質月

　　在全台灣飛利浦推行CWQI時，Crosby十四步驟品質改善雖然扮演了
重要的角色，但公司亦根據自身需要，將之修改為品質改善的九大步驟。
其重點活動為「零缺點日」，這是整個台灣飛利浦進行品質改善活動中規
模最大、最直接的溝通平臺。除此之外，還有榮譽日與品質月，這些都是
傳播與溝通訊息的重要平臺。這三項活動的主要內容為：「零缺點日」，
所謂零缺點，顧名思義是指要達成零缺點的目標，這是工作的標準、態度
及策略；透過此項活動讓員工知道應該要怎麼做，也確實要遵照著做，以
達到零缺點的目標。

　　「榮譽日」是為了讓「零缺點日」的效果更加突顯，在每一年選定一
天來作為溝通平臺，叮嚀、檢討、鼓勵及改進品質，並見賢思齊；後來，
從一年中的一天，轉變成一個月中的一天。至於「品質月」則是為了擴大
品質活動的推展，希望發揮與延伸品質「參與」與「改變」的效果，進一
步內化到每一位員工心中。因此於1988年將零缺點日的活動由「週」延伸
至「月」，成為全面品質改善一年中的重點活動，時間選在7月，銜接前
後半年的時間。也就是根據上半年的績效結果進行總檢討，並給予適當調
整，再重新出發。這些輔助的活動，無非就是要讓台灣飛利浦全公司上下
落實CWQI，以提升產品與服務的品質，使公司與產品更具有競爭力。

（二）荷蘭飛利浦的支持

在推行全面品質改善CWQI的第二年年底，荷蘭飛利浦負責全球品質改善的主管來亞洲出差，並順便訪問台灣飛利浦，瞭解臺灣推動CWQI的情形。當時台灣飛利浦正在進行總裁診斷（本章第七節將有更詳細說明），於是總公司派遣來的負責人就跟著羅益強副總裁與其他領導階層的人員，從北到南花一個禮拜的時間參訪。行程完畢後，羅先生就問說：「回荷蘭之後，你要如何跟董事會溝通台灣飛利浦推動日式品質改善的情形？」沒想到對方竟回答說：「如果董事會禁止台灣飛利浦挑戰戴明獎的話，那我就辭職不幹了！」

兩個月後，董事會來函邀請羅益強去荷蘭針對「挑戰戴明獎」來做說明簡報。在1987年1月21日，羅益強花了整整三小時的時間，遠遠超過預訂的一個半小時，鉅細靡遺地說明準備的情形與經過。報告的內容可以簡要分成五點：第一，自從二次戰後，日本透過幾位品質大師如戴明（William E. Deming）、朱蘭（Joseph M. Juran）的協助，成為工業品質領導大國；第二，預期飛利浦未來五至十年將會有近四分之一左右的營業額來自東亞地區；第三，台灣飛利浦不只是全球飛利浦的海外生產據點，也是產銷研功能完整的企業。在東南亞或亞洲地區必須具有競爭力，因而必須符合日本品質標準；第四，借鏡日本企業非常有系統的品質改善方式，並努力學習；第五，由1987年開始，會聘請日本專家以三年的時間進行現場諮詢，提供品質改善經驗，並在臺灣五個地區與工廠展開全面性的品質改善活動，並有信心達成目標。

報告完畢後，與會的人員都很支持，沒有人反對。事後，當時的董事長克拉克‧鄧肯（Clarke Duncan）就詢問參與者說：「既然大家都說好，我們是否也都走這條路？」沒想到有些董事表示說：「我們沒辦法做，因為沒有那麼多人來做這件事情。」對此，羅益強就質疑：「全球飛利浦那

麼大，會沒人？我小小一個台灣飛利浦就有人嗎？我想大家應該知道這是怎麼一回事吧！」雖然如此，這項報告對全球飛利浦仍有很大的衝擊，進而激盪出「世紀更新」（Centurion）的改善活動，企圖讓全球飛利浦脫胎換骨。

四、CWQI的過程──戴明循環與品管圈

既然有了推動CWQI的負責執行單位、定期溝通討論與檢討的平臺（品質月），加上教育訓練的課程與討論（品質學院），接著就是宣導與實際執行了，也就是PDCA中的D─「Do」。宣導內容主要圍繞在「如何做好品質管制」與「品質保證」這兩大核心議題上。實際作法則是用戴明循環與品管圈當作執行工具，而戴明循環PDCA的概念也可以應用在處理問題，進而形成了問題解決的循環。因此，在推動CWQI活動的第一年，只是不斷指出問題，並不評價改進的方式；到第二年則教導員工「分析問題與進行解決」的思維；第三年才真正引進品管的專業技術與知識，包括各種概念、工具及技術。

（一）品質管制與品質保證

❖ 品質管制

不管在CWQI裡面所談的品質管制，或是日本所謂的全面改善，都有著類似的概念，即「以最經濟、最有效的方法去開發、設計、生產、服務，使買方開心地去購買符合其品質要求的商品。」根據此定義，可以知道顧客是最重要的服務對象。產品的品質符合國家標準只能算是最低的品質要求，顧客認定的品質才是組織應該追求的目標。通常一般人所指的品質，皆指狹義上的品質，像產品品質；廣義的品質則包含了工作、服務、人員、運送等等的項目。企業要做的努力是在各項品質上找出顧客真正關

心的要素，同時也得滿足相關標準，這需要透過一系列的步驟與執行才能
達成。

　　首先，是要決定最小單位與測量方法。在進行品質管制的過程中，需
要先對品質管制的最小單位作確認，方能進行溝通。例如：產品良率是以
一個產品作爲基準點，還是以一整箱產品呢？另外，如何進行測量也要有
共識，是用感官判定，還是使用固定的統計方法？其次，是對品質特性的
重要性進行排序。一項產品當中，顧客看上的或許不只是一項特點，而是
耐久度、價錢、美觀等的多元特性。進行品質管制時，需要對每項顧客在
意的特點進行排序，以決定品質管制要前進的方向。最後，統一不良與缺
點的定義。生產者與消費者、或同一公司不同部門之間，對不良與缺點的
看法常常出入很大，標準迥異。有些是以檢查部門所訂定的標準爲主；有
些則傾向與產品設計圖做比對。因此，公司需要對「不良品」的定義進行
縝密思考，並加以統一。有時，有些公司爲了達成高良率而降低品質檢查
的標準，導致產品與設計圖相差甚遠，甚至無法真正滿足顧客的需求，這
種作法當然是不對的。可是，若產品一直無法符合設計的標準，也就得去
思考是否設計過程出了問題，並判斷在設計的需求上與功能上，是否研發
與生產雙方有盲點或錯誤存在、是否設計圖導致生產製造流程出現瓶頸。

⬆ 滿足顧客的需求，是品質改善的主要目標

✿ 活用統計分析

　　品質管制要落實，就要依靠統計分析方法找問題，這是戴明博士教導日本品管專家最重要的祕訣，也是不同品質管制活動共通的必備技能。無論是全球風靡一時的全面品質管理（Total Quality Management, TQM）、六標準差（6 sigma），或是日本的TQC，都可以看到企業使用統計方法來提升產品的品質與良率。

　　這種方法是使用數據來進行分析，並對結果設定共同的參考標準，讓相關部門有所依循。當發現問題時，就可以追查是那個環節出了問題。可是，公司在推動這種作法時，往往會遭遇障礙，而無法獲得應有的結果，這些問題大致可以區分為三種情形：最常見的問題就是在計算時，根本不是使用正確的數據。舉例來說，領頭的班長為了維持良好聲譽或滿足基層主管的要求，於是使用不實的數據向上呈報，設法湮滅錯誤。而基層主管

爲了滿足中層主管，也進行謊報，於是就這樣一層層往上影響，高層只會看到自己喜歡的數據結果而已。第二種情況是雖然過程中沒有謊報，卻在計算上出了問題。其原因通常是基層主管沒學好統計方法，或是教育訓練沒有落實。因此，雖然有正確數據，但卻無法得到正確結果。第三種情況是最難以解決的，也就是沒有適當的衡量工具來蒐集資料，以進行統計分析，這種情況在非製造業的企業常常發生，因爲缺乏適當的指標來衡量，因而無從落實改善。

在這三種不同層次的問題上，都可以發現這些問題的發生跟主管有很大的關係，例如：主管是否以高壓方式領導，以致於部屬謊報欺騙成習慣；主管是否沒有清楚傳授統計分析方法；或是主管根本沒有設計適當的方法來建立資料庫。因此，當部屬失敗時，多數責任其實都是在直接主管的身上。對企業來說，發生問題是司空見慣的，而管理階層對於追查原因的態度，往往決定了公司品質管制的成敗。

▲ 透過統計分析，找出問題進行改善

✤ 品質保證

　　品質保證（Quality Assurance）也是CWQI所關切的重點項目，目的就是要讓產品能夠贏得顧客的信賴，是一種給予顧客的承諾。在台灣飛利浦，這一種作法是延伸自1984年建元廠所籌組的品質確認委員會，但在推行CWQI時將之轉化成一種觀念，把品質保證的責任分配到所有員工，而非委員會。這是一種全員參與的概念，而非只是專業分工。一般而言，為了要達成品質保證，大多數企業所採取的是以嚴格的品質檢查來確保顧客滿意，或至少不抱怨。

　　但是，以CWQI的核心概念來說，嚴格的品質檢查只是下策，因為一旦有不良品產出時，就代表資源浪費、成本因浪費而增加。因此，避免產出不良品，減少維修或是零件更換，才是最好的解決之道。因而，要在品質保證上獲得進步，員工的思考模式需要有本質上的轉變。品質保證可以簡單分成三種程度，包括：（1）檢查重點：保證的最低標準，也是大多數企業恪遵的鐵則。（2）檢查工程管制：在日本品質管制中，有句名言「品質來自製程」，當製程沒有問題，根本不會有不良品產生，這也是CWQI的目標。（3）新製品開發管制：這是對原因更深層的思考，重點在於一開始開發新產品時，就能設計出既沒有缺陷又能滿足顧客需求的產品製程。也因此，品質控制的格言就變成：「品質來自設計與製程」。不過，需要特別注意的是，即使做到第三種程度的品質保證，最基本的檢查還是不可缺少的，只是在人力配置上的比例可以降低。畢竟若因不小心而在產品上市時發生問題，則所造成的成本、顧客信任的損失，將是難以估計的。

（二）戴明循環

　　當溝通平臺建立完成、正確品質意識進入全體員工的思想中之後，接

著就是實踐與實際著手進行。台灣飛利浦主要借鏡的日本企業，在進行品質改善的過程中，是以戴明循環的思考模式，爲品質改善設計一連串的活動，期能達成最終目標。至於，要迎頭趕上、甚至超越日本產品與服務的品質，則更需要想盡辦法將戴明循環精神落實到公司的每一個角落。

❧ PDCA發展緣由

　　PDCA的戴明循環，是1950年代從美國到日本協助經濟重建的戴明教授所推動的品質管理作法。一開始提出此概念的並非是戴明，而是他亦師亦友的休瓦特（Walter A. Shewhart）。但此一循環卻是在戴明到日本推行品質管理之後，才開始發揚光大。從日本取經回來後，台灣飛利浦也將此訂爲CWQI活動的基本設計架構。PDCA代表的意義是一項公司政策落實到基層單位的過程，其英文原意分別是：規劃（Plan，或譯爲目標），實施（Do），查核（Check），以及改善措施（Action，或譯爲處置）。應用在組織中，就是將公司所訂定的方針（或政策）進行規劃，並將方針一步步展開到基層員工去實施與執行，接著由該部門主管或相關部門進行查核，最後根據結果再判斷是否要回頭修改方針，或是將流程標準化，如此的流程就是PDCA。

　　爲了在極度競爭與多變的環境下生存，高階管理者必須不斷地觀察市場，掌握與檢現自己的狀況，再根據前一年的狀況進行調整，以搶得市場先機。換句話說，瞭解現狀並知道公司的不足，才有成功的可能。因此，需要更動原本PDCA的順序，變成第一步是先檢核（Check），瞭解公司目前狀況，接著進行改善措施（Action），然後再進行目標規劃（Plan），此時PDCA就會變成Cap-Do，台灣飛利浦暱稱爲「戴帽行事」。藉由反省，設定更精準、更有效的目標，再去進行改善措施。此步驟是規劃階段中小小的一部分，卻影響著整個方針管理的成效（如圖3-4

所示）。在台灣飛利浦，其所推行的任何管理，執行步驟皆是參照戴明
PDCA 循環模式轉變而來。

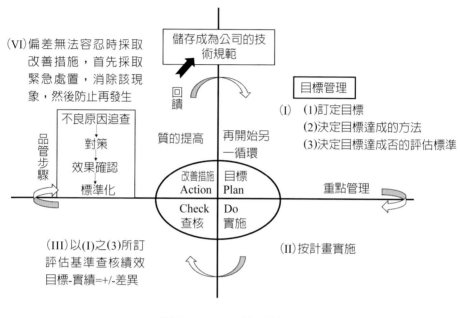

● 圖3-4：PDCA循環的作法

❀ 問題解決循環

　　要達到品質管制與保證，除了對最後產品進行檢查之外，更重要的
是製程與設計的改善，如此才能避免再度犯錯。解決問題只是達成品質改
善的第一步，防止異常的再次發生才是重點。在發現問題時，主管就應
該第一時間界定問題，並對問題做出分析，再透過5W1H（What、Why、
When、Where、Who及How）的方式逼近問題，並實施改善對策。確認改
善效果後，若還是發生問題就再次進行分析，若已改善，則將改善過程之
程序標準化，建立依循標準之規範，這也是一種PDCA循環的展現（如圖

3-5所示）。在此過程中，數據是重要依據，羅益強特別強調：「為了避免黑箱作業與權威管理，所有活動都必須透明，並利用數據攤開事實來討論。討論每一件事，沒有數據就不談！」

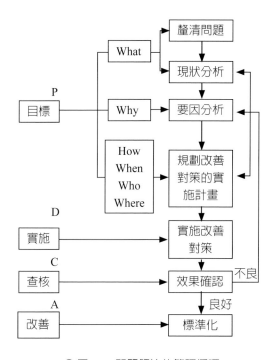

◎ 圖3-5：問題解決的管理循環

（三）品管圈

❀ 發展緣由

　　品管圈（Quality Control Circle, QCC）是日本進行全面品質管理時的獨特產物，起源於1962年。當時，日本企業的管理階層發現對於第一線員工的品質教育很重要，但是員工的教育水準並不高。因此，日本科學技術聯盟便發行《現場與QC》雜誌，來教育第一線員工。之後，許多日本企

業試圖以讀書會的形式來讓員工參與，並鼓勵員工將所學的知識應用到現場工作，如此運作的讀書會便是品管圈的前身。而日本科學技術聯盟為了使品管圈的效果更好，於是舉辦全國性的品管大會，鼓勵各企業的品管圈登記報名，此舉讓參與的人因此有了榮譽感與責任感，並且在研討會中互相交流，切磋品質管制的作法。

品管圈在日本品質提升的歷史上，絕對居功厥偉。由於品管圈的討論進行需要時間，而且十分重視全員參與，因此，多會選擇在一般上班時間舉行。此時，管理階層的支持就顯得特別重要，除了同意在上班時間運作之外，還要營造適合的品管圈氛圍，隨時給予教育與指導。另外，負責帶領品管圈的圈長通常是由領班的課長或類似層級的主管來擔任，他們的參與意願與付出程度，亦決定了品管圈的成敗——他們是品管圈的靈魂人物，不僅要隨時給予品管圈支援，也必須設法團結圈內的所有成員。

❖ 執行方式

品管圈的核心概念是同一工作單位的成員，為了品質管理而集合組成的小團體，並使用前面所述的品質管理手法，將所學習的品管知識，透過小團體的方式彼此激勵，應用在自己的專業領域上。品管圈特別強調自主學習，成員需要自動自發，且對自己的進步與成長保有信心，進而讓品質改善能夠持續進行。在進行品管圈活動之前，要先針對參與對象灌輸正確的觀念：即一項生產線上的疏失，對於公司來說，只不過是良率稍微降低而已，但是對只購買公司產品一次的顧客來說，這種疏失就是全部。因此，把產品做好，是每一位生產者的責任；而且每一個工作者都是不可或缺的重要角色，責無旁貸。當參與者知道自己的重要性、知道工作的意義時，參與的意願就會提高。

品管圈的執行，在1985年以前，台灣飛利浦全臺各地區的工廠就已經

開始實施，是由品管圈委員會（Quality Circle Committee）負責的，該委員會號召種子成員籌組品管圈，進而一步步擴大至基層員工的全員參與。至於品管圈活動的命名，是由各工廠推動單位自行決定的，高雄建元廠稱爲「奪標活動」，竹北廠則是「眞善美活動」。而在1986年台灣飛利浦執行CWQI的時候，負責籌組與支援品管圈的責任就落到了全面品質改善辦公室上，參與對象則擴大到全臺灣所有的員工。品管圈成果發表每年舉行兩次，最初是由各廠推選出表現良好的前20%代表參加，後來提升至60%，並抽出其中的十二圈正式發表成果，以達到全員品質提升的目的。對於進入品管圈的參與者而言，品管圈能夠磨練他們發現問題的能力、整理資料的效率，以及上臺報告的膽識，並且讓他們知道，雖然只是第一線的員工，但其重要性並不亞於任何管理階層的主管。

▲ 品管圈培養發現問題與解決問題的能力

　　品質改善有顯著成果後，獲得成就感的員工，就會更投入在發掘問題與解決方法上，因此品管圈能夠持續運作下去。至於CWQI的另一支柱—

全面品質改善推行委員會，則是扮演推進者或推手的角色，營造適合與支持品管圈的環境，並且激發品管圈的啟發式學習。到了1987年，品管圈進一步擴大為全面參與的全國性大會，有兩天一夜的完整行程，包含發表會、雞尾酒會、圈友會等，而表現好的品管圈甚至有機會參與亞太地區的品管討論會。為此，各廠品管圈都具有極高的參與意願，而可凝聚對CWQI的向心力。

除此之外，台灣飛利浦也籌組品質管理團隊（Quality Improvement Team, QIT），並進行自主管理。與日本的品管圈不同的是，日本較偏向以第一線員工為主，但台灣飛利浦亦號召工程師、專業幕僚或幹部等專業人員組成品質管理團隊。從1986年於高雄廠籌組「飛龍小組」開始，並進行第一次活動後，這種由白領人員組成的品質管理團隊就開始投入品質改善行動當中。1987年也隨著CWQI的推行，擴大為廠際之間的交流活動。因此，QCC與QIT是台灣飛利浦推行CWQI最重要的兩個基礎組織與行動團隊。

❖第五節　品質指標、總裁診斷及方針展開

有詳細的目標設定及規劃（Plan），並積極努力地加以實踐（Do）；接著，就得設定檢核指標（Check）來做確認：「究竟計畫與實踐完全一致嗎？或是天差地別？」清楚的指標不但能讓主管或管理團隊清楚公司的營運現況，也能夠給予員工建設性的回饋，而非含糊其辭，或是只有抽象的評價。除此之外，總裁診斷是台灣飛利浦獨特檢核活動的一部分，透過最高階層主管的參與，確實掌握瞭解規劃方針有無準確無誤地傳達到基層員工身上，並藉此再次宣達公司品質改善的決心，鼓勵員工更加投入CWQI活動。

一、品質指標的訂定與衡量

　　檢核CWQI的品質指標，可以依據來源不同，簡單地分成來自公司外部或是公司內部。來自外部的檢核，可能是依據外聘顧問群或藉由申請某品質認證來進行檢核；來自內部的檢核可能是基層人員的資料填答，或對高階主管的意見調查。不論是來自內部或外部人員，對於CWQI執行效果最直接的指標，當然是公司員工的品質意識，目的是察看參與品質改善活動後，所有員工的品質意識是否有所提升。因而，最早實施問卷調查的對象是員工的品質意識。不過，由於此指標並非是終極指標，因為提升品質意識只是CWQI的手段，最終還是要落實在對重要利益關係人的服務上才有意義。

　　什麼是重要的利益關係人？最直接者至少有顧客、股東、員工及社會。這四種利益關係人都各有其評估指標。有些指標屬於客觀指標，例如：企業的年營業額、獲利率；另外一種指標是主觀指標，是利益關係人的主觀認定。通常，客觀指標可以從公司內部相關部門，如財務、會計、採購、行銷、人事、公關獲得資訊；而主觀指標則是透過利益關係人的需求與滿意度調查來達成。這兩類指標是彼此互補的，其類型與內容如圖3-6所示。

　　除了股東滿意度可以透過客觀指標獲得之外，台灣飛利浦進行了另外三項重要的主觀指標調查，這些調查可以提供即時訊息，並補充客觀指標需要一段時間才能完成的不足。另外，以調查結果作為品質改善成效的依據，亦較貼近利益關係人的直接想法。進行的調查包括顧客滿意度、員工士氣與滿意度，以及企業社會形象，其中顧客滿意與員工滿意更進行了長期的追蹤調查。

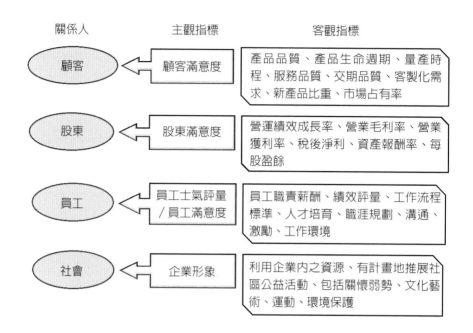

△ 圖3-6：利益關係人導向的組織績效指標

（一）顧客滿意度

　　顧客通常指購買產品或服務的中間或終端使用者。在行銷管理中，上游的廠商或人員需要努力滿足下游顧客的需求，使用者才不會因為不滿意而流失，甚至產生品牌忠誠度，一再重複購買。了解顧客對產品與服務的滿意度，並針對不符合需求的加以改善，是顧客滿意度調查的主要目的。在這方面，台灣飛利浦選擇跟經驗豐富的臺灣大學心理學系工商心理學團隊合作。率先啟動的是電子零組件部（Electronic Component & Material, ELCOMA）的顧客滿意度調查，其程序是首先透過團體晤談來掌握顧客所注重的面向，如產品品質、價格、交貨、包裝、人員態度、技術支援、資訊提供，以及售後服務等等；同時，再掌握背景不同的顧客特性與其著重需求間的關係，以幫助組織找出不同顧客的需求重點，加以滿足，也瞭解其中的差異。

　　此一調查始於1986年，首先採取的是一般性的調查，探討往來顧客對電子零組件之產品服務與品質的滿意程度。調查之後，也確實找出了一些問題，但同時也發現，由於得到的只是一個一般性的整體印象，而不易與改善掛鉤。理由是此類調查偏向一般形象，而未做產品與競爭對手的細分。因而，1987年的調查中開始根據產品、顧客性質、市場標竿等等進行細分，再逐漸擴及台灣飛利浦其他重要的產品，例如顯示器、被動元件IC及其他重要的半導體元件。當對象愈具體、探討的問題愈仔細時，採取的改善行動與可行性就愈高，也更能針對問題來進行一針見血式的解決。

⬧顧客滿意度調查可以反應需要改善的問題

（二）員工士氣與滿意度

　　滿足顧客需求的前提之一，就是要先滿足組織內部的員工需求─當內部員工滿意公司的環境，才能夠煥發精神，提供符合顧客需求的服務與產品。因此，員工的敬業態度與士氣是重要的關鍵。但要提升員工的敬業與

士氣，公司也得提供良好的工作環境，與生涯發展。這種員工對工作環境的知覺與工作氛圍，反映是一家公司的組織氣候；而員工在此氛圍下是否願意傾其全力努力工作，就是員工士氣；至於員工需求是否獲得滿足的主觀感受，則是員工滿意度。

一開始，台灣飛利浦所進行的是組織氣候調查，探討員工對各種制度的觀點，來訂定工作環境品質改善的指標，包括單位氣氛、制度設計、溝通與激勵、員工發展、物理環境、員工福利、領導統御、工作負荷等，並選擇員工的組織忠誠、滿意度、品質意識，以及留職意願作為員工士氣的分析要點。由於飛利浦一直以來都重視員工，認為員工是其最重要的資產，如何激勵員工凝聚共識、激發熱情，像是經營自己的事業，有相同的理念共識下，為企業為自己創造最好的價值。所以員工士氣評量是一項企業經營績效指標的重要工具之一。在1990年，則以哈佛大學沃爾頓（Walton）教授的工作生活品質（Quality of Work Life, QWL）概念來設計問卷。可是，因為都是針對公司現有制度來進行主觀評估，有些制度不容易進行短期改善，例如薪資水準；而有些項目也過於空泛，不易進行要因的展開。所以，1991年之後就直接從馬斯洛（Maslow）的階層需求論（needs of hierarchy）出發，視員工為內部顧客，探討員工重視需求與實際狀況之間的落差程度，來察看需要改善的項目。這些作法其實也就是當前流行之組織投入（organizational engagement）調查的基礎。台灣飛利浦早在概念提出至少十年以前，就開始進行探討，並察看其結果。

總之，除了員工滿意度之外，每兩年亦會進行員工士氣調查，其評量之內容包括組織運作，如工作職責是否清晰的規範及授權工作流程之制度是否務實、流暢是否標準化。另外，薪酬的結構制度是否與市場水準有落差、獎勵制度之落實、員工的福利、退休制度、人才培訓、績效評量、工作環境品質、職涯規劃之意願及培育之步驟。員工對公司之忠誠、企業文

化之認同等、對主管領導風格之認知、都列入員工士氣評量之分析要點。因而每兩年都會針對員工工作士氣與滿意程度作各事業群、各部門、各階級評核及分析，了解員工的士氣與滿意程度，可能的改善空間，相互調整，相輔相成，為企業經營與員工福祉一齊奮鬥努力。

🔺滿意是工作與生活的平衡

（三）企業社會形象

公司的社會形象攸關企業的名聲，也是吸引優秀新進人員投入的重要因素。這方面的調查含括了外界社會人士對公司在社會責任、技術創新、人員發展、未來前景，以及管理素質的看法。初次調查的對象是臺灣各大學之三、四年級的高年級學生，探討相對於一些臺灣當時最知名、聲望最高的企業，像台塑、大同、松下、RCA及IBM，飛利浦的企業形象究竟為何？是否是大學畢業生最優先選擇的公司。結果發現受測者對台灣飛利浦在未來前景、管理素質及人員發展的印象較佳，但對社會責任的印象則較低；在與其他標竿企業互相比較時，則居於二、三名之間。因而，企業責

任也成為改善重點之一。此部分亦委託臺灣大學心理學系進行了兩年的探討，之後則由公關部門接手負責，並推動改善計畫（第六章會有更詳細的說明與介紹）。

二、總裁診斷

　　從1986年台灣飛利浦宣布挑戰戴明獎後，為了進行充分準備，並吸取相關經驗，也為了瞭解品質改善狀況，乃與日本顧問一同進行了首次的「戴明式審查」，審查的議程與內容仿照日本戴明獎的實地訪查方式；再根據首次審查經驗將高層主管直接參與的審查方式標準化，搭配其他品質管理活動來實施，並於次年正式定調，把高層主管的實地審查定名為「總裁診斷」。

　　總裁診斷簡單的說，就是定期的現場稽核，但跟一般的稽核並不一樣，不但有高階主管參與檢核，而且總裁與副總裁都同時參與其中。因此，對現場改善所展現的重視程度，與過去大不相同。其中，最基本的步驟與主題，就是戴明循環PDCA中的C，即查核（Check）──透過這種查核，才知道各部門的日常管理是否確實，各部門之間的合作情形如何，以及改善方針是否已經逐級層層傳達下去。

（一）總裁診斷的目的

　　總裁診斷不只是一項品質改善工具，也是拉近不同管理階層距離的快速方法，因為公司上上下下的所有階層都會齊聚一堂，尤其是較少碰面的CEO與高階經理人會一同去察看現場狀況，並瞭解執行情形是否與開會預期的結果一樣，吻合的程度有多少。藉此活動亦可讓整個公司的目標與策略更加透明化。為什麼取名叫作總裁？因為過程中是由總裁與高階管理團隊親自到現場參與。當總裁親自到工廠來訪視生產線上的作業人員時，第一線的員工就會清楚了解，前面所述的種種品質管理都是玩真的，而非只

是掛在牆上的一張宣傳標語或海報；而且就像羅益強所強調的：

> 「總裁診斷也不能像是『老闆說的，員工就得聽』，管理不能
> 夠有這樣的階級思維。不是總裁走下來說下面的人有多差，而
> 是診斷自己，是總裁的自我檢討。讓你看見這個組織跟你想像
> 的有多大差別，然後需要怎麼去改善。有道理的才算數，沒道
> 理的，誰講的都不能算數。」

對於總裁而言，透過此次診斷，可以察覺腦中所想的與實際狀況有多少落差。以前面所提的方針管理為例，當高層決定方針後，到工廠或服務銷售現場等進行實體查核時，會要求單位主管及同儕拿出證據來佐證方針落實狀況，並詢問主管是否知悉計畫活動的來龍去脈。如果現實狀況與理想方針差距不大，則表示方針的確已經確實展開到下一階層員工，也可以合理推斷其中間過程應該沒有太大的問題。如果差距太大，就再進行一次PDCA的問題解決循環，追根究柢地去細察產生落差的原因，並持續加以改善。當高階主管能確定中低階主管具有相關脈絡知識後，就能夠預期他們能做出符合方針的行為與決策。

雖然總裁親自訪查每個單位，但由於時間有限，很難透過有限觀察就一窺全貌或掌握全局。因此，需要藉由隨機詢問員工問題，來判斷與確定方針管理的效果如何；也因為總裁與高階管理團隊親自蒞臨現場，雙向溝通的機會難得，員工通常會努力準備，全力以赴，以免錯失表達自己努力成果的良機。

（二）總裁診斷的過程

總裁診斷的行程規劃是一年兩次，時間分別在1月與7月。年初的診斷會著重年度的計畫方向與重點、檢視上個年度執行的成果與績效，以及殘留問題的處理。年中診斷的重點則在確認上半年實際執行的狀況，有無內外環境突發狀況或不可預期之事。

　　審查方式是參照「戴明審查」的制度與作法，以地區為單位，包括在臺灣所有的工廠與臺北總公司。全部過程可以簡單分成兩大階段：第一階段是由基層主管或部門主管進行口頭報告，提出自身單位已經達到的目標及其詳細執行過程，這是「紙上談兵」的階段。而且主管要做的，也並非只是報告而已，還需要呈現具體事例。因為在報告過程中，總裁或高階管理團隊會直接針對報告進行挑戰：「證據在哪裡？」並要求報告者在三分鐘之內將問題回答完畢。此過程充滿著劍及履及、實事求是的精神。

　　到了第二階段，就要到現場進行實際確認。在第一階段，報告者會呈現證據與具體事例，讓總裁與高階團隊能確實掌握現況。接著，就詢問裝配線的作業人員，確認是否清楚公司方針，以及本身工作目標為何，進而詢問有無參加自主管理活動（品管圈）、討論何種主題，以及如何解決問題等等。同時，亦進行雙向溝通，表達參與戴明獎的決心與CWQI的重要性，並激勵現場員工士氣。透過這樣的查核，方針制定才更能夠貼近組織的現狀與需求。

　　在總裁診斷的過程中，當然也會出現一些負面的聲音，例如：「總裁看病，忙得要命，不病也病」、「一天到晚作秀，不秀逗才怪」。雖然任何革新都難免有雜音出現，反對聲浪總是難以避免的，但是，台灣飛利浦還是會在品質月的時候努力溝通，也會使用月刊簡訊的專欄來做進一步宣導，並針對成效優良的團隊，給予表揚與獎勵。一段時間以後，當成效逐漸出現，負面聲音就會變成正面肯定，並讚嘆總裁等高階主管的眼光過人。

　　除此之外，由於利益關係人指標的狀況，不管是委請外部之臺大團隊來負責的調查，還是直接的客觀指標，都需要一段時間才能看出改善行動的成效，而有可能緩不濟急。因此，由上位者親自到現場去看，回饋就變得更為直接、即時及清晰。對於員工來說，主管親自前來傳達決心，會使員工更認真改善品質；至於主管，所獲得的訊息愈清晰，愈能掌握各單位

的現況，同時亦有經驗傳承的功能，這些都是總裁診斷的核心精神與直接效益。

三、方針展開：改善指標之執行

經過委外調查與總裁診斷的檢核之後，沒有發生問題的控制點（control point），就會成為需要實踐的標準化歷程（Standard Operating Procedure, SOP）；若有所出入，則再次修改方針，並將方針向下展開，在下次檢核前加以改進。這就是戴明循環中的最後一部分，也就是行動（action），含括貫串整體公司政策的方針管理、方針展開方式，以及如何改善方針，進而達成「改善循環」。一旦公司在日常管理與機能管理上更趨完善，則不但能夠滿足顧客需求，而且亦可以證實政策面的方針管理能夠及時察覺與掌握市場的脈動或變化，提早因應，甚至可以預應市場，領先未來。

（一）全面品質管理的執行力

從觀摩日本企業的全面品質控制（TQC）開始，台灣飛利浦進行了自己的TQC，再進一步變成全公司品質改善的TQM，強調公司全方位的品質管理。同時，聚焦的對象不只是外部顧客，也兼顧內部員工。推行CWQI之後，台灣飛利浦逐漸在市場上嶄露頭角。但是，面對競爭激烈的日本市場，如果只維持目前的實力，是無法突破現況的，也無法提高產品在日本的市場占有率。因而，不管是TQC或是TQM，推動到後面更深入的階段時，都會慢慢注意到品質管理背後的理念與思維。不管是任何一個階層的員工，除了完成上級交代的品質管理事項，學會自己掌握問題，了解問題成因、過程，並加以解決之外，也由小而大開始關注公司的整體計畫與發展重點，這些思考的改變，其實就是提高競爭力的關鍵。當所有員

工能夠開始進行全方位思考，整個公司才有辦法往更高的層次與境界邁進。到此階段，高階管理者對於品質管理的計畫範圍也需要擴大，思考的面向也會更廣，包含了經營計畫、未來走向，以及企業的社會責任等等。

所以品質改善的關鍵核心，就是所謂的經營方針，對此方針所做的管理，即「方針管理」。相對於日常管理與改善管理，方針管理相對抽象，但重要性卻是有過之而無不及。方針管理的精髓在於：如何設計方針、展開方針，進而檢核成效，最後普遍實施。對於一個具有競爭力的公司而言，能跟其他企業分出高下的關鍵，就是公司政策方針的落實程度。

❖ 方針管理

在討論方針管理的過程之前，需要釐清方針、方案及目標間的關係。方針是針對公司現有目標，設計與預想能夠達成目標的手段、方法及想法的系統；方案則是其中的工具與方法；至於目標則是確認方針所要達成的具體指標，如市占率、產品良率或是銷售金額等等，是公司內部能夠管控的最終結果，正如前面所述的控制點。至於檢核點（check point），是分析後得到的要因，而不是結果。以上幾個概念，串接在一起就是方針管理。因而，方針管理並非只是決定經營計畫、品質管理目標而已，也包括系統管理與動態管理；方針的訂定，需要經過上下階層的雙向溝通，最後由高階管理者的詳細思考與充分討論。對高階管理者而言，將營業部門的銷售目標設定在高點很容易，難的是要如何滿足顧客的需求、掌握產品脈動，並創造更多的價值；將管理階層的目標，訂在維持良率也容易，難的是縮短製程、增加新產品的開發能力。

相對於方針管理，日常管理是以部門為單位，而機能管理則是部門與部門之間的協調管理，這兩種管理都可以視為一種水平層次的管理。而方針管理則是由上面的規劃，而到下面的執行，可視為是一種垂直整合的管

理，是需要建立在良好的日常管理與機能管理之上。相較而言，方針管理更著重於應變的機制。有了水平與垂直管理的整合，整個CWQI就能夠像一張網一樣，把全公司的人員與部門都包含進來。因此，如果沒有全公司員工的積極配合，CWQI將是無法落實的。

　　方針管理這套手法並不是台灣飛利浦或日本企業的專利，任何公司只要用心學，或去觀摩參訪就可以了解，但最困難的則是全員參與。許多企業都把方針管理當作口號，要求基層員工或第一線員工執行，其他人則不聞不問。可是，台灣飛利浦的全員參與並非如此，它是徹徹底底、實實在在地推展著。例如：委託臺大團隊進行的種種問卷調查，都是全員投入，最高主管亦然，而非像一般企業一樣，只要求下屬填答，高階管理層則完全置身度外，或推託太忙碌沒有時間而不積極參與，並以身作則來加以示範。由此可見，台灣飛利浦的全員投入是十分徹底落實的。

❀ 年度方針展開

　　以時間軸來看，方針管理分成三階段：規劃階段、制定階段，以及最後的展開與實施階段。規劃部分要以目標管理長期的策略角度來進行思維之方向，台灣飛利浦本身是一家外資企業，其長期規劃的前提是：參照各事業集團的願景，兼顧地區的永續發展，以及內、外部環境的變化。制定階段是高階管理團隊完成規劃後，透過品質推行委員會進行協調，由各機能部門草擬方案，提交公司最高管理團隊討論後定案。最後，則是展開與實施階段，屬於方針的全面溝通，依照組織層級逐級依序擴散展開。過程是依據上級的方針所列舉的計畫對策、管理項目、檢查項目與目標，以及預計完成時間，擬定下層單位的具體實施的分期改善計畫。

　　在規劃階段中，主要的挑戰在於高階管理者對外部狀況的評估與了解是否足夠，如果沒有清楚的分析邏輯，以及高瞻遠矚的眼光，很難做出正

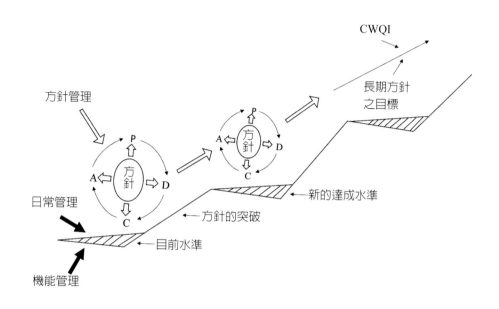

△ 圖3-7：方針管理與改善循環

確的判斷與決策；制定階段的困難是要如何根據高階管理團隊所訂定的抽象計畫，同時考量公司內部的運作情形，轉化成一步步可以執行的具體內容。展開與實施階段則是影響方針管理成敗的關鍵，大多數的公司都在這個階段，無法確實做好全員參與而導致失敗。至於展開的方法則與要因查核類似，只是將問題分析變成目標的魚骨圖分析，魚頭代表想要完成的目標，而魚骨的部分就是能達成目標的種種工具與實施方式。最後要特別強調的是，台灣飛利浦對控制點與檢核點的看法，基本上跟一般企業頗不相同。一般企業都是用來做員工的績效考核，但台灣飛利浦則是把它們當作是經營改善的前提，以品質優先的角度來評價該結果，找出營運缺失來加以改進，且成為各事業單位團隊目標達成之績效，而非當成員工的績效評估。這項差異非常關鍵，因為目的不同，所導致的成效也差異頗大。

　　按照上述步驟所形成的方針管理，從1985年以後即開始於全臺飛利浦

實施。透過日常管理的持續改善，來達成既定目標。然後，再由方針管理提高目標層次，且再次透過日常管理來達成。如此，一再以PDCA循環以達成終極目標。時間上，年度方針的制定時間是非常緊迫的，通常從年底開始準備，蒐集前一年度的執行效果、進行檢討，到制訂新年度的方針，頂多只有2個月的時間就得進行決策，極度考驗管理團隊的智慧與執行力。

（二）改善循環

從管理角度來說，方針管理透過檢核上年度表現來制定下一階段的方針，再由日常管理來落實。前者把組織中的部門、員工往上拉一層次，接著日常管理再把這些經驗標準化，變成基本技能。此循環就像螺旋一般，持續向上，用以提升組織的競爭力。這也是台灣飛利浦所聘請的顧問今井正明（Masaaki Imai）所倡導的持續改善理念，其過程正如圖3-7所示。因而，日常管理、機能管理及方針管理三者並重，成為CWQI的核心管理模式，其運作的基本邏輯是以PDCA為主，形成一個持續向上的改善的循環，完全能夠符合「苟日新、日日新、又日新」的改善與創新要求。

這種思考邏輯在公司內貫徹地十分徹底，並可以從基層員工所組成的品管圈來獲得證明。以進出口暨儲運部門員工所組成之品管圈「救火圈」的例子而言，他們打算分析的主題是「輸入貨品租用倉儲費用成本過高的問題」，其作法完全依照PDCA的概念：一開始先由所有的團隊成員列出所有必須改善的問題，再來根據各因素影響力的不同權重，投票決定以哪一項問題作為主軸。接著，對該問題的現狀進行詳細分析（列出所有的交貨、租賃及出貨步驟）、蒐集數據（實際測量所花時間與費用），然後設定可以測量的目標。接著，所有成員腦力激盪出全部可能影響的要因，且進一步做更細微與細緻的分析；再找出可能原因並且研擬改善對策，並進入具體執行階段，如圖3-8所示。

　　實施對策後，也要檢查執行效果：在「救火圈」執行了4個月的改善管理，並不斷地與航空公司、出貨工廠、報關行等相關單位交涉協調，之後費用從原本平均一個月22萬元降低為9萬元，縮小幅度將近六成，超過原本之預期。同時，改善的過程也變成該部門的SOP。改善目標的達成，不只對公司有利，對團隊成員的信心與成員之間的感情，更有明顯的助益。

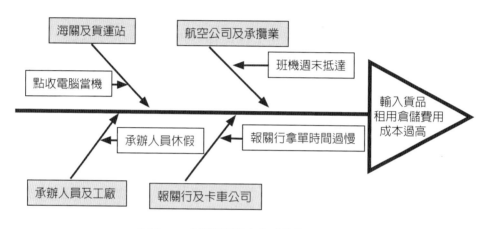

▲ 圖3-8：倉儲費用過高的「特性要因圖」

　　在整體的組織效能指標方面，由1985年至1990年，生產成本降了一半，而銷貨總額成長了近乎3倍，遠東的銷售總額則成長了3倍以上，完全超越了在啟動CWQI活動時所設定之「30% & 30%」的目標。除此之外，生產力指數成長了2.6倍（1985年以1代表）；品管圈數由160圈增加為525圈，合格統計品管工程師人數由0人增加為352人，自主研究會數由0增加為65。這些指標在在顯示了CWQI的推動，不但提升了生產與服務品質，而且員工個人生產力與組織績效都有大幅度的進步。因而，獲得日本戴明獎應是指日可待的事。

❖ 第六節　摘取戴明品質桂冠之路

一、戴明獎代表之意義

　　戴明獎不但是世界最有影響力的三大品質獎項之一，也是日本品質管理的最高獎項之一，更是品質管理獎項中最早設立之國際獎項。此一獎項的設立是爲了紀念當時到日本演講、指導關於品質控制的相關管理辦法，進而帶動日本工商業經濟復甦的戴明博士。基於戴明的大方無私地分享知識，不要求任何回報，其開闊的胸襟令日本人感動不已，於是日本科學技術聯盟（JUSE）乃於1951年設立此一獎項來紀念他。對台灣飛利浦而言，戴明獎並非只是一個品質認證的獎項或里程碑而已，更重要的是它所具有的凝聚向心功能，讓全體員工有了共同奮鬥的目標。

（一）終極目標 —— 改變企業體質

　　CWQI推手的羅益強先生很清楚：挑戰戴明獎的重點並不是只爲了獲獎，而是透過挑戰的過程來改善整個組織的體質，提升台灣飛利浦的整體競爭力。由於日常管理、機能管理、方針管理，以及許許多多的品質改善活動的推動，都需要全員參與，否則無從提升組織機動效能。爲了要使員工全員投入CWQI，需要設定一個清楚目標來激勵員工、凝聚共識，促使全體成員步伐一致地朝向目標邁進，因此把贏取戴明獎設定爲一項值得挑戰的目標。

　　戴明獎的核心精神，就是「全員」參與品質改善。在正式邀請「戴明獎」評審之前，曾經發生過一段小插曲。因爲公司內各個單位之間的品質表現程度參差不齊，有些人認爲爲了避免耽誤申請進度或影響大局，應該派出比較完善的事業單位，代表台灣飛利浦來角逐戴明獎。就日本戴明獎的申請資格而言，以局部事業單位來角逐獎項是可以接受的，並沒有強制

要全體組織或集團同時參與。但此建議一提出，立即遭到羅先生的駁斥，他強調：「當然要全部一起挑戰，全力以赴、不能退縮。這是台灣飛利浦所有單位的事情，是大家的事。要麼不去申請，要去就大家一起來。」不分彼此、不能分割的整體思維，確實會給予部分事業單位較大的壓力，因為必須迎頭趕上，積極追趕落後的進度。可是，如果成功了，卻能讓整體公司脫胎換骨，提升綜效。因此，他力排眾議以維護飛利浦的所有單位為申請人，挑戰日本戴明獎。在申請與改善過程中，品質管理委員會亦善盡職責、調和鼎鼐，並發揮支援者的角色，輔助各部門逐漸進入常軌，往同一個願景目標邁進。

（二）日本市場的正字標記

提升公司競爭力，成為亞洲地區的可敬玩家，獲得國際知名的品質獎項認證當然是終南捷徑之一。當時，日本的產品品質是世界公認數一數二的，而戴明獎則是日本品質指標的正字標記。藉由挑戰戴明獎來改善企業體質，並由此獲得國際品質認證，進而在遠東市場上占有一席之地，乃是挑戰戴明獎的真正用意。實際上，日本科學技術聯盟推動企業挑戰戴明獎，也強調參與的企業不要以獲取戴明獎為最終目的，而將之視為是品質改善過程中的一個指標或是里程碑，其真正目的是為了改善企業的整體體質。他們也鼓勵挑戰戴明獎的企業，每年可以利用此獎的審核模式，透過專家的審查來獲得回饋，用以幫助生產與服務品質能逐漸邁向巔峰。

二、戴明獎的評審機制

戴明獎的內容包含「戴明個人獎」、「戴明實施獎」、「戴明事業所品管獎」等三類獎項，以表彰傑出之個人或組織（2012年戴明獎獎項更改為戴明個人獎與戴明應用獎）。各年度並未對得獎企業家數量設定限制，只要審查結果符合得獎標準，即可獲頒戴明獎。

　　戴明獎評審重點，是判斷申請公司能否拿出證據，證明其公司具有「以顧客導向爲主的企業目標與策略」，並且說明「透過全面品質管理來達成企業所設定的目標與策略」。評審委員會並不在乎、也不會挑戰單位說明他們採取那種品質管理模式、推行那種改善方案，而是希望申請者說明他們是否充分瞭解自己的處境，並設定追求的目標與主題，最後讓組織全面而有效地獲得改善。申請單位需要清楚說明的是他們的目標與績效如何達成、過程如何進行，以及全面品質管理在未來要如何有效延續。

　　評審的內容會依申請者所屬的產業、規模，以及所提的品質管理個案而有所調整，並非是一成不變的。產業只要能夠符合戴明委員會所頒布的指導綱要中列舉的重點項目即可。審查標準主要分爲三大類，第一大類爲基本項目，第二大類爲獨特的活動項目，第三大類爲經營高層的角色。基本項目就是日常管理的執行與落實程度；經營高層的角色指的是有無全員參與，並且定期進行高階主管診斷；至於獨特的活動項目，以台灣飛利浦來說，最具代表性應是延伸自「克勞斯比零缺點日」所產生的品質月活動，以及品質學院的訓練活動。

　　評審人員將從活動的有效性（effectiveness）（是否有效地達成設定目標）、一致性（consistency）（全公司各部門是否一致）、持續性（continuity）（從短期能夠連結到長期的未來計畫）、以及貫徹性（thoroughness）（各相關部門都能落實計畫、貫徹執行）等四種標準，來審視各申請公司三類重點內容的落實程度。

三、成功摘取品質桂冠

　　從1985年宣布執行CWQI全公司品質改善活動，並訂下五年計畫挑戰這項任務後，台灣飛利浦就進入持續改善的高張力狀態，全員參與的程度更是年年進步。顯然地，台灣飛利浦已經開啓了改善的大門，而且在整個

全球飛利浦的大家庭中，占的分量愈來愈吃重。1988年9月底，飛利浦總裁范戴克在台灣飛利浦新舊總裁的交接典禮就強調：「在飛利浦的全球地圖上，有八個具策略性價值的重要國家，臺灣不但是其中之一，也是唯一的開發中國家。」卸任之前，貝賀斐總裁也說：「如果臺灣停下來不動，飛利浦的麻煩就大了。」由於進步神速，在1988年之後，台灣飛利浦的決策圈亦完全由本地人當家做主，許多電子零組件的供應也打破了臺灣市場長期被日本廠商壟斷的局面。同時，許多本地供應商的產品品質亦隨著台灣飛利浦的品質要求而同步成長，進而對平衡臺日貿易逆差也有傑出的貢獻。

　　透過不斷努力，全員參與投入品質改善之後，台灣飛利浦終於在1991年11月12日的頒獎典禮上成為佳賓，受邀領取日本戴明獎，是當年唯一的非日本受獎單位，也是戴明委員會自1990年開放給非本國企業角逐獎項後，獲得肯定的第二家外國企業，第一家是1990年獲獎的美國佛羅里達電力公司。對台灣飛利浦來說，獲得此一獎項絕對是實至名歸，是對所有共同努力員工的鼓勵與回報。雖然如此，改善的腳步仍然持續著，一刻也不停歇……誠如當時童維堅處長的反思：「最重要的是否能持續進步，除了結果外，檢驗進步更重要的是過程，了解過程才能維持結果！」

△ 台灣飛利浦1991年榮獲戴明獎

照片來源：羅益強先生榮調紀念照片集

△ 台灣飛利浦獲戴明獎證書與獎牌

照片來源：羅益強先生榮調照片紀念集

第四章

蛻變：加速變革引擎

❖ 第一節　百尺竿頭更進一步

一、全球飛利浦的危機

在台灣飛利浦改善經營品質，獲得戴明獎的肯定之後，總公司董事會宣稱台灣飛利浦已經是一家具有標竿形象的組織。在此基礎之上，需要逆水行舟，百尺竿頭更進一步，並擘劃組織結構的調整，以期更快速因應環境的變化。羅益強先生在得獎與慶祝飛利浦成立百年紀念會上，期勉員工：

> 「得獎固然值得慶賀，但即使失敗亦可從中汲取不少寶貴經驗。因為我們的終極目標是在提升組織成為一流企業，不斷超越。未來的情勢將更具有挑戰性，區域經濟的發展勢必使未來的工商業消長增加許多變數，亞太成長必將遠遠超過歐美，機會就在這裡！」

相對於台灣飛利浦的亮麗表現，全球飛利浦卻走進了風雨飄搖的時期。首先需要面對的是財務狀況惡化的問題：1990年虧損達23億美元，雪上加霜的是，之前向銀行借貸的款項已經到了必須要償還的高峰期，但飛利浦的流動資金並不充裕，導致可能發生財務危機。於是，原先的總裁下臺，換了一位新總裁丁默（J. D. Timmer）來力挽狂瀾。

二、全球飛利浦世紀更新計畫

丁默上臺後，大力整頓與改革，並聘請密西根大學知名的印度裔策略管理學教授普哈拉（C. K. Prahalad）擔任組織革新顧問。普哈拉在管理學界赫赫有名，他與韓默（Gary Hamel）於1990年在《哈佛管理評論》（*Harvard Business Review*）發表了一篇〈企業的核心能力〉（*The core competence of corporation*）的文章，而成為策略管理的重要文獻。他們

認為企業必須整合資源來滿足顧客所在乎的價值；需要進行持續的創新與改革，而非單點、靜態的改善，以培養競爭對手所無法模仿的核心能力。因而，要想在新興的全球市場中攻城掠地，必須培養無可取代的獨特能力；也需要將利益關係人（stakeholder）視為資產，用來構築策略架構（strategic architecture）。因而高階經理人的職責，是如實面對未來，並培養企業的核心優勢與無可取代的能力。

　　普哈拉教授擔任顧問之後，全球飛利浦隨即推行世紀更新（Centurion）運動。Centurion此一名詞源自紀元前羅馬帝國東征時，羅馬軍隊裡面的一種組織形式，是百夫長管轄的一個單位。羅馬軍團的每一位百夫長，下面管轄的人數是100人。以100人作為一個基本單位，頗類似國軍的連的建制單位。普哈拉教授期望每個單位都要像羅馬軍團一樣，發揮奮戰的精神。

　　世紀更新的主要內容，如圖4-1所示。其改革的三大重點為精簡人事、節省開支，以及結束沒有利潤的事業。透過改變組織文化、重整產品線，以及教育員工，推動世紀更新計畫。過去，全球飛利浦的組織運作偏向產品導向，導致研發、生產與最終的銷售市場脫鉤。因此，希望透過世紀更新運動，對員工進行再教育訓練，將組織調整為真正的顧客導向文化。此外，也藉由重整產品線，放棄虧損事業與失去競爭力的產品線，投資更具有未來發展的產品。

　　世紀更新計畫的決策與執行作法，是進行由上而下的多層次溝通活動（如圖4-2所示），希望能達到更開放的溝通、更快速的決策，以及人人參與。首先，由董事會率先召集全世界的高層主管進行討論，並取得共識；接著，再一層一層往下推動，這是由上而下來傳達創新變革的。除此之外，也召開由下而上溝通的員工大會（town meeting）。員工大會是促進改革的重要論壇，員工可以在會議中提出有挑戰性的問題，主管當場給予所需資訊，來回答提問，並當場做出決定。因此，員工大會亦可說是上

緣起
- 1990年飛利浦面臨百年財務危機，虧損高達23億美元
- 產品線分散龐雜
- 研發產品與市場脫鉤，產品上市速度過慢

世紀
更新
- 目的：改變公司組織文化，縮減過於龐雜的產品組合
- 主要參與者：丁默（J. D. Timmer）、百位以上高階經理人及普哈拉（C. K. Prahalad）教授的顧問團隊
- 方式
  - 裁員5.2萬人，放棄虧損事業，以改善營運績效
  - 舉辦百人經理人會議（Centurion Session）
  - 聚焦重點發展領域，投資消費性電子事業
  - 啟動Les't Make Things Better之全球企業文化活動

結果
- 飛利浦雖得以免於破產，但財務問題仍然存在
- 參與世紀更新的員工負擔更多決策責任，態度轉為積極，有效縮短產品上市時間

⬥ 圖4-1：世紀更新計畫

由上而下

世紀更新I
- 成員：董事會成員、120位高階管理人，組成22個工作小組
- 會議主題：影響公司發展方向之議題，研擬公司重點政策
- 檢討會議：每隔4~6個月舉行，並擬定後續計畫

世紀更新 II & III
- 成員：120位高階管理人與次一層級的經理
- 會議主題：勾勒產業抱負，提出績效改善計畫

由下而上

員工大會
- 成員：基層人員與資深經理人，共約400人
- 會議主題：討論本地的改善計畫
- 會議目的：人人皆可參與，開放式溝通，快速決策

⬥ 圖4-2：世紀更新的決策單位與作法

下雙向溝通的平臺，由下而上反映意見，讓主管能夠更正確掌握基層員工的心聲，再下達決定。這種有秩序、有系統的多層次對話，效果非常良好，使得各個階層能夠充分溝通，並達成共識。當組織企圖進行全面性的創新與變革時，這種全體同仁的共識與同心協力是相當重要的。

於是，在這樣的形式之下，全球飛利浦各階層團隊展開數以千計的改善計畫。在「世紀更新I」會議釐清全公司共有的問題，成群結隊的經理參加專案小組，尋找解決之道，並推動全面性革新。然後，在「世紀更新II&III」會議中，經理人承諾提出具有雄心壯志的突破性計畫，進而改善績效。最後，在員工大會中進行團隊討論，並在各地展開一連串的改革計畫。例如：有一個部門因為訂單積壓問題嚴重，積壓的訂單款項高達兩千萬英鎊之多，許多客戶因而心生不滿。透過世紀更新計畫，成立了專案小組，所有的小組成員都來自與交貨過程有關的部門。專案小組並為每一張逾期的訂單指定一位負責人，負責人需整理立即要解決的問題，並找出原因與解決方法。一年後，該部門的交期可靠度提升了75%。

世紀更新計畫在不同階段的主要目標與任務亦有所不同，1990年的重點為「重整」，著重既有問題的解決，透過產品線的重新整理、投資再組合，以及品質提升的方式，恢復企業的獲利能力。為了達成重整目標，必須消除浪費，結束沒有利潤的事業，並加強現金管理。世紀更新計畫在推動三年之後，成效卓著。財務狀況頗有改善，資產報酬提升了55%，淨庫存減低20%。

1992年之後，「世紀更新」將計畫重點轉移到「再創生機」，從解決問題轉移到發現機會。為了「再創生機」，需要整合利益關係人的生態系統，並擴大品質改善活動，同時從員工士氣與全面品管著手，發掘新機會，且發揮企業家精神，以不斷提升獲利率。其終極目標是希望培養顧客為先的心態，並發揮內部的創業家精神，期擁有其他企業無可取代的核心

能力，來攫取市場機會，領先未來。世紀更新各階段的問題、機會及目標，如圖4-3所示。換言之，危機就是轉機，全球飛利浦並沒有因為財務危機就亂了陣腳，而是一步步非常有秩序地進行革新。

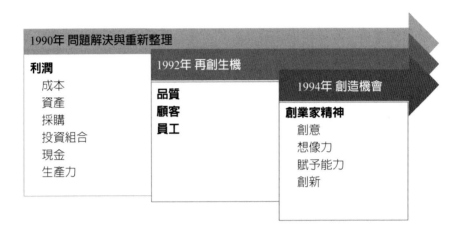

○ 圖4-3：世紀更新各階段目標

三、台灣飛利浦的挑戰

　　與全球飛利浦相較之下，成功挑戰戴明獎的台灣飛利浦，並沒有因為贏得桂冠而沾沾自喜，相反地，更加戒慎恐懼，期許品質能進一步向上提升，並成為東亞市場的主要供應商。同時，也因為1991年臺灣又面臨了新一波的危機，內容雖然不同，但相較於1985年的危機，卻是有過之而無不及。

　　當時台灣飛利浦面臨的艱難挑戰之一，是臺幣大幅升值的問題。1980年到1990年初期，是臺灣經濟發展最富戲劇性轉變的年代。在1980年代以前，臺灣政府採取出口導向經濟策略，目的是要以產品出口促進臺灣的經濟發展，策略很成功，但也產生大幅貿易順差的問題。也就是說，在此一經濟階段，一開始臺灣出口是採取固定匯率，接著採取以美元為中心的機動匯率，美金兌換臺幣大多維持在35~40元左右。隨著工業技術進步，臺

灣輸出的產品在質與量上都大幅提升，因而產生巨幅的貿易順差。從1981年的14億美元開始成長，到1985年時順差已經達到106億美元，1986年甚至到達157億美元之譜。

　　對美國而言，由於臺灣是逆差第二大的貿易國，因而美國開始介入臺灣的經濟發展，並多次以人爲操縱匯率爲由，威脅使用「綜合貿易法案第301條款」，企圖迫使臺幣升值，以減少臺美間的貿易順差。在美國與其他國際間的諸多壓力下，臺灣被迫於1987年7月宣布不再以美元爲基準調整匯率；同時，更在1989年宣布匯率會順應外匯市場的波動，因而臺幣匯率又再次升值，且幅度更大，美元兌換臺幣來到了25～28元左右。尤其是1992年3月竟升破25元大關，直逼24.5元；一直到1995年，都在25與26元左右徘徊。這種大幅度的升值，對產業的衝擊很大，低廉的製造成本優勢丕變，出口的價格競爭力持續減弱，也促使不少企業出走與外移；即使根留國內的產業也需要進行快速調整。對台灣飛利浦而言，所面臨的經營環境確實比1980年代末期更加嚴酷，加上勞動基準法的通過，使得工會的成立與勞動抗爭變得合法，勞工的工作生涯變得更加自由、多元及不穩定，而影響勞動品質。

四、台灣飛利浦的改善活動

　　隨著全球經營環境的快速變遷，國際化的發展，主客觀環境的異動，市場競爭日趨激烈。因而，台灣飛利浦獲得戴明獎之後，並未停下腳步。除了全面品質改善活動（CWQI），亦持續推展許多品質活動，例如DOR、PQA-90、ISO 9000等。飛利浦的五大品質原則爲這些改善活動提供共通的基準，成爲飛利浦員工改善工作的方向。這些原則包括（1）顧客第一：比顧客期望的更好；（2）展示領導風範：激發追求品質的熱情；（3）重視員工：同仁互相尊重，促進團隊合作；（4）與供應商建立

夥伴關係：從一開始就把品質做好；（5）為建立卓越績效而努力：持續改善提升績效。

　　至於推行的全面性內部控制管理等的改善活動，也配合CWQI的架構與活動徹底執行，每一層級之各個單位在每年都得承諾遵守法規或規定，並加以確認。這些活動雖然關注的焦點不同，但目的皆是希望創造有機組織，提升品質。許祿寶先生特別強調，各種品質改善活動重點為「行」，即「實踐與實作」，而非「紙上作業」。因此，確實執行改善活動，並將過程與成果翔實記錄。透過各種「行」的作業程序，以期達到制度化、系統化、透明化，以及標準化的目標；並使整個組織藉著上下溝通與互動，徹底瞭解正確的工作方法與程序。同時，以事實為依據進行決策，徹底執行，以達成「顧客為尊」的信念。如此一來，企業組織方可蛻變為有機組織，適應不同環境的需求與變化，因時、因地、因人、因事制宜，並提出恰當的策略。

（一）企業營運的內部控制管理（Business Control）

　　1995年全球飛利浦依照總部最高層級管理委員會（含全體董事會成員）的營運方針設計與推行一個適當的內部控制管理作業系統，經由標準檢核表，各事業群各層級及相關所屬單位及員工，各自進行自我評量，上下一齊參與。

　　對組織的每一項機能，總公司提供非常詳細的檢核表，幾乎含括日常管理的標準作業與流程工作職責的所有項目，鉅細靡遺。其內容分為兩個層次，一個是組織機能，涵蓋了公司策略、行銷、研發、製造、物流鏈、採購、人力資源、財務會計、資訊系統，以及其他的一般性管理（如環境安全、資訊安全、法律稅務、廠務、倉儲運輸，以及進出口報關等）。

　　另一個是組織各部門的職責，高階主管要求各部門主管需要領導所有員工一齊自我檢核，查看實際執行流程與標準作業流程間是否產生落差，

有無需要改善之處。藉由自我檢核所獲得之量化證據，來確保組織之品質績效在水準之上。至於組織之流程管理作業項目，則包括了組織策略方針、目標、授權與職權之責任、人力資源管理、標準作業流程管理，以及資訊、報表及營運結果等等的管理運作績效，以達成公司要求的品質及績效目標。經由以上的過程，員工再簽署企業內部控制書，以及營運之內外法規範遵循書。

這些企業健康總體檢的表格完全能與CWQI活動完全結合，相輔相成，使員工與主管更清楚瞭解自己的單位應該做什麼、該負擔什麼責任，以及如何改善，用以提升品質績效；而且這些都不是只有紙上作業的書面保證而已，亦需要提供具體證據與成效。換言之，改善計畫是透過各項「實作」的作業程序、上下溝通與互動，徹底瞭解正確的作業方法與程序，並以事實為依據，進行品質改善行動。

經由這樣之內部控制管理程序，最後由各級層的經理、財務長簽署內外法規遵行確認書、企業內部控管確認書、自我評量檢核表、改善計畫時程與負責人、年度財務報表等，層層彙總到總部，作為Document of Representation（DOR），即內部控制管理的報告書。

（二）飛利浦品質獎

飛利浦品質獎PQA-90的設立，是為了檢核各聯屬企業內部的各種品質改善活動是否融入日常管理當中，因而，仔細查察各組織層次的品質改善活動的執行過程與成果高低，並邀請顧客與供應商一同參與品質改善活動，凝聚共識，達到價值鏈之全面品質改善的目的。透過PQA-90的評估標準評估自我缺失，可以得到較為全面、整體及客觀的結果。同時，經過部門各階層上下間的彼此溝通討論，可以訂出各組織的年度品質改善活動計畫與時間表，而可直接串聯CWQI的控制項目與改善計畫（Control Item and Improvement Plan, CIIP），使全面品質保證系統的改善活動更趨系統

化、透明化及標準化。另外，將顧客與供應商列入品質改善活動中，亦可以貫徹「以客為尊」的想法。

❖ PQA-90的架構

PQA-90是荷蘭總公司整合歐洲品質獎與戴明獎而設計的，並在全球各地的事業群組織展開活動與競賽，以達到全面品質改善的實質效果；同時，亦藉此使得所有事業組織都能適應不同的環境需求與變化，成為一個主動因應環境的有機組織。也就是說，PQA-90是用來協助各產品事業群在不同國家所進行的組織診斷，以了解各地區組織自己的優點與缺點；首先，經由同一事業群之不同國家的高階主管來進行實際檢核，進而根據評估結果，規劃後續的改善行動。接著，評估改善成果，持續不斷地進行品質改善。

PQA-90標準可分為六大類別，包括管理角色（role of management，指管理之策略方針、任務及責任）、品質改善流程/品質活動（quality improvement process/quality activities）、品質系統/程序（quality system/procedures）、顧客關係（relationship with customers）、供應商關係（relationship with suppliers），以及總體經營成果（results）。在每一類別之下，都細分有不同的主題（subject group）；而在每個主題之下，又涵蓋許多子題（cluster）；每個子題則包含不同項目或元素（element）。圖4-4列出了顧客關係的所有類別、主題、子題及項目。

❖ PQA-90的評分系統

PQA-90的評分系統分為項目分數（element scoring）與子題分數（clustering scoring）。項目分數是針對子題下的每個項目進行評分，共分為三個等級：紅色（0-33%）、黃色（33-67%）及綠色（67-100%），

百分比代表改善的程度，包括完全無作為或作法錯誤（0%）、略微改善（33%）、一定程度的改善（67%），以及徹底改善（100%），如圖4-5所示。

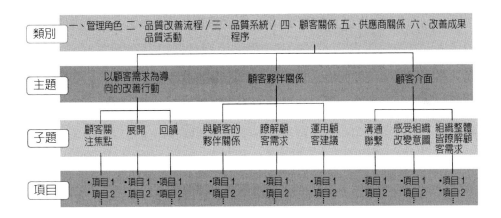

● 圖4-4：PQA-90架構

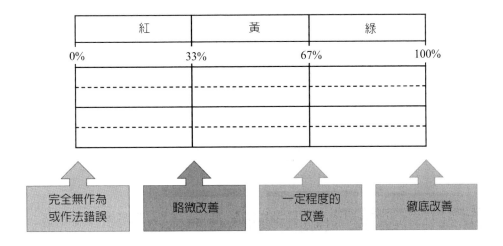

● 圖4-5：PQA-90的評分

　　分數共有四種，首先，將項目分數加總即可得到子題的總分；其次，將子題分數加總，可得到主題的總分；接著，將各主題分數加總，可得各類別的總分；最後，將各類別分數加總，則可得到整體的總分（如圖4-4的架構所示）。為了收到實質的效果，在內部控制管理之自我評核表中，也以PQA-90的評分標準來進行評估。

　　除了項目分數的加總，在計算子題的總分時，亦會針對品質改善小組的表現進行評估（如表4-1所示），包括六個類別：類別一至類別五，以「取向」與「展開」進行評估，類別六則以「測量」與「攸關與解決」來評估。評分量尺的意義與項目分數的意義相同（如圖4-5所示），包括顏色尺度與百分比尺度。另外，各組評估中雖然含括兩種評估項目，但每個組織可自行決定這兩個評估項目所占的相對比重大小（Philips Quality, 1995）。

● 表4-1：品質改善小組表現評估

評估類別	評估項目	內容
類別一～類別五	取向（approach）	改善方向是否合宜
	展開（deployment）	品質改善行動的展開是否徹底
類別六	測量（measure）	成果評估制度是否能真實反應改善的狀況
	攸關與解決（relevance & reach）	評估所運用的指標是否與問題有關，或能解決組織的實際問題

（三）國際標準品質管理手冊認證（ISO 9000）

　　ISO 9000是指將事業體的產品品質系統活動與責任，以書面化的方法記錄、留存，再透過外部專業人員審核後，推展至世界各國，彼此相互認證。在世紀更新的品質改善階段中，台灣飛利浦各廠區均已獲得認證。

總之，在CWQI的架構下，以DOR日常管理控制的明細總檢核表爲主體，將PQA-90之子項目、ISO之相關項目全部整合爲一整體品質改善活動總表；再以 PQA-90之評分標準作爲評量準則來加以評估，就能更加客觀、公正且全面地瞭解品質改善成果；接著，再經過各組織部門上下左右彼此重複溝通討論，即可以完成CWQI中所謂的接球程序（catch ball procedure），使各部門完美銜接配合。

（四）台灣飛利浦世紀更新計畫

爲了因應環境變局與全球飛利浦的變革，台灣飛利浦亦參與推動世紀更新計畫，並把世紀更新的目標與精神納入CWQI架構當中。對台灣飛利浦來說，世紀更新是飛利浦的世界性活動，其目標主要是滿足顧客、員工及股東等三大利益關係人的需求，持續朝向卓越品質邁進，並發揮創新改善的精神。此外，也要培養嶄新的管理作風、新穎型的工作態度，以及更積極向上的新型管理階層。雖然台灣飛利浦在CWQI的推動上，已經取得了一定的成果，但自我改善、自我挑戰的精神仍需持續強化。這也是丁默總裁來臺灣慶祝全球飛利浦百歲、台灣飛利浦走過四分之一個世紀，且取得日本戴明獎時的期許：「我一直十分欣賞中國的古諺，例如『苟日新、日日新、又日新』。」這種堅持自我挑戰、不斷尋求創新及改變的態度，正是飛利浦企業文化的必備要素。我也認同大家耳熟能詳的『危機』理念，我們現在所處環境固然險惡，然而若能掌握變局，則我們所面對的將是一個新的契機。」

結合全球飛利浦世紀更新的精神，再加上日本取向的TQC，就成爲台灣飛利浦邁向卓越的下一個階段性目標。因而，當時的台灣飛利浦副總裁許祿寶意有所指地說：

「台灣飛利浦的品質成長之路，並不是完全只有日本人的影

響，還有歐洲人的影響，這是一個非常重要的元素，也是台灣
飛利浦具原創性的過程。不然的話，我們沒有辦法轉變成爲具
有創業家精神的組織──因爲日本人並沒有教我們怎麼具備創
業家的精神。」

　　總之，納入「世紀更新」的策略以後，台灣飛利浦更聚焦於品質、
顧客及員工，再進一步創造生機；並戮力推動創業家的精神，鼓勵內部創
業，以更上一層樓。至1995年止，台灣飛利浦更把重點放在「顧客第一」
上面，爲提升顧客滿意度與忠誠度而努力，希望爲顧客創造價值，成爲
「顧客的第一選擇」。其次，則是深化TQC成爲TQM，更著重於策略規
劃、方針擬定之品質改善的上層建築。另外，總公司亦參考全面品質管理
（CWQI）與戴明獎（Deming）之臺灣經驗，推展PQA-90，以提升企業
經營之品質。

△「世紀更新」說明手冊

資料來源：台灣飛利浦（1994b）

從DOR、PQA-90、ISO 9000、CWQI，所有世紀更新（Centurion）的品質改善活動同時掌握策略方向與飛利浦品質，並引導出飛利浦風範（Philips Way）（如圖4-6所示）。其策略方向聚焦於遠景與雄心，再透過資源的掌握與資源組合提升生產與競爭能力，並特別重視價值創造與競爭優勢；而飛利浦品質則聚焦於領導，以滿足顧客、員工及供應商之需求，特別重視過程管理與方針展開。品質加上策略，足以形成朝氣蓬勃的組織氛圍與文化價值，從而提升生產力與競爭力，使組織更能適應瞬息萬變的市場環境；同時，亦能追求創新，預應各種不同的品質挑戰。

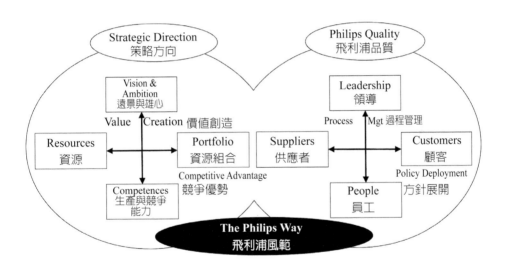

▲ 圖4-6：飛利浦風範

資料來源：台灣飛利浦（1995a）

❖ 第二節　顧客是關鍵

一、誰是顧客？他們的需求是什麼？

顧客是任何公司的利益關係人，但顧客是誰？要如何滿足顧客？這

是首先要深思的問題，尤其在獲得戴明獎之後，台灣飛利浦更覺得需要針對生產導向與顧客導向做出釐清──羅益強在飛利浦簡訊的一次專訪中強調：「西方人與日本人在歷史文化與宗教信仰上，有著十分不同的發展與影響，其反應在商業哲學上也十分不同，並表現出不同的作法。西方人一向在先進科技領域獨步全球，因此注重的是如何推銷自己、如何告訴客戶使用其所生產的東西。而日本人則較為保守，他不是去推銷自己，反而是聽取客戶需要什麼樣的產品的意見，再藉其純熟的技術、生產出符合客戶需求的東西，其結果如何是大家有目共睹的。」

　　在此邏輯之下，台灣飛利浦在推動CWQI之際，雖然也標榜著是以顧客為中心來進行品質改善的。可是，顧客究竟是誰呢？顧客在哪裡？顧客到底需要的是什麼？如何滿足顧客的要求？如何取悅顧客？這些問題看似簡單，其實不然，因為涉及諸多因素。首先，以顧客的屬性來說，顧客是屬於內部顧客，還是外部顧客？如以組織範圍來劃分，外部顧客就是市場顧客。而在公司內部工作的同事，如以需求滿足的角度而言，即是企業或主管的內部顧客；如以流程來考量，則最終的使用者是顧客，但中間代理人也算顧客嗎？半成品製造商也算嗎？接著，顧客的性質是屬於工業性產品的顧客、消費性產品顧客，還是服務性顧客？工業產品方面的顧客屬性，比較在意品質、交期；消費產品顧客會比較注重品牌形象，而服務性顧客則較重視使用者經驗。

　　一般來說，多數企業會把產品或服務的最終使用者定義為顧客，但更準確來說，這些都只是企業的外部顧客而已，因此，台灣飛利浦更加積極定義顧客這個名詞，並且透過教育訓練告知所有員工。飛利浦所定義的顧客，總共分為四類：外部客戶、內部客戶、社會，以及股東。從管理學理論來說，這些都是企業經營中的重要利益關係人。所謂利益關係人是指：任何可以影響公司達成目標、或被公司達成目標所影響的群體或個人。也

就是說，當任何群體或個人可以影響企業（或被企業影響、以及相互影響），則管理者就應該將之納入為利益關係人，並採用具體積極的策略，認真處理企業與利益關係人間的關係。這四大顧客不只塑造了工作的環境與機會，也界定了企業的目標與使命。品牌客戶、代工客戶、代理商或經銷商，以及供應商屬於外部顧客，而主管、員工、工作同事、其他地區同事則屬於內部顧客。在進行這些界定時，亦會清楚告訴所有員工：顧客就是提供服務或產品者的下一階段使用者（如圖4-7所示），需要如實滿足其需求，並提升使用價值。

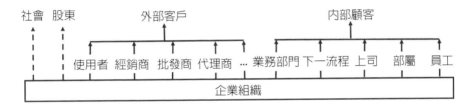

◆ 圖4-7：誰是顧客？

　在此定義基礎上，所有員工必須深入思考個人與團隊的工作與服務目標。究竟誰是顧客，其需求為何？如何提升其滿意度？在產品部分，所提供的產品或服務的功能、特性、耐用程度、介面或使用及服務的水準是否足夠？在服務過程方面，在時間前後的各個時段，過程是否順暢？交貨的時間、次數、彈性等各方面是否精準快速？溝通訊息與內容是否明確？如何做到關鍵時刻（Moment of Truth, MOT）的要求，使得每一個服務的時點與環節都能讓顧客滿意？了解以上的問題並善加改進，就能提升顧客滿意度，並使品牌與產品成為顧客的第一選擇，提升品牌資產（brand equity）。

二、利益關係人滿意度系統

　　為了提升所有顧客的滿意度，台灣飛利浦以系統化的觀點來串接各類顧客滿意度間的關係（如圖4-8所示），並認為模型當中的外部顧客滿意是所有滿意的啟動者，當他們滿意時，可以讓組織有更大的成長，包含利潤與市場占有率等等；因而，可以提升股東滿意，並回饋給社會，塑造企業良好的形象；進而，提升企業內部的各種環境品質，促使內部顧客的員工滿意度變得更高，而形成環環相扣的良性循環。

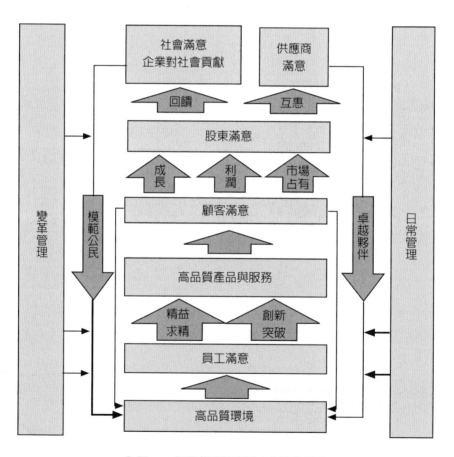

▲ 圖4-8：組織各利益關係人之滿意循環

資料來源：鄭伯壎（1999）

　　這種利益關係人系統，也是台灣飛利浦制定公司策略的依據與準則，並發展成日常管理、機能管理、方針管理，以及創新管理活動的一部分。羅益強總裁強調：「要評估一家公司的策略是否卓越，至少必須要看四個層面：要對得起股東、對得起顧客、對得起員工，最後則要對得起社會。」任何一家公司的策略，只要中間有任何一個層面或環節出問題，就不是優秀的策略。欲進行任何長期的經營活動，也都要從這四個角度加以評估。

　　台灣飛利浦在界定企業使命時，是以這四類利益關係人做為服務對象，考慮到不同群體的期望與要求，更著重於彼此之間唇齒相依的關係。就公司的經營而言，此系統又以顧客與員工最為關鍵。顧客是指外部的直接客戶，為了瞭解所提供的產品與服務是否能符合顧客需求，必須了解顧客的滿意度；員工是公司內部的工作人員，是組織與組織代理人提供服務的對象，而需要了解所提供之服務與獎勵、誘因是否符合員工的需要。

　　這樣的想法與哈佛大學教授瑞奇赫德（Reichheld）的理論架構不謀而合：組織存在的目的，就是為了創造利益關係人的價值，其中最主要的是為外部顧客創造價值，並提升顧客滿意，進而透過組織成長與聲譽吸引合適的員工，提升員工滿意度（Reichheld & Teal, 2001）。再透過一流的生產力，創造績效與利潤，提高投資人滿意。當然，在整個過程中，仍需善盡企業公民之責任。總之，在整個利益關係人的系統當中，顧客滿意是最重要的啟動引擎，並由此影響其他利益關係人的滿意度。各利益關係人的互動關係，如圖4-9所示。

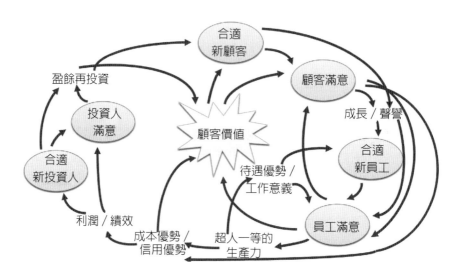

🔵 圖4-9：顧客滿意的關鍵影響效果

資料來源：Reichheld, F. F., & Teal, T. (2001)

❖ 第三節　顧客滿意度指標與調查

　　顧客滿意是指顧客對供應者提供之服務與產品的感覺，而涉及期望與實際間的差距，差距愈小代表滿意度愈高。這種滿意度的掌握，除了對顧客的直接與客觀反應（如抱怨）進行觀察之外，亦可透過較為主觀的大規模調查與分析來獲得。台灣飛利浦很早就瞭解顧客滿意的重要性，但調查方式則由粗糙、空泛，而落實到細緻與準確，也是經過好幾個階段的演變。飛利浦顧客滿意度調查（Customer Satisfaction Survey, CSS）涉及的產品含括工業產品與消費產品，其調查範圍則由臺灣本地擴及到日本、韓國、中國、香港及新加坡等亞太地區；著重的要點亦多所更迭與深化（如表4-2所示）。這方面的理論與工具發展，都涉及消費者心理學與心理計量的專業知識，因而延請工商心理學專業的教授負責執行。

◉ 表4-2：顧客滿意度調查的演變

年度	1986-1989	1990	1991-1993	1994	1995-1996	1997-1999
目標	一般性調查	二因論的應用	標竿的導入	PIMS+的使用	4PIS的引進	夥伴評估的觀點
主要方法	• 產品類別的區分 • 品質類別的區分 • 顧客的區分 －工作性質 －地區 －職級	• 強調品質素質 －魅力因素 －必備因素 －單一因素 • 供應商之比較	• 修正雙維品質的問卷，使之容易回答 • 產品類別的區分 • 問卷類別的區分 －品質 －服務 －送貨	• 重要客戶的面談 • 擴大調查範圍至亞太地區 • PIMS的使用 －瞭解產品的附加價值 －擬定行銷策略	• 策略性顧客 －內部顧客 －合作之外部顧客 －主要之外部顧客 －其他顧客 • 擴大調查範圍至消費性產品	• 主要合作夥伴之面談 • 從合作夥伴角度，評估其所有之供應商 • 產品事業部主導
結果	• 建立CSS體系	• 設計雙維品質的問卷	• 標竿的應用	• 確立PIMS的問卷形式	• 考慮企業略	• 考慮夥伴之第一選擇
後續問題	• 缺乏品質的魅力因素	• 問卷不易填答	• 需要配合面談，做更深入的瞭解	• 未做重要客戶的加權	• 問題太多，回收率較低	• 標竿的選取過於隨意，難以做比較

+Profit Impact on Marketing Strategy（PIMS）

資料來源：鄭伯壎（1999）

　　最初，在啓動顧客滿意度調查，進行內部主管會議時，有一些主管持有不同的意見，認爲哪有需要進行調查，因爲只要憑藉行銷人員的經驗即可。根據鄭伯壎教授的回憶：「顧客滿意度調查是由電子零組件（Electronic Component & Materials, ELCOMA）部門率先實施的。在調查之前，由當時擔任ELCOMA總經理的張玥召開部門一級主管會議，討論如何進行調查。會中就有主管表示反對，他說：『幹嘛做這種調查，

等產品出問題再說吧！』但張玥卻明快指出：『等出問題就已經來不及了！！』這真是一針見血的答覆，因為在察覺問題的微小徵候時，就得處理，否則等星火燎原時，就需要付出巨大的代價了。因此，顧客滿意度調查在1986年就開始進行，也是所有調查進展最快的，不管是在理論或實際操作上。」

一、一般調查與二因論應用

1986年的顧客滿意度調查較為粗略（如表4-2所示），只對產品的一般印象進行分析；然後，再依顧客對象的屬性進行細分，包括廠商從業人員的功能屬性，如管理、研發、採購等不同機能別，也對其職級（如高階、中階或低階主管）與地區進行區分，以更具體了解滿意度與改善意見的來源。

雖然如此，改善意見仍然不夠清晰。因而，在執行三年後，1990年導入二維品質模型概念，以進一步掌握品質的必要因素與魅力因素。此作法是日本狩野紀昭教授將組織心理學中赫茲柏格（Hertzberg）所提的工作動機二因論，包括保健因素（hygiene）與激勵因素（motivator），應用在產品與服務品質上，以掌握顧客滿意與不滿的可能屬性。根據二因論的想法，滿意與不滿意並非是同一向度的兩端，而是兩個截然不同的構面，滿意是一種零到正的滿意，即使產品品質達不到此項標準，顧客也是可以接受的；而不滿意則是負到零的滿意，如果無法符合此項標準，則顧客會感到不滿並拒絕購買。因此，前一項的品質是一種吸引力因素，後一項則是必要因素；前一項可以取悅顧客，後一項則可以避免顧客抱怨。有關這兩種構面的區分標準，如表4-3所示。

● 表4-3：滿意度的雙向度概念

項目	不滿意	滿意
特性	不滿、憤怒 負到零的滿意	雖不滿意，但可以接受 零到正的滿意
顧客服務	基本服務 終止互動	附加服務 持續互動
企業因應	顧客訴怨之補救 防止對策	取悅顧客策略 推進滿意
改善對顧客效果	減少憤怒 降低不滿意	創造喜悅 提升滿意
改善對組織效果	維持顧客 永續經營	創造顧客 組織成長

　　在狩野紀昭的建議下，臺大教授便將此二因素及其品質模型（如圖4-10所示）納入調查設計，希望問卷調查的結果與回饋可以更加有效。四種類別的內容如下：第一、一維品質：線性的品質要素。此類品質要素充分提供時，顧客會覺得滿意；反之，提供不足時，則會引起顧客的不滿。亦即，滿意與不滿是單一向度線段的兩端，如圖4-10中間的斜線（I）所示。第二、基本品質：必需充分滿足的品質要素。此類品質要素充分提供時，顧客會認為是符合基本要求的；但當此類品質要素不足時，則會引起顧客的強烈不滿，並不再繼續購買，如圖4-10下方的曲線（II）所示。第三、魅力品質：是一種令人興奮的品質要素。當此類品質要素充分提供時，顧客會感到極為滿意；可是，當品質要素不足時，顧客仍然可以接受，因為這是在顧客的期望之外的，如圖4-10左上方的曲線（III）所示。第四、無差異品質：不受影響的品質要素。無論此類品質要素有否充分提供，都不會引起顧客的滿意或不滿反應，表示此要素與品質無關，如圖4-10中間座標所示。以上的顧客滿意度調查的結果，一方面可以做為

新產品開發的依據，例如：增加魅力品質；另一方面，亦可用來改善品質，例如：基本品質必須符合顧客要求。雖然如此，不過大多數調查的品質與服務項目都比較偏向一維品質的概念─當實際與期望差距大時，較為不滿；反之，差距小時，則較為滿意。顯示，顧客的產品使用認知複雜度要較品質專家為低，這也是各種滿意度的調查需要以顧客或當事人需求為準的理由。

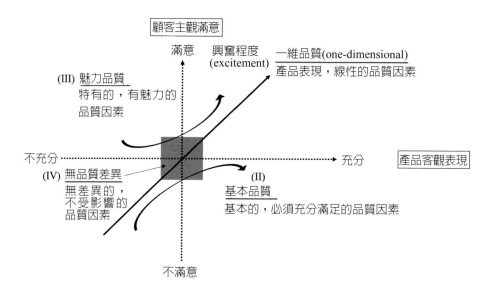

▲ 圖4-10：二元品質向度與類型

資料來源：狩野紀昭（1984）/品質模型

二、導入標竿與利潤衝擊市場策略（PIMS）模式

為了瞭解台灣飛利浦在競爭市場上的實際位置，以及與重要競爭對手之間的差距，也加入了標竿（benchmark）的選項。這些標竿都是市場上傑出的競爭對手，針對與標竿間的差距進行分析，並加以改善，可以拉近彼此間的差距，以提升競爭優勢。納入標竿的基本想法是企業不但要提升顧客滿意度，而且還要比競爭對手更能讓顧客滿意；同時，當了解顧客心

目中的最佳企業是誰、對各競爭廠商的評價爲何、各廠商的競爭優勢何在時，就可以作爲擬定行銷策略的參考。至於標竿的選擇，台灣飛利浦都是選擇市場上數一數二、名列前茅的競爭對手，期能迎頭趕上，成爲最佳品牌，甚至是顧客心目中的第一選擇。

　　以上的調查都是針對臺灣國內市場進行了解，當市場規模擴充至亞太地區時，爲了更精準地掌握品質、成本及附加價值間的關係，又採取了PIMS（Profit Impact on Marketing Strategy）（即利潤衝擊之市場策略的模式）來進行品質與價值的分析。其基本想法是認爲相對品質與價格會決定產品的相對價值，並影響市占率；然後，再納入相對成本之後，就會影響獲利能力與成長力。各相關因素間的關係如圖4-11所示。

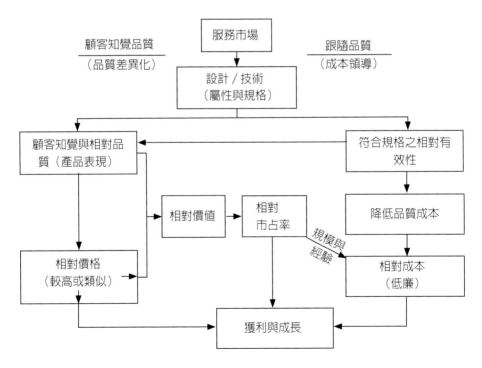

▲ 圖 4-11：品質如何影響獲利與成長

　　PIMS是美國奇異（GE）公司在1960年建立的附加價值模式，截至1972年爲止，共有57家公司參與，包含620個策略事業單位（Strategic Business Unit, SBU）；1972年至1974年由哈佛大學主導，1975年則由非營利組織之策略規劃中心（Strategic Planning Institute, SPI）負責，並由北美市場擴展至歐洲，至1987年，已超過450家公司、將近3,000個SBU參與此項計畫，使得整個資料庫涵蓋了各種規模、產業類型的歐美公司。其作法是蒐集各個SBU的品質、價格、市占率，以及獲利能力等資料，分析品質、價格、獲利能力、市占率間的關係，再繪製各SBU的相對價格與相對品質的座標圖，藉此來衡量各企業或品牌的相對價值（見圖4-12）。

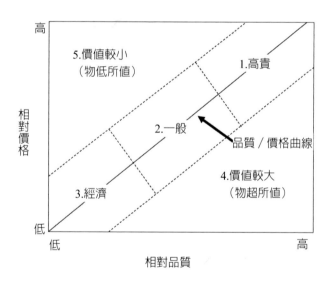

◎ 圖4-12：產品與服務的五種價值定位

　　其中，落在座標圖對角線的區帶者，代表品質與價格相當。包括，位於對角線上方的1：高貴，產品的品質好、價格高，這通常是採取品質領先策略的公司定位；中間爲2：一般，品質普通、價格一般；左下角爲3：經濟，品質差、但價格也低，這是價格領先公司的定位策略。此外，右下

角為4：價值較高，指的是物超所值，產品品質高於價格；右上角為5：價
值較小，即物低所值，產品品質低於價格。經由產品在座標上的落點，即
可判斷每家競爭廠商之產品的附加價值為何。

　　進行PIMS的顧客滿意度調查時，首先要蒐集各競爭廠商或標竿的商
品品質、服務品質、商品價格及市場占有率等等的資料，再以PIMS套裝
軟體進行分析，並繪出各廠商品牌的價值落點圖，即可了解商品的附加價
值，進而決定要採取何種行銷策略。如果是物超所值時，可以提升產品價
格；如果是物低所值，則需要提升產品品質……等等，可以得出各種可能
的因應對策，並可做為產品定位（positioning）的參考。圖4-13是台灣飛
利浦電腦彩色顯示器與各標竿品牌在日本市場上之相對價值：與日本廠商
比較之下，價格稍高、品質略低，代表相對價值稍低。因而，品質需要加
以改善，或調整價格，使之往右或向下，向圖的中間線靠攏。對一家挑戰
自己的廠商而言，往右朝向高貴象限當然是不二選擇。

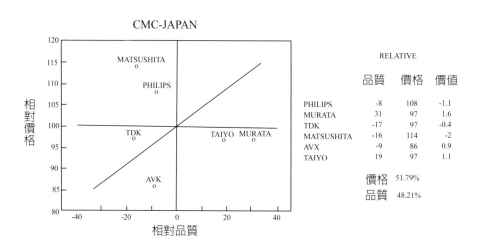

🔺 圖4-13：飛利浦彩色顯示器1996在日本市場的價值分析示例

三、引進4PIS

　　1995年以前的顧客滿意度調查，都是針對飛利浦半導體零組件與消費性電子產品來進行的，此一現象反映了台灣飛利浦以工業產品為主的現實。在羅益強升任飛利浦全球電子組件部門總裁後，繼任者柯慈雷（G. J. Kleisterlee）認為需要重視臺灣國內的內需市場，並提升小家電與影視產品在臺灣的市場占有率。由於這些產品屬於消費性產品，其顧客大多是最終使用者或是經銷商。因而採用行銷學中的4P1S做為分析主軸，4P是指Promotion（促銷）、Price（價格）、Place（地點）及Product（產品）；1S為Service（服務）。根據4P1S來量身訂做設計相關題項，包括，故障率低（產品）、服務站夠（地點）、耗材零件價格合理（價格）、定期舉行座談會（促銷），以及業務人員具備足夠的產品專業知識（服務）之類的項目，並選擇相關品牌做為標竿，包括百靈、夏普、東芝、日立、國際牌、新力、聲寶及JVC等等，進行資料蒐集，再採ISR的分析方式，即評估各題項的顧客重視程度（Importance, I）、滿意程度（Satisfaction, S），並針對各種品牌進行排名（Ranking, R），進行分析，瞭解需要改善的項目，並加以展開。

四、夥伴評估

　　在價值鏈與策略聯盟的概念興起之後，工業產品顧客與供應商的關係，常可視為一種策略夥伴間的結合，因而，從顧客的角度而言，供應商即是一種策略夥伴，並可針對其所提供之產品與服務進行種種評估。台灣飛利浦半導體事業部即是根據上述想法進行顧客滿意度調查。也就是說，台灣飛利浦是其下游購買商的策略夥伴之一，進行各策略夥伴在供應穩定度、產品品質、抱怨處理、過程能力（process capability）、顧客支援、產品品質與價格比例、交貨時間等項目進行評估，並選擇表現最佳的夥伴

（Best in Cooperation, BIC）作爲標竿，因而，每個調查題項有三類得分：
（1）重要性程度，（2）飛利浦表現，（3）標竿表現，並組合爲向度分
數，繪出雷達圖。圖4-14顯示了在抱怨處理上，飛利浦的得分與標竿的差
距最大，需要優先改善。

評估		
向度(n*)	BIC	xxx
供應穩定度(6)	83.7	69.57
產品品質(5)	81.82	80.39
抱怨處理(3)	82.18	62.26
過程能力(7)	84.94	84.94
顧客支援(6)	87.05	87.05
產品品質與價格比(7)	70.42	65.01
交貨時間(3)	88.37	72.90
整體表現(37)	80.28	74.63

*每個向度評估的項目數量

● 圖4-14：夥伴評估觀點的顧客滿意度調查

　　在改善向度或題項選定之後，就要進行眞正原因的分析，了解題項
（例如抱怨處理速度慢）所展現徵候（symptom）的眞正原因爲何：是來
自作業歷程或是人員心態，或是其他理由，並找出關鍵的問題，提出可能
的解決方案，且進行可行性、重要性及成本的評估，再選擇具體的改善方
案，進而建立後續的測量指標。最後，指定改善的行動計畫與負責單位
（如圖4-15所示），再一次進入PDCA循環的過程中。

　　這種PDCA的循環，可以從圖4-16的例子中明顯看出：顧客滿意度的
結果屬於查核（C）的部分；再進入改善措施（A），選擇需要改善的過
程；接著是過程的要因分析與績效指標訂定的規劃（P），設定目標標準
與標準對象；最後是建立過程改善列表，展開與實施（do），進行環環相
扣的戴帽行動Cap-Do循環。

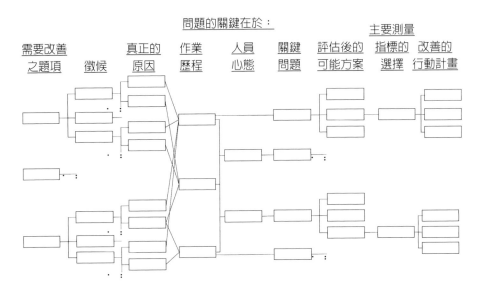

🔺 圖4-15：問題分析與改善行動計畫的形成

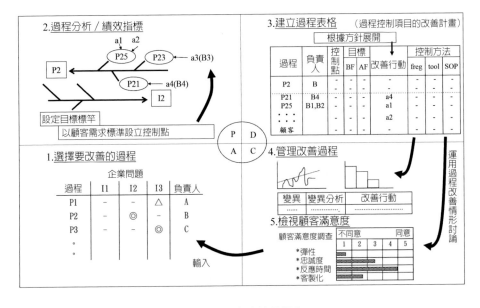

🔺 圖4-16：CSS與改善過程之PDCA

❖ 第四節　策略性方針管理

　　台灣飛利浦在獲得戴明獎的殊榮之後，TQC的種種工具與手法都已相當上手，而且各級人員都能自動自發地解決問題。就像建元IC廠總經理黃貴洲所強調的：「當成果展現，一旦嚐到甜頭，就會成為習慣，即使一開始含有強制性的成份在內。」為了進一步向上提升，乃將TQC與策略管理互相結合，並擴大參與規模，由TQC邁入TQM。除了改善與強化企業體質之外，亦著重於經營策略的擬定與方針制定，分析各種市場的機會與威脅，以及自己的優劣條件，期能達成更長期的目標與願景。同時，結合以新商品開發為目的的市場行銷，發掘與預測市場潛在需求與技術，建立新商品開發的手法，並活用逐漸興起的資訊科技，強化資訊品質；進而提升產品的責任預防，且與國際規格或標準（例如ISO 9000與ISO 14000）無縫接軌。「要改善的東西太多了，一旦開了眼就閉不起來了」，當時擔任建元廠組效部經理的呂學正如此說；而羅益強總裁則更為台灣飛利浦訂出下一個五年目標：進軍日本品質獎或再挑戰一次戴明獎！

一、結合方針管理與長期導向策略管理

　　品質的改善是永無止盡的，儘管台灣飛利浦的CWQI已取得一定的成果，但在戴明獎審查的意見書中，仍然提到許多可以提升的項目，這些項目大多涉及組織的經營與管理。第三章中提到，在穩定的環境中，組織的營運通常可以分成兩大部分，一是各部門固有的、例行的經營管理，是所謂的日常管理；二是為了達成企業經營目的所進行的特定功能營運管理，是各部門的機能管理。如果把組織經營想像成海上航行的船隻，則只採日常管理與機能管理的組織，就像一艘以固定速度朝向同一個方向前進的船隻，速度與方向是固定的。可是，想要改變船隻的速度或是航行的方向，

　　則需要加入方針管理，方針管理決定了航行的方向與速度。也就是說，日常管理與機能管理是靜態的管理方式，而方針管理則是動態的管理作法。唯有透過方針管理，才能因應環境的動態變化。因而，結合三種管理類型，才能強化組織的經營體質。

　　由於日常管理與機能管理都是最基礎的管理方式，目的在維持現有的單位運作，因而要提升所有部門的綜效就得靠跨部門管理，或是所謂的方針管理。通常，方針管理的改善與更新大多聚焦在市場能力的提升，以提高公司的整體競爭力。透過跨部門的方針管理，指引各部門日常管理與機能管理的方向，各部門第一次做對事（do the right thing at the first time）的效能就可以突顯出來。台灣飛利浦每年一度的方針展開（policy deployment），是構成全公司各細項改善計畫的主要源頭。方針管理的方針內涵包括：第一，方針是一種調適與因應的措施，在面對外界的機會與威脅，並考慮公司內部的優勢與弱勢之後，透過方針制定以提升競爭優勢；第二，是一種建立組織目標的方法，方針包括組織長期目標、行動計畫及資源分配的優先順序；第三，在整體企業與各功能別的層次當中，方針是劃分管理任務的重要途徑；最後，透過方針展開與制定，形成具有凝聚力、一體性的整合模式，用以進行重大決策。總之，日常管理或機能管理目的在於維持現有的優勢，而方針管理的目標則在於應變改善，且達成更好、更高的目標。

　　當年度方針制定以後，政策可以從高層一層層地展開到組織各個層次，這是縱向的部分。在橫向方面，方針能夠把各機能相關單位聯繫起來，形成一個整體，這是水平整合的部分。一個是由上而下把年度方針往下做得徹底、垂直落實，另一個則是水平方向的凝聚或是橫向整合，這樣才能建立公司的網絡體系，提升整體效能。也就是說，需要整體考慮各層面的所有問題，讓每個方針的未來走向都能夠既完整又確實。圖4-17是建元IC廠方針展

開的例子，每個單位與部門的方針都十分清楚，整個公司的策略與目標就像
一張大網一樣，結結相扣，緊密交織在一起。總之，組織團隊要能夠合作發
揮綜效，除了機能整合外，還要透過組織整合，這樣才能提升組織的整體能
力。因此，羅益強先生意味深長地反思：「有人說日本人的團隊精神很強，
這哪是天生的？他有工具，這個工具讓你的組織可以建造起來，而且他的績
效指標很清楚，一個層次、一個層次很清楚，哪裡沒有做到馬上可以秀出
來，不需要別人去告訴他沒做到，他自己都可以看見沒做到的部分。」

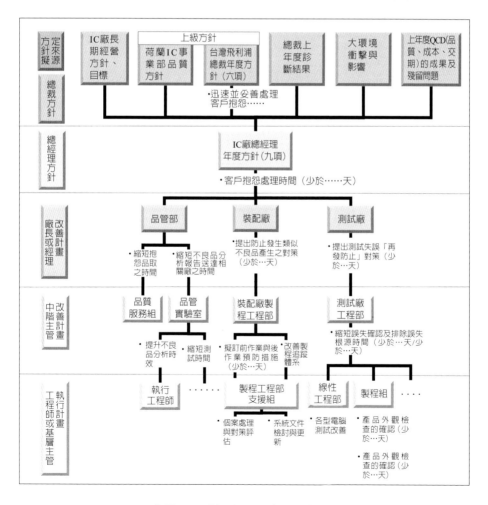

◆ 圖4-17：建元電子IC廠的方針展開

　　當年度方針管理實行有成之後，則更進一步結合長期導向的策略管理。年度方針的實施，利用流程管理所設定的是執行層面的目標，不過，在實施年度方針之前，還得思考什麼是組織的長期目標或企業使命？組織策略到底是什麼？只有明確的策略才有明確的方向，也才能夠制定出符合企業使命與需求的方針。

⬥ 共同願景創造傑出績效

二、策略性方針的形成與演變

　　台灣飛利浦的方針管理系統，主要分為三個層次，由高層次的管理目標到低分別為：策略規劃、方針擬定及方針展開。在「策略規劃」層次，公司的高層必須從公司的願景與長期經營目標來思考，進而擬訂公司未來幾年的策略方向，以一步步地達成公司願景與長期經營目標，並建立競爭優勢。完成策略規劃後，接下來在「方針擬定」層次，公司高層將會一一

擬定公司的長期企劃與各年度目標，以及年度主要方針與政策。在策略規劃與方針擬定兩層次上，皆為計畫性的考量，必須隨著所處環境中的宏觀與微觀因素的變化，調整事業體的目標與功能。在策略規劃與方針擬定完成後，則進入執行層面的「方針展開」層次。當年度方針宣布後，各部門將會依循年度方針，提出相對應的改善對策與計畫，並以PDCA循環進行方針展開與改善計畫。最後，策略規劃、方針擬定，以及方針展開的結果，則以總裁診斷來加以查核，察看其落實程度。策略規劃、方針擬定及方針展開的關係與過程，如圖4-18所示。

　　台灣飛利浦的方針管理，並非從一開始便如此完整地擁有策略規劃、方針擬定、方針展開等三個層次，而是透過持續改善，逐漸演變而來的：首先，在全面品質改善歷程的初期（1985－1991年），也就是在台灣飛利浦實際挑戰戴明獎之前的時期，其所使用的方針管理方式，僅透過各種TQC的方法，將每一年度的方針展開而已，此時期每一年度的方針，彼此是相互獨立的。獲得戴明獎之後（1991－1995年），再將方針視為連續改善、並提升所有事業核心效能的方法，因此，開始將每一年度的方針彼此連結，將長期性的目標管理觀點加入原本的方針管理系統中。進而結合企業所注重的願景，從長期性的策略觀點來進行方針管理（1995－1997年）。

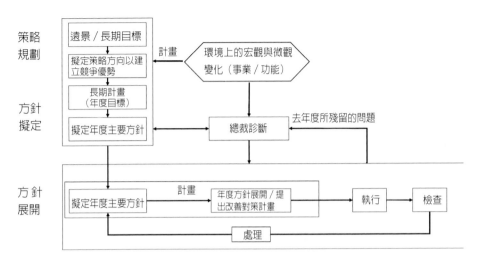

● 圖4-18：年度方針管理與長期導向的策略管理

　　誠如許祿寶先生所強調的，啓動變革的方式至少有兩種：「一種從危機的方式來驅動，一種從願景來驅動。」飛利浦早期做的TQC，是從問題面切入，以危機感驅動改善行動；接著，再轉化到迎頭趕上、內外調適的過渡期；最後，再進展到建立清楚的共同願景，讓組織願景成爲內在的學習驅動力。每個人都能在共同願景下自我超越、自我管理。這很像宗教團體或慈善組織，雖然沒什麼嚴密的管理，但卻創造出一個令人認同的共同理念，使得每一位成員都能夠自我奉獻與自我管理，進而眾志成城，創造傑出的績效表現，其所有流程如圖4-19所示。

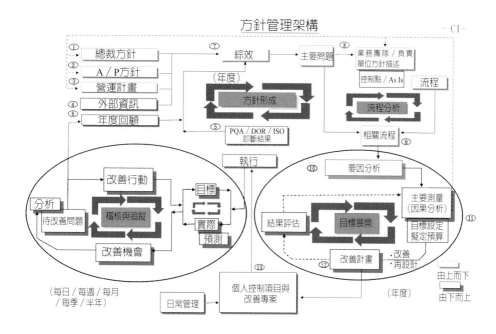

◯ 圖4-19：方針管理架構示例

❖ 第五節　邁向顧客導向的組織

　　台灣飛利浦在確定爲顧客創造價值是企業的重要使命以後，產品與服務品質都會以顧客爲優先考量，因而矩陣式組織結構亦逐漸加以調整，並轉型爲顧客導向型的組織。

一、台灣飛利浦獨特的矩陣式組織

　　在進行組織再造、轉變爲顧客導向組織之前，台灣飛利浦是兼顧全國區域性組織（National Organization, NO）與母公司之產品事業部（Product Group Division, PD）的概念來進行組織設計的，而形成一種統合地區與產品線的矩陣式組織。這種矩陣式組織型態的形成，需要討論荷蘭飛利浦的歷史及其全球布局策略的特色。

（一）荷蘭飛利浦的組織歷史與全球布局

飛利浦兼顧產品與市場的矩陣式組織設計，以及保持技術與商業之間平衡的特色，其源頭可以追溯到飛利浦創辦早期的兩位手足：哥哥赫拉德‧飛利浦（Gerard Philips）是一位技術導向的工程師，而弟弟安東‧飛利浦（Anton Philips）則是傑出的推銷員。因而，兼顧市場（在地與國際）與技術（產品）就變成了飛利浦組織制度化的原則，總公司如此，全球各聯屬公司亦然。另外，就全球布局與管理而言，飛利浦是採取尊重本地市場與各地聯屬公司的原則，中央的事業部門通常只負責成品的裝載與分銷。工廠的整體運作，包括管理人力、生產製造排程、庫存控制，大多由各國區域性組織負責。也就是說，荷蘭總公司於世界各地設立聯屬公司時，是以多國地區化策略來布局的，讓各國的聯屬公司在製造與銷售方面擁有極大的自主權。1980年代則進一步嘗試將聯邦型態的組織轉變為有效率的整合網絡，因此，荷蘭飛利浦總公司陸續建立高效率、全球規模的國際製造中心。台灣飛利浦就是國際製造中心的一環，總公司亦增加對地方的投資，希望利用本地高效率、高生產力及低成本的勞動力，將全國區域性組織轉變成一些成熟產品的製造基地與研發中心，並把台灣飛利浦變成遠東製造與發貨中心。

為了讓本地聯屬公司有更大的發展，荷蘭總公司把管理權下放，甚至在某些關鍵策略區域賦予該地區領導人非常大的決策權，也聘僱當地人才進入管理階層。但是，到了1990年代，由於產品線太過分散而導致虧損過大的情形，總公司於是決定改走全球化策略，以中央控制的方式統籌全球的製造與銷售，並開始回收各國聯屬公司的管理權。雖然台灣飛利浦的表現優異，但局勢如此，似乎也得遵循母公司的全球化策略。1988年，荷蘭飛利浦總部希望台灣飛利浦自身的全國區域性組織虛級化，改以總公司中央控制的產品事業部（BG）為主。原本每個事業群部門都得向全國區域

性組織彙報，再由此組織統籌並分派任務。可是，荷蘭飛利浦希望每個地區的事業群部門改成向產品事業群回報，並由產品事業群來進行決策，逐步收回各聯屬公司全國區域性組織的管理權。

　　當時剛上任總裁職位的羅益強並不希望此事發生在臺灣，主要的考量有三：第一、台灣飛利浦發展的策略考量，是要挑戰戴明獎、形成產、銷、研一體的組織，這些行動需要搭配集權性質的組織結構才有可能完成。第二、基於羅總裁與高階管理團隊對於臺灣與台灣飛利浦的高度認同，希望能夠在地化永續經營，因此不希望把決策權交回母公司。第三、由產品事業總部所主導的策略當中，有些作法無法及時反應當地市場或策略的要求，由全國區域組織統籌較能快速並有效因應問題。由於羅總裁的績效卓越與理念堅持，以及台灣飛利浦的快速轉型，成為蓬勃發展之亞太市場中的重要角色。因而，荷蘭飛利浦決定採取半放任的態度，在臺灣暫時不推行全國區域性組織虛級化，反而強化在地組織的權力，藉由亞太地位的提升，增加了數位執行副總裁，來協助總裁達成開拓亞太市場的目標。因而，羅總裁掌握了很大的權力，持續開拓疆土。當時的組織圖，如圖4-20所示。

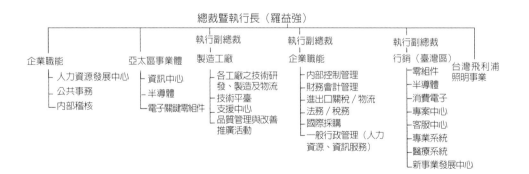

🔺 圖4-20：台灣飛利浦之組織架構（1994～1995）

二、全國區域性組織與區域產品事業並行的矩陣式組織

　　台灣飛利浦的全國區域性組織握有決策權，但並不專斷獨行，決策過程中會邀請區域產品事業群一起參與。全國區域性組織的總裁跟部分產品事業群的管理團隊組成督導委員會（Board Meeting），由全國性總裁為會議主席，產品事業部參與開會決策，並同時管理該產品下的各國行銷、研發及製造（Marketing, Development, Production, MDP）單位。這樣的運作方式，讓全國區域性組織與產品事業群在委員會議中即可凝聚共識，兩邊互相合作創造雙贏；對於下一層的行銷、研發、製造（MDP）的組織而言，則可接受到一致的決策、目標及年度執行表，而不會遇到兩相衝突的情況。此時，MDP的領導者就像在經營一家功能俱全的小公司一樣，其董事會就是由台灣飛利浦的全國區域性組織與該產品事業群的管理及製造鏈團隊所組成。透過國家與產品並行的矩陣式組織，台灣飛利浦的競爭力再次提升，更加接近世界級企業的水準。

三、邁向顧客導向的組織

　　雖然矩陣式組織具有一定的效能，但其基本組織原則，仍然是屬於金字塔式的機械式組織，決策權力偏向高層，比較沒有辦法回應變化日益快速的市場與顧客動態。因而，自1991年起，台灣飛利浦開始啟動五年的組織調整計畫，期盼轉變成顧客導向的組織，促使全體員工都能從顧客的角度看待產品與服務，以提升顧客滿意度與忠誠度，並再次強化競爭力。於是，台灣飛利浦制定了幾個具體的方向：第一、全體員工都需要用顧客的角度思考，並且超越最強的競爭對手；第二、建立共同願景；第三、透過良好的分析能力來訂定準確的目標，並徹底執行；第四、促使上下階層間的溝通更為順暢；第五、清楚分工，責任分攤更為明確。例如：高階主管負責挑戰長期目標，基層主管則著重短期目標。

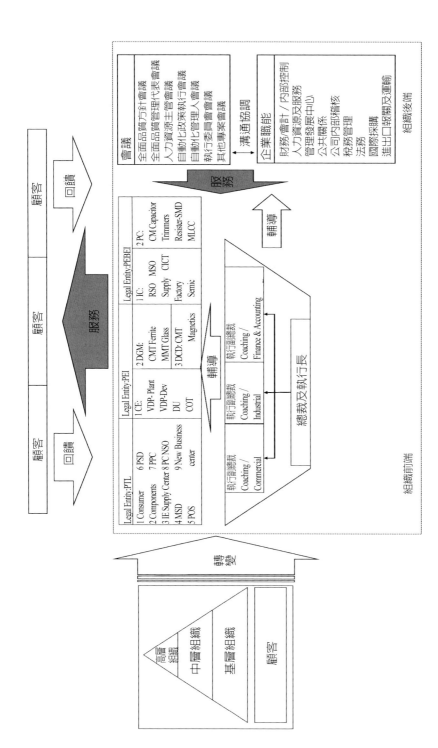

◀ 圖4-21：金字塔式組織反轉為顧客導向式組織

　　在方向明確之後，台灣飛利浦徹底翻轉組織，而由生產導向轉為顧客導向；從傳統式由上而下之威權命令型組織，轉向應變式由下而上的學習型組織，其過程如圖4-21所示。在此之前，台灣飛利浦的組織型態是將顧客置於底層，由基層單位來面對顧客，並提供服務。1992年期間（第一階段），從高層管理階層開始轉變，先由高層領導進行「顧客為尊」的活動，將顧客置於最優先的位置上。1993年（第二階段）慢慢把顧客優先的行動擴大到中級管理階層。除了進行知識的傳授，也重視實際經驗的歷練，藉此落實「顧客為尊」的想法。1994年（第三階段）推動全體管理階層主動參與，由基層主導行動，期望整體落實「顧客為尊」的組織目標；1995年（第四階段）為整合階段，以顧客為中心重新結合組織，讓顧客的聲音可以貫穿所有階層。當顧客潛在的需求被滿足時，就會成為台灣飛利浦獨特的競爭力。在第四階段時，整體組織的每一個成員都將擁有有四個特點：首先，以顧客為中心進行思考，並且以超越最強競爭者為目標；其次，具備綜合能力，凝聚共同的願景（common vision）；第三，具備分析能力，進而擬定目標，並擁有充分執行的能力（Capability）；第四、上下階層間的溝通順暢，且能各司其職、各盡本分。例如：主管階層著重於挑戰長期性目標，而基層則著重於短期問題。

　　在這段組織調整的時期中，有幾個比較重要的主軸貫穿所有改善行動，包括高階主管持續執行以客為尊的重要基本信念，將這樣的理念推廣到所有階層當中；其次，成立全面品質改善推進委員會來帶領整體活動，成立推進室來協調各項有關活動，如邀請顧問、提供技術平臺支援等等；此外，經由方針展開與流程管理，促使整個組織中的每個成員都能了解企業的目標與主要策略，避免組織中個別的日常管理與改善活動相互牴觸而抵銷力量，相互學習彼此優點，提升效能，整合整個組織朝向一致的方向前進；然後，再透過訓練、品管圈、改善專案、顧問指導，以及診斷等等

改善行動，建立全體員工自我改善與整體改善的能力與行動。最後，為了得到最優化的結果，將所有的作業流程進行有系統的制度化、透明化及標準化，徹底執行以客為尊的理念。至於領導者與主管的職責，則由過去的指導員角色逐漸轉變為教練或輔導員，並偏向提供各項支持與服務的輔導協助。轉型後的組織結構，如圖4-21所示。

❖第六節　顧客的第一選擇

一、落實競爭性的創新與核心能力

　　長期導向策略管理與創新能力結合的重要性在哪裡？策略管理學者波特（Michael Eugene Porter）認為：每個產業當中，都有成功的企業與失敗的企業，經營成功或經營失敗的關鍵在於競爭策略的差異（Porter, Takeuchi & Sakakibara, 2000）。成功的企業通常採取兩種策略：第一種策略是產品或服務對顧客有特殊附加價值，讓顧客願意付出比較高的價格來購買；第二種策略是採取低成本策略，把目標放在降低成本上，薄利多銷。過去普遍認為兩者互相拮抗，絕對只能進行兩者之一，沒有辦法兩者兼顧，但《藍海策略》一書卻提出了嶄新的看法：認為藍海策略可以兼顧高價格與低成本，而非只能處於殺價競爭的紅海市場當中（Kim & Mauborgne, 2005）。對台灣飛利浦來說，不斷進行削價競爭，是不會有太多的利潤的。因此，努力開發藍海策略模式，找出自己的企業核心競爭力與差異特色。

　　其實，日本的TQM的目的是在提升管理、產品及服務品質，使之臻於卓越，並沒有太多市場定位的想法。其競爭優勢主要來自於品質的提升，以及進入市場速度，而非產品差異化。台灣飛利浦在1991年之前強

調營運效能（operation effectiveness），比較屬於跟隨主流產品的紅海範疇，所提供的產品與服務和競爭對手相似，也容易被模仿。因而，營運效能的提升就只是一般的基本能力而已。只有那些比競爭對手卓越或是難以模仿的能力，才能帶來核心競爭優勢。因而，台灣飛利浦於1991年開始，把過去所學習到的品質管理能力，逐漸發展為飛利浦的核心競爭力，讓台灣飛利浦成為完全以顧客為導向的企業。根據飛利浦進行的顧客滿意度調查中證明，飛利浦的許多產品由1991年顧客的第二、第三選擇，到1994年時已經成為臺灣顧客的第一選擇；同時，在包括亞洲的全球市場中的表現也非常亮眼。營業額已接近新臺幣一千億，員工生產力指數由1991年的2.6，提升為1995年的4.2。就像一列向上成長的列車，台灣飛利浦邁向巔峰，一路奔馳而上。

二、挑戰N-Prize

在1991年獲得戴明獎之後，台灣飛利浦仍然毫不懈怠的持續前進，不斷向上提升層次。在全面品質改進的過程中，更加強了企業中長程策略的規劃制訂；整體也逐漸朝向顧客導向的組織型態發展，從基層員工開始就具備顧客為尊的思想，並準備挑戰日本品質管理獎（Nihon Quality Control Medal，簡稱N獎；JUSE於2012年將此獎項更名為Deming Grand Prize）。

日本品質管理獎是日本科學技術聯盟於1970年所設立，目的是為了促進品質改善活動的提升及發展，另一方面也是為了紀念日本在東京召開世界首次的品質管理國際會議。日本品質管理獎的申請資格是已經獲得戴明獎，且得獎後持續實施全面品質管理五年以上的企業，藉此證明該企業比之前得獎時有更好的表現，在業界這是非常高的榮譽。評審方式與戴明獎相同，但是及格分數從70分提升到75分。

　　台灣飛利浦之所以進行N獎的挑戰，是希望藉此衡量過去所學習到的品質管理知識是否持續應用在組織中，以了解後續改善的情形。為了精益求精，除了需要知道競爭對手的水準處於何種層次，也需要了解本身在國際上的地位，因此透過參與挑戰N獎，來衡量台灣飛利浦在專長領域中的位置。

　　1996年，羅益強總裁升任全球飛利浦董事，並兼任全球電子組件部總裁，餘缺由柯慈雷先生擔任。柯慈雷先生認為：「贏得N獎並不是台灣飛利浦最終的目的，因為評斷一家企業經營好壞的標準並不是N獎或是戴明獎，而是該企業的獲利能力，以及持續不斷地強化競爭優勢。」挑戰N獎的原因，是做為持續推行品質改善的手段，作為改善體質、提升競爭力的基礎。這樣的想法與許祿寶先生在荷蘭飛利浦總部所在地之恩荷芬（Eindhoven）會議中心所舉行的歐洲品質管理基金會（European Foundation for Quality Management, EFQM）大會上的強調是一致的：「台灣飛利浦在得到戴明獎之後，過去許多可以被容許的缺失，都再也無法被顧客容許，因此不能停下腳步，必須要持續奮進。」因而，努力不懈、追求卓越，以成為顧客第一選擇的精神，將持續透過挑戰日本品質管理獎而得到進一步的證明。這些改善活動除了取悅顧客之外，台灣飛利浦在重視員工、確保股東權益，以及成為負責企業公民等利益關係人福祉上的努力，亦卓然有成（如表4-4所示）。此外，在培養基層管理者與高階領導人方面也多所努力。所有的努力都將延續到下個階段，並成為組織引以為傲的成長動能。

▼ 表4-4：利益關係人的福祉與台灣飛利浦的焦點

焦點	內容
以客為尊	• 正確調整品質保證系統，以含括顧客關心的項目 • 穩定流程，把流程變異減少到最低 • 明確掌握顧客的潛在需求，以具有吸引力的產品、服務與交期，使顧客滿意 • 建立以廣義顧客為對象的品質資訊系統
重視員工	• 提升同仁充分參與考績的流程 • 實施業績獎金酬賞制度 • 實施內部徵才與自由流動辦法 • 培養高潛能人才 • 加強安全駕駛與交通紀律教育
確保股東權益	• 實施經濟附加價值辦法 • 強化重點客戶的通路 • 提升飛利浦品牌資產之收益 • 追求設備與流程的最大綜合效果
負責的企業公民	• 加強籌辦文化與環境之類的社會公益活動 • 鼓勵員工主動積極參與社區活動 • 實施環境管理制度

第五章

飛躍：累積世界級聲望

❖第一節　珍視員工價值

　　循著既定的改善路線，台灣飛利浦持續往挑戰日本品質獎的方向前進。由於改革有成，也成為全球飛利浦的佼佼者，表現優異，並吸引更多的目光，國內外的學習者與參訪者絡繹於途。同時，在邁入90年代初期以後，由於亞太地區經濟崛起的大趨勢，亞太地區成為全球矚目的焦點，臺灣陸陸續續獲得不少跨國大型企業的青睞，動輒宣布上百億元的投資案。面對競爭激烈的市場，要如何搶得先機呢？對台灣飛利浦而言，人才是最重要的關鍵。

一、競爭激烈的市場

　　為何臺灣能獲得跨國企業的青睞，理由並不難理解。當時臺灣的投資環境極佳，頗符合跨國企業投資的四大基本需求：第一，市場需求：跨國企業的經營決策大多偏向顧客導向，接近市場是其重要策略之一，而臺灣的內需市場也愈來愈成熟；第二，企業需求：投資案多集中在中、上游材料，屬於資本密集與技術密集的產業，用以供應臺灣下游外銷產業的成品外銷；第三，人力需求：資本密集工業的關鍵成功因素在技術製造，技術則來自於人力素質，臺灣的中、上游技術廠商與人力資源豐沛、學有專精之技術管理者的素質良好；第四，供應鏈需求：臺灣工業體系中的衛星工廠都有完整之供應鏈體系，且具有拼速度、搶市場的長處。

　　新的投資項目除了石化工業的中游材料之外，大多集中在電子零組件及消費性電子產品，並進一步深化臺灣產業結構的改變，也使得臺灣成為電子業與石化業的全球重要生產基地。在這一波投資熱潮中，飛利浦當然不落人後，1993年宣布在新竹科學園區設立全球最大的大尺寸彩色高解析度電腦用顯示器管製造廠，投資金額達新臺幣93億元。1994年以11個月

的時間完成建廠並開始量產。完工啓用時，全球飛利浦總裁丁默驕傲地宣布：「這是飛利浦在臺灣成立三十年來，最大的一筆投資，也是有史以來最有效率的建廠。僅僅在一年的時間內，遇到六個颱風，但是還是依照計畫如期完工！」從廠區的整地、廠房規劃、環境保護措施、自動化設備之安裝、製造流程之設計等等，建廠速度之快，打破了諸多的紀錄。大鵬廠正式名稱是台灣飛利浦電子公司園區分公司，大鵬象徵著展翅高飛。其設立，除了提升整體團隊的效率、品質之外，亦結合了總部與本地的技術專家、工程人員，以及各支援廠商的整體協作，而展現了台灣飛利浦成為世界級企業的雄心壯志。從此，也將進一步帶領臺灣的消費性電子業與電子關鍵零組件業成為全球數一數二的領導者。

在新一波的國際競爭中，羅益強總裁特別強調速度是勝出的關鍵！他說：「公司大雖然意味著強而有力，但也等同於反應慢。」如何因應時代快速變化而做及時調整，乃是企業的長青之道。因為面對危機時，誰的反應快誰就有機會。他舉一則寓言為例：有兩個人一起爬山，中途遠遠看到老虎，一位趕快換球鞋，另一位穿皮鞋的好奇問：「換運動鞋就可以跑贏老虎了嗎？」換球鞋的回答說：「我只要跑贏你就可以了！」因而，面對激烈的市場競爭，需要比競爭者速度更快，才能掌握進一步的機會。

二、人才是關鍵

邁入1995年之後，台灣飛利浦在顧客第一選擇的強調已經逐漸標準化，也逐漸成為習慣，於是把改善焦點集中在內部員工的成長與發展上，希望台灣飛利浦能成為工作者就業的第一選擇。因而，員工滿意度成為重要的改善項目。理由其實不難理解，因為員工滿意度是顧客滿意度、忠誠度、財務表現及市場占有率的基礎。員工滿意度高時，生產力與留職率才能提升，進而促進外部的服務價值，使得顧客感到滿意，進而提升顧客忠

誠度，並提升市占率、成長率，以及獲利率（如圖5-1所示）。

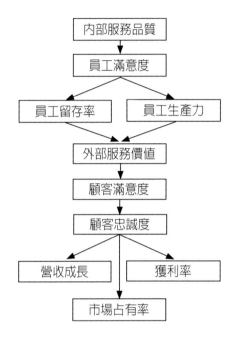

🔺 圖5-1：員工滿意度、顧客滿意度及企業績效

　　如同弗利茨・飛利浦所強調的：「我們這個時代，關於組織設計的論述眾說紛紜，有些人認為只要組織結構正確，一切都將順遂如意。我的信念卻是，無論組織結構如何重要，人才是決定性的因素。最完善的組織結構，只有人的態度正確才能運作。」因而，人才的培育與發展；主動賦權、重視員工福利、改善工作環境，使員工能在安全的環境中工作；激勵員工自主學習、貢獻自己；以及全方位照顧員工，使之不虞匱乏，這些都是荷蘭飛利浦創業時所著重的價值。因而，當飛利浦將觸角深入臺灣，並在臺灣設了第一家工廠時，這種珍視員工的價值亦引進到臺灣。

　　台灣飛利浦自成立以來相當強調人才的培育，把人才培育設定為各級主管的重要績效指標；同時，在台灣飛利浦工作的各階層的主管與臺灣籍工程師，以及被挑選出的有潛能的精英人員，頻繁地在飛利浦總部與其他

海外聯屬公司接受訓練。這些訓練除了幫助受訓者在專業上持續精進外，亦讓身處跨國企業的員工能深入了解飛利浦的風範（Philips Way）及組織文化，並習慣與其他國家的飛利浦同仁溝通、協調，並培養國際觀與全球視野。飛利浦對於員工訓練的投注，以及具市場競爭性的薪資水準，總是能夠吸引許多優秀人才加入。

當台灣飛利浦開始進行CWQI之後，將日本的TQC作法引入臺灣，並以有機式組織（organic organization）作為組織設計的重要目標。可是，如同第四章所闡述的，在1991年的戴明獎審查中，審查者發現台灣飛利浦過去太強調由上而下（top-down）的管理模式，而缺少由下而上（bottom-up）的員工主動性。審查者如此的評價與回饋，加速了台灣飛利浦的組織變革；同時，也在「成為一個有機組織」的大計畫下，訂立了中期計畫的「組織翻轉」（front-rear organization）方案（如第四章所述）。

▲ 人才是組織運作的關鍵

　　此外，飛利浦總部依戴明獎之經驗，改善提升組織的能力，不斷成長，開始推展PQA-90（Philip Quality Award, 90年代）。從自我的改善的品質管理，轉而是以客為尊的全面品質管理的組織化，進而成為客戶的第一選擇，以成就飛利浦風範。PQA-90由全球事業群之高階主管（CEO, CFO, COO等）組成稽核團隊，到各地事業群單位進行實地查核評分，評估內容包括主管角色、品質改善過程/品質活動、品質系統/程序、顧客關係、供應商關係，以及改善成果。以上這些措施都涉及人才的培養與素質，以及人所展現的敬業態度與行為。在課程方面，基層員工的訓練包括品質（QCC、SQC、TQC、TPM及ISO等）、不同項目的管理模式、組織行為，以及財務管理等等，各階層的員工都須要參與，互相切磋，共同學習成長。在組織持續不斷培育人才的過程中，企業與員工之間容易產生彼此信任的良性循環，並吸收更多人才加入。所謂「良禽擇木而棲，良臣擇主而侍」，當人才源源不絕、素質優異時，水漲船高，組織的效能也就能提高了。

三、珍視員工

　　在組織成功翻轉後，為了要讓站在組織前端（front）的業務團隊有效地將公司的產品與服務如期傳遞至顧客手中，必須給予員工更多的訓練，讓他們有能力完成任務；同時，亦需要塑造一個能讓員工專心工作的環境。此兩項重要的組織支持，是由在組織後端（rear）的管理階層與行政支援團隊來負責的。遵循當時所揭櫫足以反映飛利浦企業精神的「Philips Way」，後端團隊將這種精神納入行為、處事及管理的準則中，並加速落實「Value People」（珍視人的價值）的目標。

　　在飛利浦風範中，有關珍視人之價值的具體內容包括以下數項：第一、確保每位員工在工作上都有相同的發展機會；第二、督導、教導及協助員工在工作與職涯上有所成長與發展；第三、傾聽每一階層員工的聲

音，並翔實傳達組織訊息給員工；第四、讓員工清楚了解組織所期待的員工行為，並以公平的方式回饋員工的表現。為了落實對人才的重視，台灣飛利浦進一步建立或改善各種人事制度與措施。

（一）內部人才培育

在公司，每一位員工皆有機會接受個別生涯談話（career talk）的服務，透過一對一面談，主管可以清楚剖析如何結合公司願景與部屬未來的目標，並給予適當的建議與協助，且安排相關訓練，協助部屬成長，滿足員工的工作與生活期望，彼此共存共榮，提升主觀幸福感。

（二）內部人才流動

為了達成適才適所（right man in the right position）的目標，台灣飛利浦將工作部門的選擇權交給員工，讓員工自行決定是否要繼續待在原部門工作或轉往其他部門發展。當內部出現職位空缺時，公司也會讓所有員工知道。若員工認為其在新工作職位上可能表現得更好時，公司會接受員工請調新部門的請求。透過清楚、開放的員工內部流動，員工有更多的選擇機會，工作也更為自主，而留住了許多優秀的人才，並展現個人與公司雙贏的管理成效。

（三）集體績效獎勵系統

集體績效獎勵是指公司每年的部分年終獲利都會依照各部門的績效與貢獻高低來做對等性的發放，此種作法於1992年率先在一些部門試行，證明成效不錯，接著於隔年推廣於公司的所有部門。

（四）雙軌平行式升遷制度

一家公司要經營成功，除了優秀的管理階層人員外，專業技術人才（technical / professional）亦十分重要。可是，在員工升遷的設計上，大

多數公司都只針對直線主管（line manager）而來，而未針對專業技術人才設計相對應的升遷管道。台灣飛利浦深知此一缺憾，也理解專業技術人才對公司營運的重要性，因此針對專業技術人才設計了升遷管道。此一制度使得專業技術人才的升遷，並不需要由專業跑道轉換至直線主管的路徑，而只要在專業領域即可。也唯有透過專業職位的升遷系統，專業技術人才方可在其擅長的領域上，累積更多的知識（know-how）與技術，來協助公司成長。

（五）循環性績效評估面談

許多組織的績效評估，多採用年度結算（year-end）的方式來進行，每年的評估結果就只針對當年的表現，而不影響下一年度的績效展現。可是，台灣飛利浦並非如此，而採用年度循環（year-round）的作法。首先，主管會與部屬詳細回顧本年度的績效表現，再與他們一起討論，訂出下年度的工作目標。在工作執行的過程中，主管也會給予部屬必要的建議、諮詢及訓練，幫助部屬有效達成與主管討論後訂出的工作目標。到了年底，再度進行績效評估與工作回顧。透過每年謹慎的回顧、評估，以及設定新目標，使員工能更清楚知道其工作內容與目標為何，達成公司與主管所交付的任務。

除了以上的措施之外，台灣飛利浦亦相當重視勞資雙方共同關切的問題。相關的勞動條件，也隨著時代與環境的改變而做適當的調整。勞資雙方在進行討論溝通後，可以取得平衡點。例如：1994年，飛利浦人力資源發展及管理中心與法務部研擬修改「勞保老年給付」提案，希望能讓關係企業員工的勞保年資可合併計算。當時的勞保條例規定：「在同一投保單位工作滿25年退職者，或在不同公司工作合計滿15年而年齡已滿55歲退職者，即具勞保退休金的請領資格。」然而，當時對「同一投保單位」的定

義，並未涵蓋同一關係企業下的各個公司。因此，對於實施員工工作轉調制度的關係企業而言，有損轉調者的退休權益。有鑒於此，公司主動向勞委會提案，當面詳細說明，引起勞委會的重視。經過審慎考量之後，接納了此項提案。進入1995年之後，台灣飛利浦更將員工視為內部顧客，進行員工需求調查，進一步滿足員工需求；同時，也結合員工士氣與組織需求調查，使得員工與組織能夠彼此互惠互利，滿足彼此需求，相互成長，共同發展。

❖ 第二節　員工需求的掌握與滿足

台灣飛利浦對員工需求的掌握，其實是一步步逐漸摸索出來的。除了客觀的指標外，亦訂定主觀的指標。客觀指標包括生涯規劃實行率、工作輪調狀況、培訓率、福利與薪資水準、離職率、遲到早退率、曠職率、訴怨率、空職率，以及超時加班率；而主觀指標則以兩年為準，每年交互進行員工士氣調查與滿意度調查。

一、員工滿意度調查的演變

在1995年之前的員工意見調查，都是從組織的角度，來瞭解員工對組織氣候的評價，並據以修正既有的各種制度與工作環境。因為是針對公司之物理環境與社會環境所進行的評估，並未能確實掌握員工的真正需求；而且由於題目較為廣泛，在進行改善時，也較不容易展開。因此，除了對解決較大的環境問題與員工不滿有所幫助之外，對滿足員工真正需求的幫助較小。因而1995年之後，應用人類需求理論，針對員工需求進行調查，並由高雄建元廠率先實施，然後再逐漸擴及至臺灣聯屬公司。有關員工需求與組織氣候調查的演變，如表5-1所示。

● 表5-1：員工滿意度調查的歷程

調查名稱	Morale Survey (1986-1989)	QWL Survey (1990-1991)	Morale Survey (1992-1993)	Motivation Survey (1994)	Need Survey (1995)
目標	瞭解員工的士氣	瞭解員工的工作生活品質	瞭解追求顧客導向的公司氣候	瞭解公司是否能展現飛利浦風範（Philips Way）	找出導致滿意的員工需求
理論基礎	組織結構／組織氣候	QWL組織氣候	競爭優勢 組織氣候 動機二因論	競爭優勢 組織氣候	需求層級激勵理論
主要方法	台灣飛利浦、臺大主導 檢索組織氣候的文獻 訪問工廠面談人員 依人員背景進行層別分析 • 年資 • 職級 • 廠區 • 職務	台灣飛利浦、臺大主導 檢索工作生活品質的文獻 依人員背景進行層別分析，分析方法同左	台灣飛利浦、臺大主導 成立專案小組 檢討過去的調查向度、檢索競爭優勢的向度	荷蘭飛利浦總部、美國管理顧問公司主導 與全球各地的飛利浦公司進行比較 與合成的臺灣常模進行比較	台灣飛利浦、臺大主導 將員工視為內部顧客 團體訪談找出員工需求 內部標竿 員工需求的分析方式 • 個人期待 • 實際情況 • 差距
成果	建立員工調查的制度	發展QWL的向度與題目	發展適用於二因論的題目	找出風範類別與剖面圖	區塊分析 需求摘要表
尚待解決問題	向度廣泛不易展開	只包括QWL的部分向度不易展開	強調組織立場展開不易	強調組織願景展開不易	高雄建元率先實施，尚未普及

資料來源：鄭伯壎(1997)

　　由表5-1可以瞭解，1986年首次進行兩年一次的員工士氣調查（morale survey），旨在探討員工對各種制度的評估意見，用來訂定工作環境品質改善的指標，包括單位氣氛、制度設計、溝通與激勵、員工發展、物理環境、員工福利、領導統御、工作負荷等等，並選擇員工的組織忠誠、滿意度、品質意識及留職意願作爲效標，來進行分析。到了1990年，則納入哈佛大學教授沃爾頓（Walton）之工作生活品質（Quality of Work Life, QWL）的概念來設計問卷。可是，因爲都是針對公司現有制度來進行主觀評估，有些制度不容易進行短期改善，例如：薪資水準；而有些項目也過於空泛，不易進行要因的展開。所以，1992年進行了總檢討，瞭解組織氣候調查是否適合於人力素質之改善；同時，1994年開始由飛利浦全球總部主導，瞭解台灣飛利浦是否能展現Philips Way，並與全球各地的飛利浦進行比較。

　　然後，自1995年開始，則進一步以馬斯洛（Maslow）的五大心理需求層次，或艾德佛（Alderfer）的三大需求爲主（如圖5-2所示），瞭解每個部門、職級、工廠，不同背景之員工的需求，以及實際滿足的狀況。這些需求包括生理、安全、社會、自尊及自我實現等的需求；另外，亦加入訪談後所發現的員工十分在乎的公平需求。此一需求，主要是在探究績效考核與誘因系統是否一致。

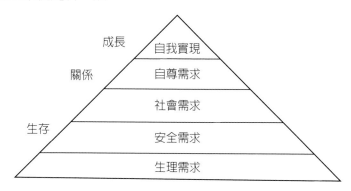

▲ 圖5-2：馬斯洛（Maslow）的需求層級

分析時，是以區塊分析（Zone Analysis）的作法，來指認需要改善的項目。首先，以兩個重要的向度──員工需求與實際滿意劃分區塊，建立九個象限。然後，將待改善項目依其在兩向度的得分，劃入相對之象限（如圖5-3所示，九個象限中的數字為待改善項目之題號。）：AA型是滿意區（Satisfaction Area），員工期待度高，實際服務情形也很好，應該要繼續保持；AC型是維持區（Maintain Area），員工期待度低，但企業已有提供服務，雖屬多餘，但可以繼續維持或予以移除；CC型是不反應區（No Action Area），員工期待度低，企業也沒有提供什麼服務，這部分不需要特別做出反應；CA型是主要改善區（Major Improvement Needed），員工期待度高，企業提供服務不大，是最重要的區塊，必須認真以對，分析其更深層的原因，並加以改善；其他有B的部分，包括BB、BC、BA、CB及AB，則屬中間區，提供參考用。

滿意度	不強烈	有點強烈	強烈	非常強烈
同意	ZONE:AC	ZONE:AB	ZONE:AA	
有點同意		16	2　3　88	
	ZONE:BC	ZONE:BB	ZONE:BA	
		5　7　11　19　20　22	1　4　6　8　9　10　12　13	
		23　24　25　26　27　28	14　15　17　18　21　30　31　32	
		29　35　38　40　41　42	33　34　36　37　39　43　44　45	
		46　58　59　63　66　67	47　48　50　51　53　54　55　56	
		77　78　79　80　81　84	57　60　61　62　64　65　69　70	
		85	81　72　73　74　75　76　82　83	
有點不同意			86　87	
	ZONE:CC	ZONE:CB	ZONE:CA	
不同意			49　52　68	

需　求

▲ 圖5-3：員工需求調查之區塊分析

　　透過分析結果，相關單位可以清楚看到組織中的員工對各調查項目的滿意程度，並以部門、職級、功能，分層比較不同群組的個體滿意度差異。表5-2爲台灣飛利浦員工滿意度改善計畫的實際例子，首先依據員工滿意度調查與相關反應（EMS、ENS、T/M）結果，列出需改善項目，並評估改善計畫之可行性（1代表可行高，3代表可行性低），進而展開改善計畫。經過各工作小組的討論與研討會的召開，找出了許多不滿意的問題根源，並依序展開改善計畫與行動。若不滿意的根源爲組織在長期發展或短期策略上的關鍵問題（key issues），則將其與總經理的方針展開做結合，作爲年度改善行動的控制點。

　　此外，也成立了專爲員工調查服務的「提升士氣委員會」（Morale Committee）。委員會成立的目的旨在解決員工問題，提升同仁士氣。每一年度，也統合過去曾經做過的調查與該年度的調查，徹底追蹤前一年或前次之改善計畫的成效，了解常年未解決問題的項目內容，以及發生問題之脈絡背景，進而立即對症下藥，做進一步的改善。

▼ 表5-2：員工滿意度改善計畫實例

分類	需要改善項目（提出部門）	負責處理部門	重複性			可行性			優先度	處理完成日期	備註
			EMS	ENS	T/M	1	2	3			
溝通											
1	不尊重員工所提意見。（A1）	ASY	V	V			V			95-04-17	
2	回答關鍵性問題無法讓屬下信服。（A1）	ASY						V		（？）	
3	作秀心態，不符實際。（A1）	ASY					V			95-04-17	
4	未報實際資料，多報喜少報憂。（A1／S4）	ASY					V			95-05-02	
		Q&R					V				
5	反應問題未能立即解決。（A2／S4）	ASY	V				V			95-06-01	
		Q&R	V		V		V				
6	反應問題無法得到明確回答。（A3／T1）	ASY	V				V			95-07-03	
		TST	V		V						
7	工作指示不明確。（A1）	ASY		V			V			95-07-03	
8	幹部要多和生技員溝通，以了解其想法，並替其解決不滿。（A1）	TST		V							
9	爲什麼各階層的人都認爲第三班低能，常出錯？（A1）	TST								95-06-30	
10	有工程師指定某些產品不需要第三班做。（A1）	TST								95-06-30	
11	對於未來生涯規劃不清楚。（S6）	MEC	V	V	V		V			95-07-06	
		ADM	V	V							
12	缺少柔性的溝通，或參與部屬的活動。（S6）	MEC	V			V				95-04-28	
13	彼此心理障礙，通常做錯事可能立即受挨罵。（S6）	MEC	V			V				95-04-28／	
14	溝通技巧不良。（G1）	HSC	V				V			（？）	
15	溝通管道。（G1）	ASY	V				V			（？）	
		TST	V		V						
		Q&R	V		V						
		MEC	V		V						
		LMD	V		V						
		ADM	V		V						
		HSC	V		V						
16	資訊無法讓下屬知道。（A2／T1）	ASY	V		V		V			95-07-04	
		TST	V		V						

二、員工滿意度調查的類別

　　經過一段時間的摸索之後，台灣飛利浦的員工意見調查類型，根據調查目的與調查所著重的對象可以概分為兩大類，一類是員工動機調查（Employee Motivation Survey, EMS），其調查目的是查核各聯屬公司的措施是否符合飛利浦風範的要求，因而聚焦於瞭解與察看全球各組織的現況，探討員工對目前的願景、優勢、劣勢、機會、威脅，以及競爭力等狀況的理解與行動落實。因而，調查的重點是組織需求與願景是否獲得員工的支持，以進一步提升組織競爭力。然而，組織競爭力，是來自於企業的最重要資產──「人」的需求是否獲得滿足。因此，組織需要照顧員工，並讓員工知覺到組織的支持。也就是說，合則兩利，組織與員工需要互相支持，共同創造，共同成長，以達成共同願景的期望目標（如圖5-4所示）。由於員工是鑲嵌在組織內的，企業與員工都同時扮演著供應者與消費者的角色，必須相輔相成，滿足對方的需求，互惠互利，方能共存共榮，這也是千禧年之後、二十一世紀流行之組織敬業（organizational engagement）調查的旨趣所在。這方面的調查與分析，台灣飛利浦早在80年代就開始執行並加以落實，不但開了先河，領先不少，而且針對問題，積極同行與員工進行雙向溝通。

　　進而言之，組織內的員工調查，可以依照需求或氣候、組織或員工兩大向度，區分為ESS（員工滿意度，或ENS）、EMS（員工士氣）、ONS（組織需求滿足）及OCS（組織氣候）等四類調查，各類調查所著重的內涵與滿足對象各有不同（如圖5-5所示）。這種區分是台灣飛利浦與臺大工商心理團隊不斷摸索與探究，才獲得的結論，而為過往的內部顧客調查作了一個完美的整合。透過這項整合，可以瞭解員工調查的性質與旨趣所在，當性質不同時，其所要調查的內容、作法，以及達成的目標是完全不一樣的。就台灣飛利浦的員工調查而言，早期偏氣候面的EMS與OCS，後

期則偏向需求面的ESS與ONS，因而更容易進行問題的展開與改善。

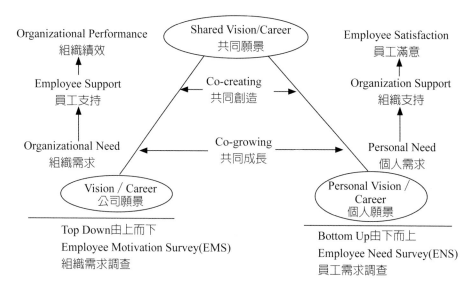

◎ 圖5-4：員工與組織的互利共生

資料來源：鄭伯壎(1997)

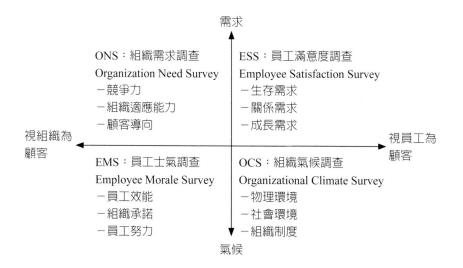

◎ 圖5-5：員工調查的四種類型

❖第三節　邁向有機式組織

一、日本顧問的挑戰

　　除了珍視員工的價值之外，回顧台灣飛利浦爭取戴明獎與日本品質管理獎的過程，是爲了追求品質改善而進行各種的變革，希望透過組織創新，強化組織體質，因而，組織也進行了上下翻轉。可是，最後，要蛻變爲何種組織呢？這個問題的答案也許需要從日本顧問團隊的建議談起：「台灣飛利浦需要成爲一個學習型組織，並以學習型組織的狀態去挑戰日本品質管理獎。」

　　在推動品質改善時，公司每年都會請日本科技聯盟顧問到廠裡進行兩次總裁診斷，並不斷請他們到各事業單位演講，並提供指導。羅益強先生曾深有所感地說：「一開始，公司成員對日本顧問的協助一點也不欣賞，因爲他們從來不教導工作人員應該怎麼做，只是不斷地挑毛病。」事後，公司主管才慢慢體會日本顧問的用意，原來是企圖要求每個工作人員不斷向自己的思路挑戰，最後自行想出如何解決問題及方法，而不是顧問一個口令一個動作去進行修正。這樣一來，以後碰到環境變化與問題時，員工才有能力去應變。

　　羅先生又說：「原先我對日本顧問團隊的協助方式也深感挫折，一直在心裡想，這些日本顧問到底想幹什麼？最後終於領悟到，這是一個非常聰明的作法，日本顧問團隊是想幫助台灣飛利浦建立一個有機的學習型組織。」這些顧問常會深入現場去找資料、問問題，但並不提供答案，答案要員工自己去找。起初大家都很不習慣，經常抱怨：「爲何不教導如何改善？」但顧問的作法是要讓員工養成提出疑問與深度思考的習慣，能夠自己發掘問題、解決問題，使組織成爲像人類一樣的「有機體」，而不是

依靠顧問提供解答。否則，顧問一旦離去，員工又不知道要如何解決問題了。這種經驗，當時任職於中壢視訊事業中心的總經理張玥也有深刻體認，他說：「當我在業務單位擔任主管時，有一年業績超出原訂目標，日本顧問詢問下年度目標時，我脫口說：『再高個10%吧！』但日本顧問卻問爲什麼，一下子就把我問傻了。因爲沒想到做得好還要被挑戰！」

　　日本顧問團隊都是以啓發性的語氣不斷發問，只要被諮詢者說得有道理，他們並不會強逼對方按照他們的意思去做任何事。當被詢問者提出的意見很好時，日本顧問也會加以吸收。例如，羅益強先生曾經自行發想出結合縱向階層導向之「方針管理」與橫向業務導向的「顧客第一」的經營理念，將兩者交織成強韌的組織管理體系，並把此概念告訴日本科技聯盟的顧問團隊，這些顧問表示從沒聽過類似的想法，觀念十分新穎，而鼓勵羅先生好好準備這種創新想法與管理體系，去爭取困難度更高於日本戴明獎的品質獎項——日本品質管理獎（N-Prize），精益求精，向上挑戰。

二、提升組織學習能力

　　「由於知識工作者的崛起，挑戰了所有現存的管理模式。當資訊移動的速度加快，效果普及於全世界時，企業生存的關鍵要素之一就是學習」，這是管理學大家彼得・杜拉克（Peter F. Drucker）的睿智預測。他認爲個人與組織的學習能力，將是決戰二十一世紀的關鍵。於是，如何促使組織與成員主動學習？如何推動組織成爲學習型組織，乃成了組織設計的重要任務。論及學習型組織的理念時，副總裁許祿寶特別強調：「學習型組織要求不斷自我超越，是跨疆界與跨領域的、鼓勵團隊與組織的集體學習。其概念與工具對需要提升發明與創新（invention and innovation）能力的台灣飛利浦，正是對症下藥的處方。」這種組織就是有機組織，「有機」（organic）指的是什麼？從字義上來看，它是有生命的、有反應的、

快速的、合作的，可以適應外在環境的改變：「就像美國的NBA職業籃球隊，整個團隊好比變形蟲一般，任何一位球員在任何一個位置都可以打球，可以適應不同的位置，可以互相整體配合，變化不同的角色表現，這就是一個活生生的『有機團隊』（organic team）。」許祿寶先生以籃球隊的動態變化來加以詮釋。

扼要來說，有機組織的特色，可以總結成六項特點來加以理解。第一、以人為本位，相信人都有止於至善的意願：「有機」著重於積極開發人類的潛能，並深信人人都有求好、做好的意願。第二、具有共識，擁有共同的價值觀：共識是建立有機組織的關鍵之一；「就像鋼鐵，需要一個磁場，讓所有力量朝著同一方向前進，力道才夠強勁」（如圖5-6所示）；而且要自發、自主、自動、自省，並形成一個團隊，建立共同的價值觀；同時，吸引眾人在共同的理念下，發展自我，追求團隊的共同目標。第三、資訊相互開放，而且完全透明：基於資訊開放與透明，所有成員都能夠正確了解公司的經營方向，充分掌握市場脈動，並有足夠的判斷力來快速因應各種挑戰。第四、持續不斷的學習與改善：組織善於運用前瞻性與宏觀的觀點，主動回應市場需求；且能精確掌握問題本質、學習面對問題，並尋求改善，精益求精，以提升因應能力。由於是以前瞻性的眼光來主動因應，因此可以「先知先覺」。第五、團隊合作：企業內部的基本單位，並非侷限於單一部門或小圈圈的形式，而是跨部門的合作，這也是奇異總裁傑克・威爾許（Jack Welch）所謂的「無疆界」概念。公司內部的團隊是上下一體的，而非切割或碎裂成單一部門或單位。透過跨部門的交流溝通，培養組織整體的默契與協作。第六、公平賞罰：組織內講求有功則賞，有過則罰，賞罰公平，以維繫個人、團隊及組織間緊密的關係。當賞罰嚴明，人人清楚接納原則時，團隊與組織成員就能夠守法重紀，積極貢獻自己。

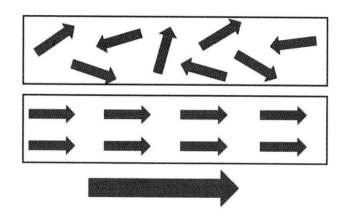

⬤ 圖5-6：有機式組織內的磁場與合力

　　為了使台灣飛利浦蛻變成有機式組織，公司推動了種種的改善活動。包括第一、高階主管展現徹底執行全面品質改善的堅定意志，持之以恆地信守執行「顧客為尊」的基本信念，並付之實行，且將此信念貫穿於全組織之各階層與跨部門之間。其次，透過成立全面品質改善推進委員會來統籌整體活動，並建立各單位之推進室，以協調各項有關活動，例如聘請顧問、提供技術支援等。第三，經由方針展開與管理，使整個組織徹底了解有機式組織的目標與主要方策，避免組織中個別單位的日常管理與改善活動相互牴觸，進而整合全組織的活動朝向共同方向前進。第四，透過訓練、品管圈、改善專案、顧問指導，以及總裁診斷等各項活動，使全體員工培養自我改善與整體改善的能力與作為。最後，各項作業過程皆持續制度化、系統化、透明化及標準化，使得全體員工均能徹底了解正確的作業方法與程序，並以事實作為根據，落實「顧客第一選擇」的信念。

▲ 全球顧客日中的羅益強與三位副總裁
照片來源：羅益強先生榮調紀念照片集

　　在上述重點活動的持續推動下，台灣飛利浦持續轉型，累積了許多組織創新與改善的成果。首先，在對重點活動有一致理解的共識下，所有成員於公開、透明的資訊平臺上互動，而提升了同仁之間的溝通品質，且更積極主動投入組織變革。其次，在方針展開時，由於台灣飛利浦強調團隊精神的重要性，因而，工作團隊內與工作團隊間的合作更為密切。再次，在實施品質機能展開（Quality Function Deployment, QFD）時，將銷售、企劃、開發、製造、品保，以及後勤支援等部門進行橫向串聯，從「品質展開」、「技術展開」、「成本展開」、「可靠度展開」四個面向著手進行（台灣飛利浦1995b），使得整體組織更融為一體。除此之外，也由於上上下下的全面宣導與推動，並相當重視「顧客日」的活動，因而，十分有效地提高了員工之「顧客為尊」的意識。進而，使得原本僅能依靠專家與顧問單點式的提供解決方案，或只執行母公司的要求，蛻變為具有目標設定與執行能力的有機事業體，並透過不斷自我思考來持續學習與改善，

而成為能為顧客創造價值的顧客導向組織，一切都以滿足顧客的需求為先
（如圖5-7所示）。

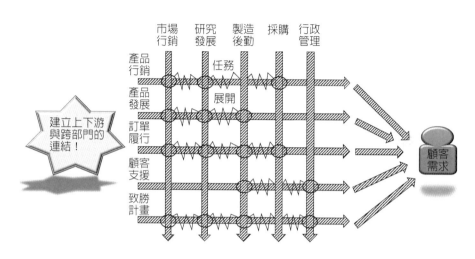

◯ 圖5-7：顧客導向之組織架構與功能

三、架構組織基礎建設

　　除了TQM之外，有機式的學習型組織還有兩大促動因子（enabler），
一為主動學習，一為系統思考。學習很容易了解，即時時刻刻都在吸收新
知，培養應變能力；系統思考，則涉及瞭解層次的不同，不同層次的深度
與廣度不同。這些促動因子都會影響到變革管理、計畫及營運等等的功能
（如圖5-8所示）。因此，羅益強先生強調：他不贊成把學習型組織只當
成TQM一樣，變成活動在推行，因為「要建立學習型組織，重要的是從
自己做起，開始改變；同時騰出空間，讓組織中的個人夠成長能發展，由
下而上的發生改變」。因而，不像其他企業在推行學習型組織時，拚命舉
辦各種讀書會，努力學習吸收，而是建立一個適合學習發生的組織結構與
組織環境，讓讀書會之類的學習活動自然發生。

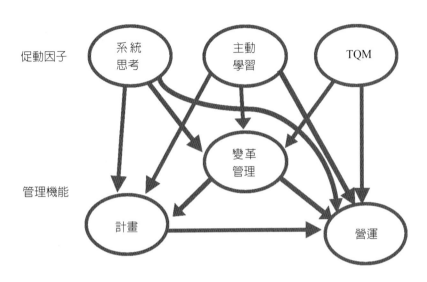

促動因子

管理機能

● 圖5-8：有機式學習型組織的促動因子與管理功能

　　就知識分享的概念來說，讀書會屬於一種實踐社群（community of practice），透過腦力激盪，來互相交換經驗。可是，在進行一段時間之後，一定要將所學的知識與經驗轉化到實際工作上。也就是說，不是運用讀書會來取得工作共識，而是學以致用，將學習的知識落實到實際工作上，並產生共識，觀念必須應用到組織與群體才會持久。推動組織學習的內部顧問杜茂雄先生認為，讀書會在推行學習型組織的第一階段是有用的，但不可能太持久。因為「任何新的觀念一定要轉化成經營管理的作法，才會落實生根」，由「知識」走向「行動」，知行合一，並在組織層次上搭建新的學習架構。「在這樣的組織下，員工會自動自發地學習，促進個人工作與心靈的成長」，這是執行副總裁許祿寶的結論。

　　為創造「自然學習」的情境，台灣飛利浦乃從共同願景下手。也就是說，轉化變成學習型組織的第一步，就是要建立清楚的共同願景，讓組織願景成為學習驅力。每個人都能在共同願景下自我超越、自我管理。事實上，願景也是系統思考的基礎，處於理解層次中的頂端；願景影響心態

（mental model），再影響系統結構、事件型態，進而影響執行事件的方法。它是一種面向未來的創造性行動方式，是組織的基本行動邏輯，透過願景才能理解組織事件發生的根本原因（如圖5-9所示）。在實作上，共同願景不是由上而下的命令，而是員工對願景擁有共同的承諾、付出及投入。藉著員工需求調查，公司了解員工不同的需求與生涯規劃，再有系統地納入企業的共同願景中。然後配合細密而具體的策略規劃、方針展開，讓每個員工知道如何落實到自己每天的工作、生活及組織活動上，讓願景不致於像「天邊的彩虹」一般，可以看見，但卻遙不可及。

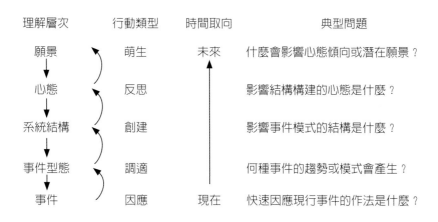

理解層次	行動類型	時間取向	典型問題
願景	萌生	未來	什麼會影響心態傾向或潛在願景？
心態	反思		影響結構構建的心態是什麼？
系統結構	創建		影響事件模式的結構是什麼？
事件型態	調適		何種事件的趨勢或模式會產生？
事件	因應	現在	快速因應現行事件的作法是什麼？

⬢ 圖5-9：理解的層次

　　運用共同願景建構出清楚的方向後，台灣飛利浦也在既有的組織架構上尋求突破。在2000年之前，其組織重點，就是設立跨功能事業部，進行更高層次的整合。目的是整合單一事業部，創造新的市場需求與產品。在組織分工上，「研發中心」負責整合跨部門的既有科技，開發新產品。例如：把IC與電腦零件的技術，放在消費型電子產品裡，整合與製造新產品；「新事業發展中心」與研發中心結合，負責整合性新產品的行銷、銷

售等下游工作。 就組織設計的概念而言，公司的目標就是要改變企業成為顧客導向、無邊界限制的靈活組織體系。因而，邊界限制必須打破，包括（1）打破垂直疆界限制，上下自由移動；（2）打破水平疆界，水平自由移動；（3）打破外部疆界，在價值鏈內自由移動；以及（4）打破地理疆界的藩籬，全球自由移動。因而，會形成類似圖5-10的網絡式組織。

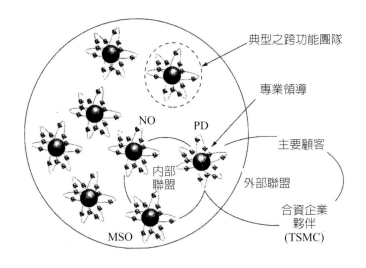

典型之跨功能團隊

專業領導

主要顧客

外部聯盟

合資企業
夥伴
（TSMC）

NO

PD

內部
聯盟

MSO

⬛ 圖5-10：有機的網絡式組織

　　總之，在經過幾次改變之後，台灣飛利浦1997年的組織架構整個已經成為統合NO（全國性區域組織）、PD（產品事業總部）及BG各事業群的網絡式組織，擁有各種獨立自主的團隊，展現交叉多功能的組織體系，各自有其不同的領域職責，彼此相輔相成，沒有衝突，只有密切合作，並進而往上衝出傲人的成績。

❖ 第四節　贏得日本品質獎

日本品質獎的申請，其條件首先是必須為戴明獎得主；然後，在獲得戴明獎之後，必須繼續推動全面品質管理五年以上，且流程具有重大創新者。1997年10月14日，台灣飛利浦接到日本品質獎委員會主席豐田汽車董事長豐田章一郎的電話，告知已經獲得青睞，贏得日本品質獎的榮譽。這項殊榮得來不易，在歷史排名榜上是第十五家，第一家是1970年的豐田汽車，台灣飛利浦是唯一的非日本企業。獲獎報告指出：台灣飛利浦揉合了西歐、華人及日本管理方式的長處，使得台灣飛利浦成為獨特而強大的公司。統合西方管理專長的長期策略性規劃、創業及創新，加上日本的TQM與改善作風，以及臺灣的彈性與機會掌握，而成為一家世界級的企業，完全可以作為日本企業之榜樣與借鏡。其主要強項包括策略性方針管理、顧客導向、員工滿意、雙向溝通，以及重視創新。

一、策略性的方針管理

　　台灣飛利浦在方針管理的發展上，從原本短期性的年度方針展開中，加入了中、長期的方針制定（policy formulation），使得企業策略與原本的年度方針互相結合。透過結合西方擅長的策略規劃與東方管理常見的跨部門橫向整合，而產生獨樹一格的方針制定流程，為台灣飛利浦未來的經營策略，提供更可靠的依據。台灣飛利浦策略性方針管理的作法，不僅能做好三到五年的策略規劃，也能透過每年規劃出年度方針，將長期願景逐年達成。此外，台灣飛利浦年度方針展開的能力很強，能徹底落實到日常作業。進而，員工在了解公司未來三至五年的願景之後，可以看得到未來，也就會主動培養自己的專業能力。同時公司亦主動幫忙員工培養專業能力，以符合組織未來的人才與人力需求。總之，市場瞬息萬變，企業僅擅長執行是不足的，必須擁有眺望未來，以及策略規劃的能力。

◎顧客日傳達贏向未來的願景

照片來源：羅益強先生榮調紀念照片集

二、顧客導向

　　台灣飛利浦將「成為顧客第一選擇」的目標納入全面品管，由顧客的眼光來察看產品品質強項在哪裡？弱項又在哪裡？如此不斷地將顧客的需求置入全面品質管理流程，盡量做到讓顧客真正滿意。此外，透過自1992年開始為期五年的組織創新計畫——組織翻轉（front-rear organization），讓台灣飛利浦在組織結構上成為一個真正以顧客為主要驅動者的顧客導向組織。然後，再更上一層樓，蛻變為有機式的學習型組織，因而能夠主動因應未來的變化，並構建新形態的事業體。

三、員工滿意度調查

　　針對員工滿意度所做的創新調查方法，也是在日本管理品質獎審查時，吸引日本評審委員注意的一項創新特色。日本的評審委員最想知道的，是組織如何真正做到尊重個人需求？因為每個個人的需求都有差異，如何讓員工真正滿意？台灣飛利浦與臺大心理學系團隊所設計的員工需求調查與分析方法，可以掌握每個部門、職位、工廠所在地每個員工的需求，了解員工在馬斯洛五大心理需求與公平需求上的滿意情況，並加以落實。

▲臺大心理學系團隊成員

四、由下至上的聲音

戴明獎的審查委員曾提醒台灣飛利浦，雖然透過總裁診斷與方針展開，能讓台灣飛利浦徹底推動由上而下（top-down）的管理模式，但由下而上（bottom-up）的聲音亦是相當重要的，因此內部組織也十分重視由下而上的建議，並從建議中衍伸出各種事業體的整合，以及新事業的創建。

五、重視創新

台灣飛利浦在了解臺灣不再是低成本與低科技產品的生產基地之後，開始重視組織創新，以加速企業轉型；同時，透過企業內部的製程與研發創新，生產更先進的產品與零組件。在新產品開發方面，台灣飛利浦更加接近顧客，希望及早找出顧客的需要，提供最吸引客戶的產品。為了強化執行的速度與品質，公司提升整個組織的資源與技術，將研發帶入亞太市場，以減少對遙遠歐洲之研發單位的依賴，並快速提供滿足顧客需求的創新產品。因而，由設置於臺北的消費性系統中心（Consumer Systems-Taipei, CST），主導一些消費性電子應用之新技術與新產品的開發。此外，全球飛利浦的第六座飛利浦實驗室，即飛利浦東亞實驗室（Philips Research East Asia-Taipei, PREA-T），選擇臺灣作為亞太區的新技術研發據點，這也是亞太地區第一個研究實驗室。

❖ 第五節　領先大未來

一、全球飛利浦的新挑戰與事業體的重整

相對於台灣飛利浦的亮麗表現，全球飛利浦此一時期的表現又是如何

呢？1996年，新任總裁彭世創（Cor Boonstra）從莎莉（Sara Lee）公司加入飛利浦兩年後升任爲飛利浦CEO。當時飛利浦面對的主要問題爲研發與商品化無法緊密結合、新技術的投資效果不如預期，以及組織改造成效不彰。此外，因爲前任CEO面對內部壓力而無法大刀闊斧整頓，使得組織架構與產品線依然繁雜，當時嚴重虧損之事業也未能完全處分與整理，例如：歌蘭蒂（Grundig）電視、電視用互動光碟播放器（Cd-i）等等，而導致1996年淨虧損達2.68億歐元。

面對眼前的種種問題，飛利浦總部所採取的策略爲「電子產業一條龍」的作法，希望提供顧客一次性的問題解決（total solution），目的在於提升股東價值，達成正向的財務目標，使得每股盈餘達二位數成長、產生正向的年度現金流，以及淨資產報酬率達24%以上。

但是要如何執行呢？首先，在飛利浦內部提出多年期改革計畫：以新的組織管理模式，確立財務績效責任；建立具獲利性成長的平臺；勾勒願景，成爲產業的創新者。再來是重整事業組合：處分與出售97家獲利不佳或非核心事業（例如：車用系統、寶麗金唱片等等），並將原有影音、消費通信、部分商用電子事業整合爲消費電子部門，且與零組件、半導體事業部，建立以量取勝的電子產業（HVE）一條龍。同時，也將企業總部由研發重鎮的恩荷芬移至商業中心的阿姆斯特丹，展現了對消費性電子產品市場的企圖心。此外，亦有計畫地併購消費性電子、關鍵零組件，以及醫療器材公司，且聚焦於提升Philips的品牌形象與價值。

透過積極轉型的努力，荷蘭飛利浦於1996至2000年間，股價成長了6倍，2000年營收成長、營業利益率、資產報酬率都創新高，名列全球25家最佳股東報酬率公司第5位。除此之外，也讓過去繁雜的組織架構更加精簡，從120個事業單位（1996年）精簡爲80個事業單位（2001年），使得百年老店的飛利浦獲得了過去所沒有的靈活與彈性。

⬥ 李國鼎資政蒞臨台灣飛利浦30週年慶
照片來源：羅益強先生榮調紀念照片集

二、多國籍企業的挑戰

在全球化的趨勢下，不少產業在生產、行銷、研發、事業群管理等等的業務都會重新組合，並充分利用金融、人員、物流及科技，以有效掌握市場與客戶。若具有全球策略的規劃與營運能力，多國籍企業顯然具有相當大的競爭優勢，因為他們善於利用各地存在的最佳資源去因應全球市場的脈動，並藉此提高競爭力。多國籍企業本身必須具備依據客戶需求而來的價值鏈模式，以及具有快速應變的彈性，以占領市場，尤其是剛崛起的中國市場及其龐大的內需潛力，更是多國籍企業的兵家必爭之地。

為了持續維持競爭優勢，全球飛利浦開始修正公司的治理模式。在全球化的考量下，做了許多重大的組織調整，例如：改變為由事業部主導的作法，讓各事業部之間也能進行全球性的資源整合。在這樣的轉變下，飛利浦總部將各國組織的管理角色與事業部間的關係轉變成像房東與房客之間的關係，藉以削減各地全國區域性組織（NO）的權力，也不贊成個別

區域或國家之全國性區域擁有最大的資源。

2000年2月中，全球飛利浦總裁彭世創來臺接受總統府贈勳，並且參加了「邁向巔峰」研討會。在研討會上，他清楚地指出全球飛利浦的未來方向：

> 「作爲一家具有全球競爭力的企業，飛利浦自過去十五年間已經開始不斷地進行改革與蛻變。首先，要讓公司的營運獲利與成長；接著，積極在各項產業中爭取領先的地位；之後，就要成爲產業的主導者了。」

當時，飛利浦在臺灣的發展面臨雙重挑戰：一項是臺灣經濟與產業的轉型，另外一項則是如何提升競爭力，在全球市場中力爭上游。所以，如何提升組織的能力，並讓台灣飛利浦具有全球性的競爭力，成爲飛利浦總部的重要目標。換言之，讓台灣飛利浦所屬的各項事業都具有全球性的競爭力，乃是首要任務。因而，雖然台灣飛利浦曾經是東亞與大中華地區的主要產品製造與供應商，但隨著中國的快速崛起，臺灣製造業外移，台灣飛利浦在臺灣的業務內容就在大環境的趨勢下，逐漸從製造業轉型爲以商業活動爲主的服務性產業。

三、台灣飛利浦的新方向

隨著飛利浦全球版圖的確立，台灣飛利浦在某種程度上來說，其階段性任務已經完成。因此，在這個階段中，飛利浦總公司重新構思了台灣飛利浦的策略定位，並納入其全球化的架構當中。換言之，台灣飛利浦必須跟隨全球飛利浦的脈動與方向前進，需要以新興市場，尤其是以中國爲發展主軸。因此，台灣飛利浦所擁有的自由與彈性必須降低。在這個大目標確立之後，也不得不隨之調整台灣飛利浦的管理模式與組織架構。

1996年年初，荷蘭總公司宣布台灣飛利浦總裁暨亞太區電子組件部

總裁羅益強先生，將在5月1日進入荷蘭總部決策中心——集團管理委員會（Group Management Committee, GMC），主掌總公司全球電子組件業務。集團管理委員會為全球集團的決策核心，由全球總裁擔任主席，其餘成員則包括公司執行副總裁與重要業務部門主管。羅益強先生離開所造成的臺灣總裁遺缺，則由全球顯像組件部負責人柯慈雷先生接任。

⬆ 彭世創董事長宣布羅益強升任全球電子元件總裁，台灣飛利浦總裁由柯慈雷接任
照片來源：羅益強先生榮調紀念照片集

　　1996年4月，飛利浦全球總裁彭世創來臺主持台灣飛利浦總裁的交接典禮。他表示台灣飛利浦在臺灣已經成功地發展為全球電子組件的重鎮，更開發了個人電腦的新事業領域，未來將配合總公司在家電、音響及通訊產業的深厚實力，共同發展「4C2M」（Consumer、Computer、Communication、Components、Multi-Media），也就是結合家電、電腦、通訊、電子組件，以及多媒體的新興產業。彭世創先生進一步指出：「台灣飛利浦在全球及亞太地區的重要性與日俱增，目前亞太地區是總公司全球成長最快的地區，近三年來亞太地區每年有30%的大幅成長，而台灣飛利浦更是超越這個數字。」

四、開發臺灣消費性產品的市場

在總公司的策略調整下，台灣飛利浦的重要策略目標聚焦在臺灣的消費性市場的開發。柯慈雷先生曾經在內部溝通的文章中談及，台灣飛利浦大部分的經濟活動都集中在區域性與全球性的出口業務上，與此形成對比的是，消費性產品、專業產品及服務三者在臺灣國內市場的占有率十分有限（例如：電視機的市場占有率不到2%）。所以，為了提升企業整體的競爭力，並配合飛利浦總公司的全球策略定位，台灣飛利浦開始積極強化在本地市場扮演消費產品供應者的角色，包括視聽產品、小家電、照明產品、個人電腦等等，並迎頭趕上領先的競爭。此外，也調整了銷售單位，強化銷售通路，以及改善品牌管理。

這樣的想法，與全球總裁彭世創先生的策略——「注重市場開發」的想法是一致的，也就是要努力擴展台灣飛利浦早期比較不重視的消費性電子的市場，提升臺灣市場的市占率。當時，台灣飛利浦柯慈雷總裁頗服膺總公司的策略定位，並在一篇專訪中強調：「飛利浦公司全球的企業形象是建立在消費性電子（例如：最早是以製造燈泡起家的）上，消費性電子產品占總公司全球營收的70%，但是，台灣飛利浦的年營收中，消費性電子產品的比重卻不到10%，這是因為臺灣電子業是出口導向的經營型態，IC晶片在臺灣的市場需求量較大。不過，未來公司會擴大消費性電子在多媒體、3C的應用範圍，也會擴大經銷通路。」

在實際的作法上，台灣飛利浦由外界聘請兩位行銷專長的管理者，擔任視聽產品事業部、照明產品事業部的總經理，並且積極提高量販通路的比重，與通路商結盟。此外，也將資訊部門獨立出去成立新的公司，以便進攻資訊服務的市場。總之，台灣飛利浦在邁入千禧年之前，已經逐漸將焦點移出電子零件與產品製造，而將重心轉向本地市場的開拓與發展。

第六章

精實：成為卓越企業

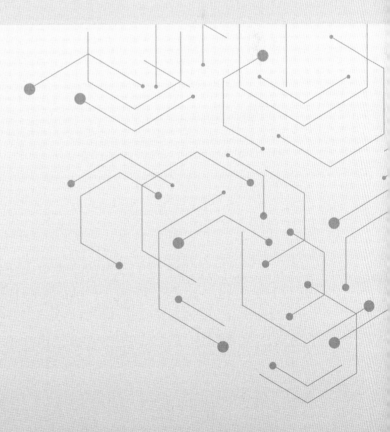

❖ 第一節　臻於卓越的BEST

　　台灣飛利浦在獲得日本戴明獎與日本品質獎之後，又歷經了飛利浦品質獎的肯定，卓越品質也成了全球飛利浦的共同目標，不少飛利浦的相關人員都紛紛借鏡臺灣，來臺灣參訪如何提升品質。在此基礎之上，2000年開始，荷蘭飛利浦更在既有的基礎上，結合了歐洲的品質卓越模式（或歐洲品質獎）開始推動卓越企業（Business Excellence through Speed and Teamwork, BEST）計畫，希望藉由過往全面性的品質改善（CWQI）的經驗，加上速度與團隊工作，再次帶動全球各地飛利浦的品質提升，追求企業卓越；其次，是希望改造全球飛利浦，成為以客為尊，重視顧客滿意度的有機式組織；第三，則是希望建立飛利浦與各個利益關係人的彼此互利、共生共榮的網絡，成為一家永續經營、績效傑出的長青企業。這是全球飛利浦自從進行提升品質與全面改善活動以來，新一波的品質政策，希望在千禧年之後，更上一層樓，成為一家世界級的卓越企業，是顧客、員工、股東、供應商及社會的關鍵夥伴，也是第一或最佳的選擇。

一、計畫內容

　　BEST是business、excellence、speed及teamwork的縮寫，其意義是：透過組織速度的提升與團隊合作的強化，使公司臻於卓越。它涉及的層面相當廣泛，除了具有一套完整的理念模式之外，亦採用不同的方法與多元的工具，同時並行，例如：PDCA循環、平衡計分卡（Balanced Scorecard, BSC），以及流程評量工具（Process Survey Tool, PST）等既有的或新出現的工具。同時，這項計畫不僅要持續不斷地改善飛利浦的產品與服務，更希望提升飛利浦全體員工的才能與工作流程的品質，計畫範圍遍及全球與所有事業部門的各個階層，上至運籌帷幄的經營階層，下至最接近顧客

的零售店面，都是這項計畫的參與者。

　　在計畫開始推行之前，飛利浦首先對計畫的最高目標：「卓越」（excellence）進行清楚的定義，認為卓越應該是針對所有企業的利益關係人而制定的，也就是希望透過BEST行動計畫，從各個不同利益關係人的角度來看：對顧客而言，飛利浦的產品與服務是高品質的代名詞，是顧客最優先選擇的品牌；對供應商而言，能夠透過與飛利浦的合作，改善供應鏈的各個流程與環節，促使品質升級，提高整體供應鏈的運作效益；對公司員工而言，每位同仁都能夠成為工作團隊的一份子，一起分享成功的榮耀，並且擁有高水準的能力，從容面對與接受外界的挑戰；對股東而言，公司能夠持續保有高度競爭力與獲利能力；對於社會而言，飛利浦能夠協助在地社區與社會大眾，同心協力，改善周遭的生活環境，造福鄉梓。

　　由以上的定義可以看出，飛利浦不只關心企業本身的獲利、股東的利潤，也重視如何能夠在多種角色之間取得平衡，使得每一類型之組織利益關係人的需求都能夠獲得滿足，這是飛利浦所要追求的企業整體價值。因此，BEST行動計畫想要達成五大目標：（1）與上游供應商彼此合作互利；（2）顧客對產品與服務有極高的滿意度；（3）員工充分發展成長空間與發揮潛在能力；（4）股東投資獲得最大報酬；（5）提升社區周遭的友善環境，敦親睦鄰，贏得大眾尊敬。飛利浦相信只要這些結果能夠達成，財務上的獲利必將水到渠成。

　　既然目標已經設定好了，要如何推動來達成呢？飛利浦總部認為需要一種徹底且科學性的改善方案，因此導入了飛利浦企業卓越（Philips Business Excellence, PBE）的架構來進行。其概念與架構立基於飛利浦共同參與制定之歐洲品質獎的EFQM（European Foundation for Quality Management）模式，可以分成促動因子（enablers）與結果因子

（results）兩大部分。促動因子發生在改善過程的前端，其所關注的是如何（how）達成組織設定的目標，也就是具體可以改善的部分；結果因子的重點在關注組織達成了什麼（what）目標，當促動因子能夠確實執行時，具有效益的結果因子便可以水到渠成。

　　整個模式可以區分成九個重要項目，最終的一項是組織整體的關鍵績效成果（key performance results），亦即公司能夠臻於世界一流企業。由此往前推，要達成組織的關鍵目標，需要仰賴員工敬業、顧客滿意，以及社會公民等因素的提升；至於這些因素的提升，最關鍵的焦點是核心作業流程的改善速度，並以科學方法來衡量各種特定流程管理的成熟度，讓企業清楚了解哪些領域、何種階段的過程需要改善，且找出應該採取的步驟，以達成過程改善的目標具體成果。總之，這是由各項結果的高低良窳來反思與判斷每一促動因子是否確實落實，此即EFQM模式所強調的主要內涵：即以學習與創造來作為黏結的接合劑，強化促動因子與結果之間的因果關係體系（cause-effect diagram）。因此，一旦結果不如預期，必須回頭檢討前端之各項促動因子，並對之進行改善。另外，改善行動的落實則需要仰賴人力資源管理、政策與策略選擇，以及合作夥伴與資源的投入。同時，這些因素的投入與管理，都需要透過卓越優異之領導模式或領導人的帶領，方能畢其功於一役。因而，整個BEST行動計畫是在這九個彼此環環相扣之關鍵因子中推進。其重點與歷程，如圖6-1所示。圖上方箭頭表明促動因子為「因」，結果因子為「果」，下方箭頭為回饋機制，表明結果因子之成敗將激發組織的學習、創造，以及創新，從而回頭改善與精進促動因子，形成良性的改善循環，此種上下箭頭的串聯即是EFQM模式所強調的PDCA精神。

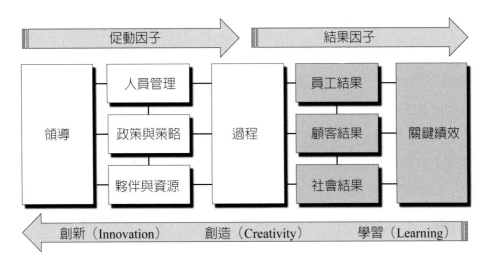

◎ 圖6-1：BEST行動計畫的內涵與過程

二、行動計畫開端──領導

　　BEST行動計畫是含括一連串步驟的推動模式，在此模式中，最重要的起頭第一步就是領導，領導是指領導者及其展現的行為與過程，其主要的效能來源與「領導才能」有關。領導才能是領導者可以成功帶領部屬的一種能力，這種能力可以從「台灣飛利浦先生」羅益強身上獲得印證。他被荷蘭總公司的人員戲稱為「難纏先生」，是一位具有主見與遠見的聯屬公司領導者，在許多關鍵決策上都有令人驚奇的傑出表現。例如：對飛利浦南安普敦外觀不佳之品質事件的詮釋、成功推動品質改善並贏得戴明獎與日本品質獎、力排眾議投資台積電…等等，這些當初不被看好，甚至被認為不可能的事件，都在一個具有遠見、擁有才能的領導者的決策與帶領下逐步實現。顯示具有高瞻遠矚長才的領導者對企業效能的影響是不容小覷的，要想成為世界一流的企業，成為卓越的組織，勢必要提升經營者的領導才能。因此，領導人的培養，是全球飛利浦十分重要的指標性目標。

　　為了要讓飛利浦散布在各個國家區域的領導者，有一致的培育架構，飛利浦一直以來以「領導才能」作為核心來培植管理者，激發他們展現領導潛能，期待管理者能在提升部屬效能的同時，也使部屬更加瞭解公司的願景與使命，並朝向一致的目標前進。

　　具體的領導才能總共包括六大項目，其中三項是針對組織本身的任務而來，分別是展現強烈的決心、專注市場脈動，以及找出更好的工作方式；另外三項則與領導者如何帶領部屬達成目標有關，分別是要求最高績效、激發部屬承諾，以及發展自我與他人。也就是說，領導才能不是只有要求領導者管理好自己本身該掌握的職務而已，也強調其帶領人、培育人的職責。針對上述所提及的六種領導才能，再依照成熟度與困難程度分成四種等級，等級一代表的是基本要求，而等級四則是世界級的程度，級距之間無法越級跳躍，必須要一步步地紮實完成該等級內容，才能繼續向上挑戰。各等級的內涵，如表6-1所示。

　　藉由有才能之領導者的帶領，方有可能整合公司政策、人員及資源。改善過程並非光靠少數人就可以完成，也得依靠其他條件的幫助，因此人才、策略及資源的完善搭配，是改善過程的前導因素。同時，由於公司多數同仁都是專精於特定領域的專業人員，因而得透過跨部門合作，建立有效的跨功能團隊，方可完善公司的工作流程，提升綜效。在公司內部，有效的團隊不但可以相互交流訊息，也可以完成團隊目標，達成組織整體的目標；同時，轉型成為學習型的有機式組織，而能更有效地回應與預應外在環境的改變。

● 表6-1：飛利浦之領導才能類別與等級

組織 \ 等級	展現強烈決心	專注市場脈動	找出更好方式
第一級	將個人產出與組織目標結合	掌握顧客需求	提升產品的效率與效能
第二級	持續灌輸品質觀念	瞭解現有市場	改善產品製程
第三級	在預定目標上賦予更高的價值	預測市場未來趨勢	組織間彼此合作以獲取綜效
第四級	設定產業的進展步調	創造一個全新的市場	塑造適合創新的組織文化

部屬 \ 等級	要求最高績效	激發個體承諾	發展自我與他人
第一級	設定部屬高標準	展現與示範人際技巧	積極學習
第二級	設定期望的目標	給予適當鼓勵與回饋，以激勵部屬	找出目前技巧或技能上的不足
第三級	協助他人完成目標	凝聚個體為共同目標而努力	為未來提早發展預備技術
第四級	營造一個有利於持續改善的環境	將員工與企業連結	創造一個學習型組織

三、行動計畫核心──流程改造

就整個BEST行動計畫的邏輯而言，最關鍵的改變將發生在過程改善的階段，此部分飛利浦仍然延續過去的PDCA作法，由Plan（目標管理）出發，其最重要的任務是利用結構性的調查架構，給予特定過程或改善目標一個具體的參考。同時，藉由環境分析與市場調查，結合公司政策，指出清楚的願景，並訂定明確的策略計畫，且設定具體可以執行的目標，再將此一目標落實在平衡計分卡的客觀指標或者單頁策略報告之中。單頁策

略報告（One Page Strategy, OPS）的內容，包括了策略方向、促動因子、結果因子，以及關鍵行動四大部分，其詳細內容如圖6-2所示。

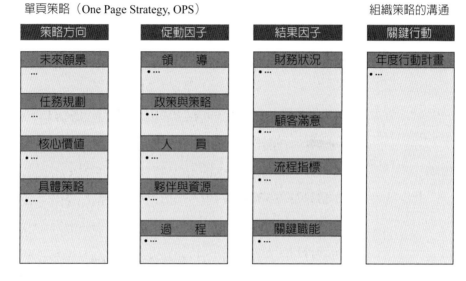

單頁策略（One Page Strategy, OPS）　　　　　　　　　　　　　組織策略的溝通

策略方向	促動因子	結果因子	關鍵行動
未來願景 ...	**領　導** ●…	**財務狀況** ●…	**年度行動計畫** ●…
任務規劃 ...	**政策與策略** ●…		
核心價值 ●…	**人　員** ●…	**顧客滿意** ●…	
具體策略 ●…	**夥伴與資源** ●…	**流程指標** ●…	
	過　程 ●…	**關鍵職能** ●…	

🔺 圖6-2：單頁策略報告的內容

接著進入Do（計畫實施）的階段，此部分著重於具體的介入方針，也就是透過科學化的管理工具，例如：過程改善、品質管理等方案做為執行介入的基礎，確實針對工作流程進行改善。改善時，搭配品質管理的重要作法，包括關鍵過程（Core Process）分析、流程評量工具（Process Survey Tool）、品質改善團隊（QIT）與品質改善競賽（QIC），以及六標準差（如MEDIC）等改善工具，將改善的過程拆解成具體項目。然後，進入Check（查核績效）的階段，進行自我檢核與成效確認。此時，可以利用多種不同特性的檢核作法來瞭解執行的成效為何，包括平衡計分卡、流程評量工具、總部稽核（Headquarter Audits），以及最終總其成的飛利浦企業卓越評量(PBE Assessment)等等。由於BEST行動計畫最重要的

意義仍在於持續改善，而非只是達成某一目標或獲取獎項，因此定期自我檢核是必要的，而且也必須積極與顧客進行溝通，甚至是密集對話，藉以不斷監控整個改善的過程。

最後則進入Action（差異改善）階段，當目標與實際表現之間產生落差時，必須採取改善（緊急、日常）措施，消除差異。也就是利用品質管理的步驟（即不良原因追查→對策→效果確認→標準化修正），防止差異的再次發生，以提升品質。一方面重新調整方向、持續行動；一方面也要將執行經驗與改善方針進行彙整，成為具有脈絡性的知識，方便學習。這方面的行動包括知識管理、啟動變革策略、設定新目標、修正計分卡內容、強化與修正過程改善，以及提升核心技能等等。由於Action階段並非是過程改善的終點，反而是另一次過程改造的起點，因此這些針對目前方案的修正與意見，都會成為下一次行動的依據。透過不斷改善，持續循環的過程，就可以有效達成卓越企業的目標。整個PDCA的過程，如圖6-3所示。

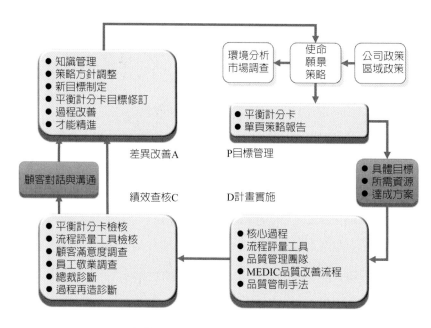

◯ 圖6-3：PDCA的執行系統與過程

四、行動計畫成效的評估與配套輔助工具

對於領導，以及過程的介入方案，將會顯現在各式各樣的關鍵結果指標上。然而，整個成效的評估，並不是只針對最後的關鍵指標，也針對計畫中的的促動因子及所有施行之措施進行效能（effectiveness）與效率（efficiency）評估。而這一整體性的組織成效評量，即是前一節所提到的飛利浦企業卓越評量檢核(PBE Assessment)，它是依循EFQM（歐洲品質管理模式）中的雷達（RADAR，分別取自required Result plan and develop Approached, Deploy及Assets and Refine中的大寫字母）評量架構與方法，含括目標發展（plan and develop）、展開（deploy）、衡量與精煉（access and refine），以及取得成果（required result）等的循環過程，且規範集團內各一定層級以上的組織每年度皆應依RADAR評量法進行自我評量檢核，或是進行更高等級的同儕評量（Peer/Cross-Organization Assessment）。為了幫助各個單位能在BEST行動計畫的過程中得以不斷地磨練與精進，在PBE模式的主體之外，飛利浦亦採行了一系列相關的配套輔助工具（tools）與方法（approaches），期望組織能藉助這些工具與方法，有系統、有步驟地強化PBE 模式中各相關因子（尤其是促動因子）之成效。工具與方法中影響層面最大的是每季或每半年執行的流程評量工具（Process Survey Tool, PST），以及年度執行的平衡計分卡（Business Balanced Scorecard, BBS）與利益關係人調查（Stakeholder Survey）。其中，PST與BBS扮演雙重角色，期初是協助制定與執行行動方案之工具，期末則是協助評估特定行動方案執行成效之工具。這幾項工具與PBE模式之串聯如圖6-4所示，PST協助提升BBS中之「流程構面」，接著BBS則再向上協助提升PBE Model中的諸相關因子。

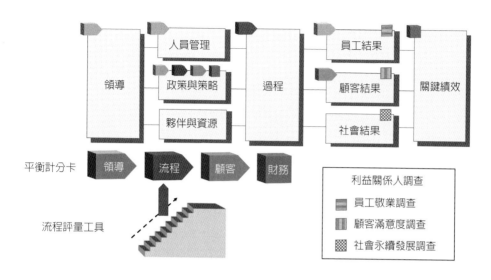

◯ 圖6-4：BEST行動計畫的模式與輔助工具

（一）流程評量工具

　　流程評量工具（Process Survey Tool, PST）的重點，在於針對組織各核心作業流程進行監控與改善，並採用二維式矩陣表來顯示，以清楚地看出每一個關鍵指標是否隨著時間的演進，而有顯著的改善與進步。在架構中，PST已先周詳地分析執行核心作業流程時，其成敗或良窳取決於作業中之關鍵向度（elements），例如，行銷（marketing）的核心作業關鍵向度包含行銷策略、品牌定位、定價、產品組合，以及市場顧客滿意等資訊。完成向度分析後，PST再參照行為碇錨評定量尺（behaviorally anchored rating scale）的作法，以1-10之純熟度指標呈現每一級之參考行為規範，來評定每個組織之核心作業各個向度之表現落在何種等級，以提供組織改善的方向與標準。其中，飛利浦將世界級的高標準訂在7分，超過7分表示其表現已達到世界級標準。各組織在評量其核心作業的各個向度後，即可畫出該作業之純熟度剖面圖（maturity profile），如圖6-5所

示。之後，亦可以整合多部門的資料或者彙整同部門不同時期的結果，來顯示組織在各向度上的改善成果剖面圖，如圖6-6所示。由於具有簡易與精準的特性，此工具在全球飛利浦組織內部的各個部門都廣泛使用，例如：製造、品管、行銷、採購、物流、人力資源，以及倉儲管理等等。

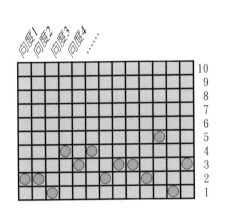

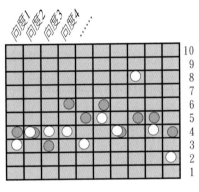

○　部門A（或者時期1）
◎　部門B（或者時期2）

△ 圖6-5：純熟度剖面圖　　　　　△ 圖6-6：跨部門（或跨時間）比較

（二）平衡計分卡

　　平衡計分卡以「學習與成長、流程、顧客、營運成果」等四大構面作為貫穿整體的主軸，BEST行動計畫中的每一部分都配有具體的輔助或評量工具，來衡量或強化各構面的成效。在促動因子的部分，模式啟動的最前端是領導，以領導職能（leadership competencies）的分析模式為主，旨在瞭解領導者的專業知識、能力、態度等等，以及能否與現行的組織目標搭配。其次，領導者需要扮演領頭羊的角色，帶領與整合相關的人才與資源，透過教導與培訓，使部屬瞭解計畫的真正意涵，並提升個人所需要的基本技能。此部分可以透過訓練與學習發展計畫（learning & development program）的評估來瞭解。而領導者、人員及政策之間的協調與具體對應關係，則可以透過單頁策略報告（One Page Strategy, OPS）與平衡計分卡中的促動因子來進行具體量化。

第三，在過程改造的部分，藉由品質再突破（breakthrough）與品質改善團隊/品質改善競賽（Quality Improvement Team/Competition, QIT/QIC）來有效發揮人才之潛能與資源運用，達到「人盡其才，物盡其用」的最佳狀態，使其產出能對過程改善有直接幫助，並隨時調整作業流程、人員指派及資源分配，將行動計畫推行過程中的各項阻力與障礙降到最低。同時，亦搭配延伸自六標準差（6 sigma）的管理方法—MEDIC與黑帶計畫（Black Belt），將專家的意見具體落實在過程改善當中。MEDIC的意義是指衡量並描繪現況（measure & map）、探索與評估（explore & evaluate）、界定與說明行動方針（define & describe）、實施行動方針並改善現狀（implement & improve），以及控制且規範其一致性（control & conform）。MEDIC是此五大項目之英文字首的縮寫，頗類同於六標準差中的過程改善五大步驟，並需要依循此一順序逐步施行。

（三）利益關係人調查

流程再造調查（Process Survey）是用來檢核過程改善是如何影響卓越品質的，前面所述的所有環繞著PBE Model之配套輔助工具，如黑帶計畫，都可視為BEST行動計畫之前導指標，只要這些前導指標能夠落實，成果便可以具體展現在員工敬業調查（Employee Engagement Survey, EES）、顧客滿意度調查（Customer Satisfaction Survey）以及社會永續發展的結果上。社會永續發展通常可以透過企業的永續發展報告（sustainability report），來瞭解企業在社會中所扮演的公民角色，以及永續發展的可能。相關的輔助與衡量工具與指標，如圖6-7所示。

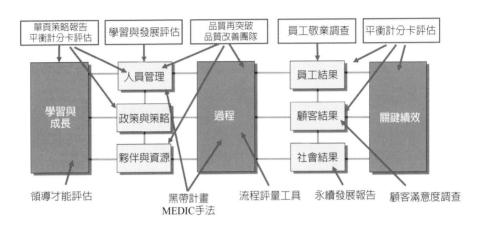

單頁策略報告　學習與發展評估　品質再突破　員工敬業調查　平衡計分卡評估
平衡計分卡評估　　　　　　　品質改善團隊

人員管理　　　員工結果

學習與
成長　　政策與策略　　過程　　顧客結果　　關鍵績效

夥伴與資源　　社會結果

領導才能評估　　黑帶計畫　流程評量工具　永續發展報告　顧客滿意度調查
　　　　　　MEDIC手法

🔵 圖6-7：PBE Model中各部分的輔助與衡量工具

　　根據上述分析，可以發現整個BEST行動計畫之策略與實施成果，是全球飛利浦推動品質改善以來，歷經將近二十年的經驗集大成之全面品質管理標竿，其中包含了多面向的改善介入計畫與有系統的全面性評估工具，並且與時俱進，納入一些逐漸興起的品質改善作法，例如平衡計分卡與六標準差等，但大多數的介入計畫與診斷工具都是台灣飛利浦以前曾經使用過的。持平而言，可以說這是以台灣飛利浦的經驗為基礎，再做進一步深化與整合，並加以擴大推廣的。透過多次使用的經驗累積，以及更好的檢討與整理之後，BEST行動計畫展現了比以往更為周密、翔實，以及更有系統的作法。

❖ 第二節　更上一層樓的品質標竿

一、台灣飛利浦與卓越企業

　　台灣飛利浦當時也跟著總公司一起推行BEST行動計畫，因為有幾次品質獎的經驗做為基礎，很快地就展現了出色的成果，其中最具代表性的

案例就是高雄建元IC廠的品質卓越成就計畫。當時在建元廠服務的呂學正總經理提出了一項三年計畫，透過品質提升，讓台灣飛利浦的半導體部門營收成長一倍的目標，而達成此目標的關鍵，就在於能否將高階的研發技術及產品根留臺灣。他認為，面對中國的廉價人力，臺灣的高品質人才成了決勝負的關鍵，相較於中國便宜的勞動人口，人才才是臺灣的競爭優勢。的確，在當時的加工出口區中，建元電子真的是一枝獨秀，一千五百多位員工中，有三分之一是大學與研究所畢業的，有二百多位專業工程師，廠區不但實行自動化，而且機器都是由自己的工程師所研發設計出來的。因而建元廠號稱是全球飛利浦半導體封裝的最大研究發展中心。

當時，建元廠的生產效率與品質良率在業界都是數一數二的，探究其原因，最重要的就是徹底落實了CWQI計畫，並在此基礎上，進一步推動BEST行動計畫，而能將品質改善的精神充分發揮。另外，也熟悉各項診斷評估工具的作法，且落實持續改善，而成功地讓台灣飛利浦在全球封裝測試的品質競爭中保有優勢，也為當時困頓的臺灣封測科技產業找到一條出路。台灣飛利浦轉型時，建元IC廠仍然在2001年獲得飛利浦全球卓越企業銅牌獎，並在2003年進一步獲得全球飛利浦卓越企業銀牌獎，展現其持續改善的一貫作風。

二、BEST行動計畫與飛利浦卓越品質標準

就整個BEST行動計畫推行的過程中，最為關鍵的乃是徹底落實再一次的品質突破；在「好」的情況下，還要更好，以達成「卓越」的目標。其中，可以歸納出三個重要的品質標準，來進行問題解決與過程突破：首先是0級品質改善，這是一種最為低階的品質要求，基本上可以說是對於品質沒有要求，只是一種針對問題發生之後的問題解決策略，是一種消極、被動的作法。也就是說，先允許問題發生，發生問題之後再尋求解決

之道。在此一階段，品質是一個隨機發生而無法被良好掌握的因素，若企業持續採用此一品質策略，則發生品質問題是常有的事，企業也不可能得到穩定的發展。

其次，更上一層樓的品質管理方針則為第一階段品質管理方針，在這一階段的企業，基本上已經能夠做到主動因應問題、採取持續改善的策略來維持品質。在此階段，品質是一個能夠被穩定掌握的因素，只要環境中沒有非預期性的重大變動，基本上不會發生太大的問題，因此實行此一品質管理方針的企業基本上都能獲得穩定且持續的成長。可是，持續採用第一階段品質管理方針，卻無法使企業獲得躍進性的成長，亦難免在大環境變動時受到一些挑戰，這也是飛利浦曾遭遇到的問題，雖然有穩定的成長，但是組織缺乏整體動能，在經濟局勢劇烈變動時蒙受虧損。

因而，BEST行動計畫使得飛利浦發現了第二階段品質管理方針的存在及其意義。其核心精神，旨在強調當企業有基本的品質水準之後，進行過程的改善，人力的提升，透過不斷的自我修正與挑戰，累積更多細微的量變，而可進一步產生一種跳躍式的質變。也就是說，在累積一些微小的改變之後，即可在短時間內發揮躍進的效果，一舉拉高企業的成長幅度，甚至能夠對於未來可能發生的品質問題進行預應。在此階段，品質是一個自然發生的事，整個公司都能夠像交響樂團一樣，集體協同合作、各部門各司其職、按譜操作，順暢地將工作完成，並由「好企業」晉升為「世界級的卓越企業」。台灣飛利浦很早就深諳此項道理，因此能在全球飛利浦的評比中脫穎而出，出類拔萃。

❖ 第三節　台灣飛利浦的企業公民責任

一、企業公民責任的濫觴

　　對於荷蘭總部而言，台灣飛利浦只是一個聯屬公司，但台灣飛利浦的同仁卻深知，臺灣這片土地曾經給予飛利浦相當豐厚的報酬，不但帶動了全球飛利浦對於品質的重視，也在總公司營收遭遇困難的時候給予一個穩定而充沛的後援。懷抱著感謝這片土地的想法，台灣飛利浦的員工也希望為這片土地做出更多的貢獻，甚至為臺灣社會未來的健康發展預做準備。因此，投桃報李，積極投入企業社會責任的活動中。

　　台灣飛利浦很早就瞭解，一個公司想要永續經營，除了公司本身以外，也應該要顧及企業以外的其他利益相關人。1996年，羅益強總裁認為，判斷一個公司所制定的策略是不是優異，主要是透過四個方面來看，即「一定要對得起股東、對得起顧客、對得起員工，還有要對得起社會」。所以飛利浦的經營團隊在制定決策時，都會用這四個利益關係人來檢視策略的優劣，只要中間任何一個部分未達到預期，就不是好的策略，因而，對於社會責任的重視，一直是台灣飛利浦所重視的核心價值。

　　剛開始推動企業社會責任（Corporate Social Responsibility, CSR）計畫時，雖然從企業形象著手，委託臺大心理學系的教授探討台灣飛利浦在大學生中的地位與知名度，後來也進行了一些文獻的探討，瞭解企業公民之社會責任的本質，包括對環境、社會及社區的經濟、法律道德及自由裁量的責任，可是卻沒有太多的實作與執行經驗。因此，乃向IBM、HP等耕耘許久的美商公司取經，並派人員到這些公司觀摩。

　　經過評估後，幾位高階領導人認為企業公民的概念是值得推動的，乃與各級主管溝通，並在大型會議中宣導。後來更將「企業社會責任」塑

造成整個公司的價值共識。當時，飛利浦內部普遍的認知是：「公司舉辦這些活動是想要透過同仁之力一起為公司做形象」。然而，台灣飛利浦對於公民活動的定位並非如此。如果將企業社會責任當成是建立企業形象的手段，則難免會涉及到活動的績效評估，例如：多少家媒體採訪，或報導版面的篇幅大小。可是，這不是社會企業責任的本質。對台灣飛利浦而言，公關活動與企業公民活動是不同的目標與管理。公司的形象管理或行銷經營由公共關係事務部負責，但參與企業公民活動的員工，則只要帶著想為社會做事的初衷參加即可，不需要有其他額外的工作負擔。因為公民活動不是公關活動，不需要追求績效，最重要的是參與者樂在其中。當成員參與的經驗愉快時，就會吸引更多志同道合的人投入。

　　至於媒體宣傳方面，則會邀請媒體從業人員一起體驗公民活動，共襄盛舉，希望透過媒體，把共善的概念傳達出去，產生更大的影響力。媒體具有帶動社會風氣的力量，當媒體了解活動宗旨的確是為了社會的永續發展時，就會廣泛報導，影響民眾，共同建立社會的善良風氣。一旦養成風氣，即使沒有台灣飛利浦的提倡，臺灣其他公司、居民也會持續參與社會責任活動，因為企業公民的意識已經建立起來了。因此，當企業責任的主要推動人孫紀善小姐開始與員工溝通後，沒經過太多次的嘗試，員工就接受了這樣的想法，不再認為社會責任活動是一種公關，並瞭解這是一個能夠回饋社會的平臺。於是，環保、體育活動及音樂會都相繼成為台灣飛利浦投入的企業公民責任領域，並成為台灣飛利浦的一項傳統。

二、企業公民責任的發展

　　起初，台灣飛利浦的企業社會責任是聚焦在環保議題上，當時進行決策的高階團隊有一個想法，認為環保意識應該從小開始培養，於是首先與公司外面的基金會合作，進行海灘淨化活動。當時，臺灣的海邊布滿了許

許多多的垃圾與廢棄物。接連好幾年，台灣飛利浦的義工們都在臺北的白沙灣與屏東的南灣舉辦淨化清潔活動，並獲得許多人的熱烈參與。後來，甚至擴大舉辦，並調整活動的取向，例如：加入親子活動的元素，讓員工與小孩一起參與，使得淨灘變成一個親子同樂的活動；或者是邀請具有知名度的氣象專家到現場解 生態環境與氣候的關係，而成為知性的學習活動。

◎ 親子同樂淨灘

照片來源：羅益強先生榮調照片紀念集

在環保活動逐漸上手之後，台灣飛利浦也將成功經驗複製到各個不同的領域上。其中，運動是當時積極介入的第一個領域。由於張玥總經理與不少同仁十分推崇網球運動，因為網球講究運動精神與禮儀，雖然比賽競爭激烈，但卻十分要求保持風度，是一種可以長期推廣的健康運動。因此，在臺灣北、中、南各地連續舉辦超過十屆的網球比賽。

● 有益身心的公益活動

照片來源：羅益強先生榮調照片紀念集

　　其次，由於當時臺灣社會逐漸變得富庶裕，爲了回應當時的的社會需求，乃提出了城市公園音樂會的概念，把國家音樂廳與國家劇院的節目搬到公園裡舉行。這樣的發想來自於歐洲經驗，因爲飛利浦源於荷蘭，在當地，各個小村莊的村民在週末或假日自己組團出來演奏，自娛娛人，獨樂眾樂。當時台灣飛利浦尋思，能不能把高水準演出搬到臺北大安森林公園裡，讓更多的市民在週末假日與親朋好友一起來欣賞？試辦一次之後，得到很好的迴響。於是，公園城市音樂會也連續舉辦了許多屆。

🔺 城市公園音樂會

照片來源：羅益強先生榮調照片紀念集

　　台灣飛利浦的企業公民活動推動不僅侷限在臺北，每一個廠區都會有各自的企業公民活動，例如飛利浦高雄廠與竹北廠長期關注老人與孤兒照護。當時的殘障福利法規定每家公司需僱用1%的殘障員工，若殘障員工不足額，則需繳納不足額的基本薪資給政府。透過縣政府的推薦，竹北廠與新竹關西鎮華光啓智中心合作，僱用了二十幾名智能不足人士，負責不具危險性的清潔與環保工作。這些員工的智商雖然異於常人，但工作的認眞態度與使命必達卻不輸給一般員工，並讓一般員工敬佩不已。經由與這些弱智同事的相處，也讓一般員工對於人性與工作產生不同的體悟。一名竹北廠的員工回憶：

「我們擦桌面，他們不止如此，還把桌子翻起來擦下面的底板
與桌腳；工廠的車速本來20公里，後來改到5公里，因為他們在
路上看到飄起來的紙屑跟菸頭會不顧一切的去撿，無法注意到
後面有車過來……」

隨後，飛利浦投入不同的社區活動，選擇與不同機構合作，專注社
區再生與社區經營。例如：1999年九二一大地震之後，與新故鄉文教基金
會合作，推動南投埔里桃米里社區改造，培訓當地人成為生態講師，進行
教育扎根，使社區能夠自力更生，並協助重建與更新當地的硬體設施；同
時，也幫助災區生態的重建與復育，為桃米里的經濟轉型提供契機。至於
另外一個災區──南投集集，則協助慈濟功德會進行災區的重建工作，提
供學校與社區的照明設計與光源燈具，以及一系列大小家電與電腦產品，
協助災民重建家園。2008年起，開始關注偏鄉地區，並推動「綠光小學」
計畫，捐助偏鄉學校節能照明設備，再結合飛利浦志工的參與，讓學童透
過趣味性活動，培養學童的節能意識。至今，全臺灣各地的小學都有飛利
浦綠光計畫的足跡。

除了環保、運動及音樂等組織社會公民活動之外，台灣飛利浦於1991
年獲得日本戴明獎時，在羅益強先生的鼓吹之下，亦集資成立了「財團法
人台灣飛利浦品質文教基金會」，希望藉由結合眾人之力，來提升個人生
活與社會建設的品質，進而提升臺灣企業與國家整體的競爭力。

三、企業公民責任的價值與傳承

一路走來，台灣飛利浦對於企業公民活動相當堅持，縱使活動項目更
迭，但集眾人之力，總是自發自動，熱心參與對社會有益的活動。台灣飛
利浦企業公民活動的成功，羅益強總裁的大力支持是關鍵。他總是跟員工
說：「只要把時間與地點告訴我，有時間我就來。」企業公民活動的推廣

需要主管率先的承諾與身體力行，當員工發現老闆以身作則時，自然也會跟著投入。當時，羅益強總是以自己親身參與活動的方式，來鼓勵與支持舉辦活動的同仁。孫紀善小姐回憶說：

「有一次飛利浦舉辦淨灘活動時，早上大家集合，義工團大約六、七點就已經到沙灘去搭帳篷了，當兩輛大巴載著同事與親友開到白沙灣門口進去時，發現有人在路邊扶起一旁倒下的旗子，仔細一看，那人就是羅先生，他在白沙灣的路邊主動把被風吹歪的旗子扶正。他沒有太張揚，很融入其中。只要沒有出差開會，時間能夠配合，差不多所有的活動都會親自到場。有一次，一個小型的飛利浦荷蘭節活動，星期日中午在臺北新公園音樂臺舉行。羅先生早上剛下飛機，來的時候在現場把外套一脫，裡頭穿的就是活動的T恤。」

由於公司高階主管的支持，愈來愈多員工投入公民活動，於是台灣飛利浦開始嘗試讓員工自己規劃企業社會責任的相關活動，以提升參與感。每年的活動由想參加的員工提出，廣泛地徵詢大家的意見，希望所策劃的活動既是社會需要的，也是大家想做的。確認活動內容之後，在企業公民委員會提出企劃案、通過以後，核心人員負責統籌，招募義工。通常只要有一兩次的參與體驗，感興趣的人就會留下來。原本只是飛利浦的員工擔任義工，後來員工的家人或朋友也報名加入。準備活動的過程雖然需要付出時間與勞力，但參與的人都忙得不亦樂乎，興趣盎然。因而，台灣飛利浦的企業公民活動規模愈來愈龐大，但義工卻從來不缺乏。

在籌備策劃過程中，公司並不想由人力資源部或公共關係事務部主導活動，而將主導權賦給每個參與的人，誘導他們自動自發加入。例如工作分配，最初讓員工依照自己的專業分配工作，例如：財務會計部門的員工負責管帳，但執行一段時間後，便鼓勵參與的員工發掘自己感興趣的事，

嘗試與平常不一樣的工作，發揮第二技能。活動結束後，大家一起餐敘，分享交流活動心得，提出需要改善之處，然後再將成果向企業公民委員會彙報。於是到後來，全公司上上下下都把社會參與當成是自己的事，也引以為榮。而參與的員工，也因為有共同的話題與興趣，彼此間的交流互動更加密切，並產生相濡以沫的革命情感。

飛利浦的同仁都很感念在飛利浦時，有機會和志同道合的同事一起合作，對企業公民活動盡心盡力，即使換了公司與跑道以後，這樣的初衷都還一直延續下來。透過企業公民活動，同仁心裡都覺得彼此是很親近的。因為一起掃過沙灘，一起清過垃圾，一起聽過音樂會，覺得是難得的情誼，真的很不容易。在公司中，大家感覺上不只是一位員工，也體驗到做一個企業公民，甚至自己是社會的一份子，以及參與和付出帶來的價值與樂趣。

企業公民活動的推展，讓員工在公司不只是一個員工，同時體驗也是企業公民及社會的一份子。在參與和付出過程中，一起學習與競爭，把整個組織的體質向上提升。對員工而言，參與公民活動是一種人生價值與心靈層面的提升，當員工透過公民活動有所收穫，再回到工作崗位，就可以用全新的角度看待目前在做的工作。當年曾參與公民活動的義工，離開台灣飛利浦以後，即使到了不同的企業，依然記得這些美好記憶，並將公民責任的精神落實在生活中。因此，藉由公民活動的投入，可以喚醒員工的公民使命感，進而提升整個國家與社會的生活與人文素質；也更擴大國際視野，善盡世界公民與地球一份子的責任。

▲ 公民活動可以回饋社會、豐富生命經驗

❖第四節　全球組織大整併

一、台灣飛利浦的組織瘦身暨事業營運之轉型

　　當荷蘭飛利浦在產品事業群結構進行變革時，台灣飛利浦也受到高度的環境考驗。面對荷蘭總公司積極且快速的策略調整，身為海外聯屬公司的台灣飛利浦自然也做出一連串「被動」的調整。2000年左右，加上中國剛開始崛起，經歷改革開放後，成長動能十分驚人，大量便宜的人力與廣大的內需市場，對外商、甚至臺商產生極大的磁吸、聚資效應，使得臺灣的本土產業面臨巨大的挑戰，紛紛西進。接著，中國政府開始對外資採取開放的政策，於是吸引更多看重此一市場的國際資金流入中國，許多電子大廠紛紛進駐投資。尤其是1999年中國加入WTO之後，其市場更加開放，

對外國直接投資具有更大的保障，而紛紛加入投資中國的行列。

　　在全球經營策略布局的考量下，荷蘭飛利浦必須對亞太區的事業進行重整。首先，將低階產品的製造基地，移至其他勞力成本較低的地區。在此架構下，臺灣的映像管工廠，勢必也要有所調整。首先受到影響的是竹北廠，映像管生產線轉移至中國南京。其次，在飛利浦總公司的策略考量下，將亞太事業體進行重新整併，總部則設在香港；並將全球飛利浦的半導體部門改組，大中華區從亞太區中獨立出來，總部設在上海。於是，台灣飛利浦在全球的重要性逐漸降低。另外，1997年亞洲金融風暴後，韓國受創頗重，於是飛利浦於2001年將映像管與顯示器管事業群與韓國LG合作，成立LG. Philips Display，成為世界第一大映像管與顯示器製造公司；同時，為了有效整合兩地的資源，臺灣的大鵬廠、中壢DU廠相繼停產。自此，曾經是顯示器重要生產、行銷及研發基地的台灣飛利浦，變得愈來愈形單影隻，而逐漸淡出。

　　為了配合總公司瘦身轉型的策略方針，台灣飛利浦也得配合積極調整，將過於笨重且無益於組織未來發展的產品事業加以處理，並嘗試吸納更多的新元素進來。在荷蘭總部發展策略的主導下，台灣飛利浦啟動事業更新計畫，進行了一系列產業的在地轉移。2000年，全球被動元件部門出售給國巨，創下當時臺灣併購金額的新高；2000年至2002年，竹北廠、大鵬廠的生產之電腦顯示器管之生產轉往中國，同時也關閉了竹北廠中的玻璃廠，結束在臺灣的營運；2004年，飛利浦開始逐年出脫樂金飛利浦（LG. Philips）的持股；2004年底，飛利浦出售電腦顯示器與低階薄型電視業務給冠捷科技，並將其中的一個臺灣研發中心移轉給冠捷科技。飛利浦僅保留冠捷科技15%的股權，於是由顯示器的製造者，轉變成投資者。2006年8月，全球半導體事業移轉至美商投資之恩智浦半導體公司，飛利浦只保留19.9%的股權，於是，高雄建元電子公司也隨之移轉出售。

　　這一連串的事業體重整只是開始，也正式宣告台灣飛利浦將由一個電子組件與電子消費產品之行銷、研發、製造重地，轉變爲在地的行銷據點。就策略而言，顯然全球飛利浦並不是盲目從事併購，而是在市場上尋找符合飛利浦未來組織目標、且在文化上能夠與飛利浦相符的企業做爲對象，以確保併購的企業能夠爲飛利浦提供更多的創新解決方案。透過這樣的法則，飛利浦靈活地在各產業間轉換，不但取得高度的獲利水準，也將快速環境變化所帶來的衝擊降到最低。

　　從1990年開始，歷經飛利浦總部兩次的計畫性變革，台灣飛利浦的一系列事業切割轉讓，臺灣的戰略地位逐漸下滑：台灣飛利浦由市場、生產、研發中心轉變爲行銷與品牌推廣的單位，飛利浦也從全球電子製造業的版圖中心除名。台灣飛利浦成立於1966年，在四十多年的時間中，台灣飛利浦的角色由邊陲走向核心，成爲電子產業中的佼佼者；但在飛利浦全球布局淡出電子製造業以後，又逐漸邊緣化。尤其，在中國崛起的趨勢下，台灣飛利浦的利基一點一點喪失：過去臺灣聯屬公司曾經創造出驚人產值，最高峰時期的員工人數達到一萬三千人，但是隨著公司轉型，建元電子轉給恩智浦半導體、被動元件部門賣給國巨、行動顯示系統事業部賣給統寶、顯示器部門賣給冠捷，總公司的政策走向完全解除了臺灣在全球飛利浦的功能。就內需的消費市場而言，臺灣也只是一個二千三百萬人的市場，規模無法與其他許多亞洲國家相比；總公司的策略調整，使得台灣飛利浦由電子產品核心成爲全球飛利浦世紀轉型後的邊陲，成爲接受總部與事業部指揮的小型服務點。

二、結束與台積電的合作關係與股權移轉

　　荷蘭飛利浦對台積電的投資，從一開始出資美金四千萬元，持股比率爲27.5%，之後就未曾變動過。直到1992年，聯電跟台積電之間互相角

力，張忠謀先生與台灣飛利浦討論是否應該將股票上市。飛利浦是台積電最大的私人投資者（private investment），在合約書中亦載明飛利浦最終有51%的選擇權。但若選擇上市的話，飛利浦得放棄51%的選擇權。對荷蘭飛利浦而言，這是吃虧的，當然不贊成。但對臺灣整體產業發展來說，讓台積電股票上市對於整體PC產業的發展是助益相當大的。若台積電無法上市，將留不住優秀人才，也不利於後續的發展。爲使台積電能夠順利在臺灣證券市場上市，台灣飛利浦積極說服荷蘭飛利浦放棄51%的選擇權，最後荷蘭飛利浦同意釋出一小部分的持股，使得台積電在1994年9月正式在臺灣證券市場掛牌上市。

在台積電起飛成長的階段，飛利浦因爲擁有許多專利，又與其他國際大廠之間有著交叉授權的合約，因此，可以提供台積電使用專利權上的方便；而在技術來源上，則亦協助台積電取得先進製造之技術；也使得台積電投資合夥人獲得穩定的積體電路製造訂單。在張忠謀先生的帶領之下，台積電成爲半導體產業首創專業積體電路製造服務模式的先驅者與領導者，提供客戶最先進的晶圓製程技術與研發技術。全球的IC供應商之所以將產品交予台積電公司生產，主要原因是信任TSMC之獨一無二的尖端製程技術、先鋒設計服務，以及製造生產力與產品品質。邁向二十一世紀之後，台積電以穩定與優秀的競爭力，在高效能運算平臺、物聯網、車用電子市場位居領導地位，是卓越企業的典範，也是世界級的領頭羊。

顯然地，飛利浦與台積電的合作，是一個雙贏互利的合夥策略典範。台積電的高度競爭力支援了臺灣PC產業的成長，臺灣也從原廠委託製造服務（Original Equipment Manufactures, OEM）的角色，轉換爲原廠委託設計製造服務（Original Design Manufactures, ODM）。雙方的合作，直到飛利浦在全球產品策略與投資策略上進行巨大變革後才終止。在雙方認可下，2007年飛利浦退出台積電之董事會，之後逐步地將手上持有之股數陸

續透過盤後鉅額交易之方式釋出，在股權轉移的過程中並沒有造成股匯市場的動盪。2008年股權完全釋出後，飛利浦在台積電之合作投資也劃下一個完美的句點。由此案例可看出，台灣飛利浦的積極轉型，不僅考量到自身企業的營運，亦十分重視臺灣本地產業的整體發展。

　　這樣的轉型不只在臺灣發生，在飛利浦總部所在地的恩荷芬市，亦是如此。此市一百多年前，一直是飛利浦尖端研究與開發製造的基地，飛利浦創辦人安東‧飛利浦的塑像就聳立在中央車站前。但在二十世紀末期，面臨全球激烈競爭之後，飛利浦相關部門相繼搬遷，城鎮的發展乃陷入停頓，並逐漸沒落。幸好，飛利浦在2002年開始採取非常手段，將研究部門更新為「恩荷芬高科技園區」，並向全世界開放，鼓勵新創公司與科技人才加入，終於使得沒落城市在幾年之內蛻變成功，成為全球的智慧之都，創新績效傲人（Agtmael & Bakker, 2016）。這些案例都在在顯示：隨著時代的演進，各類型的組織，甚至城市，都需要與時俱進，浴火而重生！

第七章

轉向：確立新使命

❖ 第一節　精心極簡

一、策略形成過程

　　飛利浦重新定位其品牌形象，是從2004年開始的，這是一項極大的挑戰。因為累積百年製造與技術經驗的巨型公司，竟然要由「技術驅動式的創新」轉向「顧客驅動式的創新」，從顧客與使用者的立場，展望未來的需求，並在未來直接能滿足顧客的需求。因而，掌握消費者的需求，聆聽顧客的心聲，成為創造新業務的不二法門。由於飛利浦長期專注於現有產品的製造與研發上，與顧客「真正想要的」與「未來時尚的」距離相當遙遠，以致於營運起起落落，常隨著經濟景氣而起伏不定，甚至陷入困境。因此，應該是重新定位使命的時候了。因此，飛利浦進行了兩項調整：首先，將產品的研發與設計調整為更符合人性的需求；其次，將龐雜的產品線再次精簡，讓產品的使用更貼近一般大眾的日常生活。

　　為了滿足最終消費者的使用需求，成為真正顧客導向的品牌，乃針對一些主要市場的客群進行分析，包括荷蘭、美國、英國、法國、德國、巴西、中國及香港等八個地區的主要消費者，進行120次的深度訪談，以了解不同國家文化、年齡、生活水準的人心中在意的究竟是什麼？結果發現，在這些族群中，大多數的消費者都對於科技產品的複雜功能感到厭惡，甚至想要放棄使用。當時飛利浦的產品不但無法符合消費者的期待，也因為過度龐雜，而引發產品的負面評價。除此之外，產品線過多、區隔不完全、分級不全面、媒體宣傳也不夠聚焦，因而不能給予消費者一個清晰的品牌印象。消費者對於購買的產品有疑慮，對品牌形象也瞭解不清，很難產生鮮明的印象。透過這次的大規模調查研究，歸納出「Sense」與「Simplicity」兩大核心概念，並點出飛利浦的主要問題：飛利浦雖然不

缺乏創新能力，但許多創新提案與設計並未符合消費者的期望。追根究柢，與產品太過複雜、操作不易有關。因此，邁向簡單、合理，才是產品所要追求的目標。

基於這樣的理念，柯慈雷在2004年9月，決定更換使用十年的核心價值：「Let's make things better!」（讓我們做得更好！），並以「sense and simplicity」（精心極簡）取而代之。當時飛利浦的員工，每一個人都收到一封信，大信封打開來，一張平面紙板會自動彈跳出來，變成一個立體四方盒，上面寫著「Technology should be as simple as the box it comes in」（技術必須像此盒般地簡單）。打開公司的電子郵件，則有一封總裁寄給全體員工的信，裡面清楚說明更換企業核心價值的訊息，以及其所代表的意義：

> 「過去幾個月，數百名飛利浦同仁日以繼夜地討論半導體事業部門獨立的問題，另一個團隊則致力發展不同的策略方案。這些計畫團隊（project team）的努力，促使飛利浦與半導體事業部門更明確地釐清往後的事業發展方向，以及可能的結果。因此，決定了加速半導體事業部門的轉型，使其成為獨立經營的事業體，並將之解離於飛利浦之外。半導體事業群的脫離飛利浦，代表飛利浦將改變未來的營運重心，而由大量電子產品的製造，轉移至強調醫療保健、生活時尚，以及前瞻科技的方向，藉此建立專注於Sense與Simplicity之品牌承諾的顧客導向公司。」

二、啟動品牌再造工程

這是繼1995年之後，再一次的品牌再造，飛利浦砸下近32億臺幣，先在七個主要市場進行品牌重塑活動，賦予整個品牌價值鏈的全新定義。同

時在設計與創新中加入了重視人類、生活、文化及社會等的人文元素，努力擺脫冰冷遙遠之生產者導向的製造印象，改以使用者導向的思維來設計產品，並以舒適易用（easy to use）、貼心設計（或為您設計，design around you），以及先進技術（advance technology）作為品牌訴求的三大重點。「舒適易用」代表每個人可以輕鬆地享受科技所帶來的好處，而不是煩惱技術問題；雖然產品的科技細節與營運模式可能相當細緻複雜，但飛利浦致力於讓消費者輕鬆上手，使消費者感受到「飛利浦真的相當重視我」。其次，「貼心設計」代表飛利浦在設計產品時，首要之務是要瞭解消費者，一切的設計都將以消費者的感覺為依歸，緊緊掌握消費者的喜好與需求。因而，需要仰賴大量的消費者行為與心理學研究人才，用以探討消費者的使用體驗（User Experience, UX），期望產品能讓消費者在使用時感到自然。第三，「先進技術」強調透過日新月異的科技，支援產品不斷地創新──只有真正能夠改善人類生活的科技，才能算是先進的科技，也才能讓消費者對於新穎的設計與強大的功能感到驚喜。新的飛利浦形象，強調以消費者需求為導向，重新塑造消費者對於飛利浦這個百年品牌的嶄新印象。

　　「精心極簡」為2004年之後的全球飛利浦做了清楚明確的定調，而走入一般性的消費者市場之中。針對消費性電子產品所提供的生活舒適便利，則提出了情境智能（Ambient Intelligence）的願景。在此願景的驅動下，開始進行一連串的實驗性開發與設計，並從原先著重製造品質、進行不斷精進品質的製造角色，變成情境智能領域發展的先驅角色。如果過去飛利浦在品質上的不斷追求卓越，是一種質與量上的持續提升，現在則由品質專注轉化為對使用者舒適感覺的專注，就是一種質性的改變，也突顯了飛利浦百年經驗的革命式躍進哲學，而非只堅持微調的演化轉型過程。和其他公司不同的是，飛利浦擁有的一套「使用者經驗設計理念」，相當

倚重科學研究來進行產品設計（design research），且透過貼近區隔化市場與消費者行為，來設計與主導產品的發展策略。因此，在飛利浦的研發中心中，可以看到不少特定專業人士，包括藝術家與設計師，並利用飛利浦所提供的技術與工程支援，一起共同規劃種種的設計方案。

三、使用者導向設計

　　為了打造符合新品牌形象的產品，飛利浦邀請五位世界級的專家擔任「Simplicity」顧問團的成員，包括當時時裝設計界的閃耀新秀沙拉波曼（Sara Berman）；香港著名的建築師、Edge Design（前沿設計）的張智強（Gary Chang）；MIT媒體實驗室肢體語言工作坊（Physical Language Workshop）SIMPLICITY研究計畫主持人的約翰梅達（John Maeda）；放射醫學專家佩姬弗利茲（Peggy Fritzsche）；以及當時在加州設計學院藝術中心（Art Center College of Design）任教的奧山清行（Ken Okuyama）。這個組合不但橫跨多個專業領域，也結合了東西方兩大元素，不但可以看出飛利浦成為消費者品牌的決心，也彰顯了飛利浦對於亞洲市場的重視。

　　有別於當時主要的競爭對手，例如，Sony、三星、LG等等，這些公司是以散布在世界各地的眾多設計師團隊做為產品發想的基礎，但飛利浦則不然，特別強調菁英政策，設計師人數只是這些競爭品牌的三分之一不到。關鍵就在於飛利浦認為，唯有將少數設計師有紀律地組織在一起，所設計的結果與產出才會更為緊密結合一致，且展現共同的核心價值。如此，才能達到產品設計與品牌價值的無縫接合，提升品牌的整體識別度。在飛利浦，設計並非各有一把號、各吹各的調，而是如同交響樂團一樣，分工協作，成員一起按照樂譜演奏，使得奏出的音樂更能韻律豐富、悅耳動聽。因而，產品設計與所要傳達的品牌形象是協和一致的。在公司內

部，最常被問到的問題就是，講到Sony、三星、LG這些品牌時，你聯想到什麼？他們的品牌價值是什麼？飛利浦所要傳達的品牌特性是什麼？在琳瑯滿目、各式各樣的產品線中可以突顯且脫穎而出嗎？能否被消費者識別與接受？

飛利浦的設計師必須有紀律，不能過於自由或天馬行空；但也必須發揮創意、透過發散思考設計產品，在兩個矛盾的要求下，飛利浦想出一套極具特色的創意管理方案。首先，雖然一個有效的創意管理必須符合多項原則，但最主要的是必須具有實用上的效益；其次，必須在新穎與美學方面具備一定的水準。飛利浦「High Design」設計行程，就是期望達成這樣的目標。在創意發想的過程中，條列幾個需要回答的關鍵問題：這是什麼設計？用到何種工具？適合什麼樣的人？如何確保品質？如何衡量？這一切過程很像工業工程的流程管理，實際推動時也發現，這樣的流程提供了一個參考框架，在架構中，設計師可以完全發揮自己的創意，而天馬行空所得到的成果，也依然符合飛利浦對於創意的要求。因此，設計不是一種民主性的程序，也不是多數人贊同的答案就比較好，更沒有是非對錯的區別。飛利浦強調的設計，是需要有流程管理工具來規範的，也必須是有效率的產出，才能夠真正符合「精心極簡」的原則，讓消費者感受到飛利浦對產品的用心，且擁有整體一致的品牌印象。

四、聚焦三大產業

透過Sense與Simplicity，除了徹底改造產品設計之外，也針對飛利浦過於龐雜的事業群進行整併。2005年起，飛利浦逐一出脫半導體業務與手機業務，明確朝向消費電子品牌的目標前進。首先，淡出原本的核心事業—半導體事業群，因而，飛利浦到臺灣所設立的第一個重要據點—建元電子，也一起轉讓。當時，半導體執行長萬豪敦先生宣布：「飛利浦半導

體事業群將更名為恩智浦（NXP），新公司將從皇家飛利浦經營體系獨立出來，臺灣的半導體事業群亦隸屬於新公司。」建元電子是台灣飛利浦的發跡之處，出售給恩智浦雖然有些意外，但台灣飛利浦也不得不接受。因為此時全球飛利浦的重心已經轉往消費性電子了，直接服務終端顧客。可是，半導體事業群的市場定位卻較接近企業對企業的B2B模式，與最終消費者距離過於遙遠，也與總公司的目標與理念不相符。此項切割說明了飛利浦進行激進轉型、改變公司定位的決心。在切割臺灣的半導體事業群之後，台灣飛利浦的規模驟縮，已經不再是擁有研發與製造優勢、具有宏大規模的事業體了。

　　2006年10月，荷蘭飛利浦與中國電子信息產業集團（CEC）簽署合作意向書，將其全球移動電話業務出售給中國電子信息產業集團，全面退出手機市場。到了2007年，飛利浦陸續大規模減持液晶面板公司的股票；2008年，飛利浦停止向美國與加拿大市場銷售電視機；2010年8月，也將其中國的彩色電視機業務轉讓給冠捷。一連串的出售動作背後，更突顯出其專注簡單的特色，也醞釀著另一波的轉型與成長高峰。

　　除了讓消費者更簡單使用飛利浦的產品之外，也要讓飛利浦的品牌形象更為聚焦凸顯，消費者產生的品牌認定更為鮮明。經歷了一系列的出售與轉讓之後，飛利浦運用取得的資金與資源，開始在健康照護、照明及居家生活三個領域中，尋求可能的收購對象。自2007年到2010年的四年期間，飛利浦總共經歷了三十九件大大小小的併購案。於是，飛利浦由大量生產的電子一條龍發展主軸退場，逐漸聚焦於醫療、照明及生活時尚（life style）三大領域，且確實掌握附加價值較高的研發與品牌兩個部分。其變革效益直接反映在品牌價值上，2004年力推「精心極簡」的品牌策略時，品牌價值在全球排名第65，為43.78億美金，到了2005年時，排名已經上升到了53名，價值59億美金，較2004年成長了35%。之後，年年

向上成長，到了2010年已經排名42名，品牌價值為86.9億美金 ── 六年內成長了1倍。

❖ 第二節　創新為你

一、荷蘭飛利浦的新方向

　　2013年，正當所有人認為一切將逐漸變得穩定的同時，飛利浦又開始不滿於現狀，認為未來的產業創新重點應該是在消費者身上，最終顧客與使用者導向的創新將變得更為關鍵。於是，2013年底，在加速成長計畫的後期，將重點擺在優化各種業務流程，期望打造更為簡便的「端到端」客戶價值鏈，以更瞭解消費者需求，並給予快速回應。因此，再次提出了新的品牌精神──創新為你（Innovation and You），強調飛利浦透過對創新的堅持，持續改善人類的生活水準與品味，亦再次宣示走進家庭，成為居家品牌的決心。飛利浦在介紹文宣中寫道：

> 「自從飛利浦為恩荷芬點亮城市夜晚之後，開創新局便成為公司的使命。我們不只為員工與股東實現收益，更重要的是改善了人們的生活。時至今日，我們的使命仍一如往昔，未曾停歇。我們相信，為了改善人們生活，勇於做出決策，就會成功。我們相信，使命是一個過程而非結果，創新才能實現美好願景，落實創新必須深入問題核心，使命需要具有同樣理念的先驅勇士來完成。儘管前路艱辛，但正是這份堅持，讓我們得以利用科技創新，造福億萬人的生活──飛利浦帶給你有意義的創新。」

二、事業群產品結構的再調整

　　2013年，成立了120年左右的飛利浦電子公司（Philips Electronics）宣布將消費性影音事業部門出售給日本的船井電機（Funai Electric），總額約為180億日元（但最終並未成功，而對簿公堂）。正當大家為此消息感到驚訝，並猜測飛利浦的下一個動向時，萬豪敦在2014年的一次報告中，清楚的勾勒出飛利浦2016年的願景，他指出：在推動加速成長計畫以後，已經徹底改變了飛利浦的原有體質，應該是進入下一個階段的時候了，而打算再持續調整，將原本所聚焦的三大產業再次精簡，分成兩個主要部分。這兩家公司雖然都使用飛利浦的品牌名稱，但公司的名稱並不相同。第一個部分，將生活時尚與醫療保健進行結合，由皇家飛利浦（Royal Philips）負責。整合之後的皇家飛利浦將可產生協同合作的綜效，一方面使醫療保健部門的產品得以市場化，走入一般人的家庭生活之中，而不再只侷限於醫療院所；一方面生活時尚的部門則可以提高層次，進入醫療場域。他們期望建構一個由健康生活、預防保健、診斷、治療、復健、到居家照護的一貫性產業，並在此產業中成為最傑出的領先者。

　　第二個部分則是飛利浦照明的老本行，此部分將由飛利浦照明（Philips Lighting）負責掌握，重點將擺在高階照明的產品與方案上，例如：新式照明設備、智慧科技照明，此部分在新興市場仍具有極高的成長動能與前景。雖然如此，在照明領域中，飛利浦也積極處理不具潛力的事業群。2015年3月，飛利浦宣布與GO Scale Capital（GSC）達成協議，GSC以28億美金的價格，取得飛利浦LED零件與汽車照明事業部的80.1%的股份，新公司將持續使用Lumileds名稱。於是，飛利浦的照明與解決方案事業部乃成為Lumileds的重要客戶。從這一項交易中，不難看出飛利浦再次轉型的企圖，這也是飛利浦新一波轉型策略的一部分。更大的轉型則是飛利浦計畫公開標售其全部照明事業部，並於2016年將照明事業部獨立

出來，而於2018年3月正式更名爲昕諾飛（Signify）。自此，飛利浦的品牌只專注在總值達1,000億歐元以上的消費性健康照顧市場。

　　這是飛利浦的再一次的轉進，因爲觀察到人類的壽命愈來愈長，而伴隨著長壽而來的，卻是慢性疾病與長期照護。因此，日漸攀升的老年醫療照護與管理成本，將成爲人類社會的重大挑戰。也因爲世界各地醫療照護的需求與日俱增，但供給卻十分有限，也對政府、醫療院所及民眾造成重大負擔。因此，打算顛覆既有的模式，移除醫院與民眾間的物理與心理藩籬，使得醫療走入家庭，成爲民眾生活的一部分。因此，將改變以往致力於醫療儀器研發的取向，開始著手規劃醫療設備進入家庭的可能，透過各式產品的串聯與雲端資料庫的趨勢，期望改變從醫院到家庭這段過程中的病患照護方式。

　　轉型後的荷蘭飛利浦公司將專注在健康醫療技術上。根據估計，消費者將愈來愈會利用智慧型手機或其他裝置來監控健康狀態與食品營養。因而，飛利浦預計開發一系列的健康醫療產品，稱爲Health Tech，以整合不同的居家醫療產品，例如：電子手錶、醫療掃描機、電動牙刷、食物處理機，以及咖啡機等等。藉由網路的串聯，隨時感應與監控使用者的健康狀況，並及時上傳到與醫療單位連線的資料庫，一方面作爲個人醫療資訊的整合中心，提供個人健康資訊進一步診療可能；另一方面則透過雲端整合大數據資料，做爲未來產品開發的參考。

❖第三節　台灣飛利浦的人才擴散

一、外商在臺灣的成功典範

　　回顧台灣飛利浦的歷史，由發跡、輝煌，最後歸於平淡，由加工點演

變為服務點，重新回歸全球總部或地區的控制。但在這一半世紀的過程中，她也努力融入本地社會，並最終成為社會企業公民的一份子，且將飛利浦的全球資源轉化為幫助這片土地的養分；藉由回饋地方，達到永續經營的目標。除此之外，四、五十年來，台灣飛利浦亦培養許許多多見識卓越、經驗豐富的人才。他們曾參與飛利浦半導體、消費性電子事業的創設、執行及成長，並在市場擴大的過程中扮演重要角色。由於飛利浦在臺灣的前三、四十年，正好是臺灣產業與經濟蓬勃起飛的階段，本地員工都參與其中，而為臺灣的相關產業留下了珍貴的經驗與專業知識，包括行銷、供應鏈、製造、人資、財務、建廠、設備工程，以及資訊管理等等的相關專業知識，並持續在相關產業中發光發熱。

二、高階人才的世界接軌

　　台灣飛利浦相當重視人才的培育，因為在公司的經營上，人才扮演了極為關鍵的角色。因而，要如何讓人員保持高度的工作動機，如何尋找與激發其潛能，適才適所都是人力資源發展與管理的重要問題。首先，飛利浦認為人才的培育，不應落入薪資競爭的遊戲當中，尤其是高階人才的部分。在台灣飛利浦工作，他們的待遇並不是業界最高的，離開台灣飛利浦去其他的公司工作，薪水也可能較好，然而卻有許多優秀的人才願意留在台灣飛利浦付出心力。理由是他們都認為，在這裡工作就如同在「練功夫」，吃的苦愈多，就會愈傑出；再搭配公司特有的一套人才發展計畫，從甄選、績效評估、潛能評估、潛能發展，以及接班人計畫都有一定的軌跡與成長路徑可以遵循；同時，也徹底執行各種不同層次的培育，讓員工時時充滿挑戰，充滿希望。在辛苦工作的同時，也可以提升自己的種種能力，包括專業才能、團隊合作，以及領導統御等等，這些成長都十分難得，也不是待遇可以輕易取代的。飛利浦人才發展計畫，如圖7-1所示。

　　曾任總裁的羅益強先生特別強調，讓員工接受各種不同的挑戰與難題，藉由困難來培育人才，正是台灣飛利浦的特色。他常常鼓勵年輕一代要造反，透過造反來突破與創新。可是造反不是無理取鬧，而是有清楚邏輯與戰術論點的。接著再透過開放式的討論，找出問題的癥結點，並規劃組織後續要走的方向。如此一來，不但公司的問題可以獲得全面性檢討，進行風險評估，員工參與討論也提升了同仁的向心力，更培育了未來的高階人才，一舉數得。

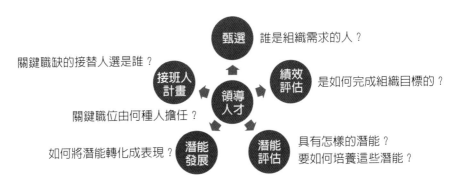

▲ 圖7-1：台灣飛利浦人才發展計畫

　　數十年的經驗累積，使得台灣飛利浦認為高階人才的留任關鍵，除了薪資之外，成長需求與人才培養更是不可或缺的。為了要能讓人才有足夠的歷練與成長機會，任何的交流學習、吸收新知的管道，都要盡量去安排，例如：不同層級之各部門的非財務主管，都要接受財務管理訓練，以提升人才的眼界，擴大視野。如此一來，面對再多困難的工作，人員也不會埋怨，因為這是學習成長的重大機會。公司對人才的投資，也從不吝嗇，經理級人才要到臺北總公司上管理課程，之後要再更上一層樓，就得外派至荷蘭總部與亞太總部受訓。至於總經理級以上人才，就一定要派至荷蘭總部學習歷練，期能具備全球性的宏觀思維來經營企業。這種人員的

教育訓練，是十分值得投資的，飛利浦向來都寬列經費預算。曾任台灣飛利浦副總裁的許祿寶先生也說：「飛利浦尊重人才及世界各國文化，因此，只要是你有能力，她就願意放手讓你做。這種接納人才的開放精神，讓全世界的人才都能為飛利浦所用，願意為飛利浦效命，這是飛利浦最成功的一點。」

　　其次，對於高階人才，台灣飛利浦一向都是「用而不留」，他們認為愈是具有全球競爭力的高階人才，愈是應該在全世界各地相互流通；而有效能的企業，也要懂得運用全世界的人才，而不是限制人才的流動，把人才綁死在在地的公司。這種箝制人才的思維，不但無助於人才的培養，反而是戕害了人才；不但限制了人才的發展，也限制了組織的發展。羅益強總裁很傳神地說：「就跟你養鳥一樣，養在籠子裡，再漂亮的鳥也不漂亮。如果你的鳥在後院飛來飛去，老飛到你這個地方來，那才是最美的。」

⬢ 人才需要能展翅高飛

在這樣的觀點下，台灣飛利浦認為不需要透過種種的優渥制度設計來留住人才，而是要讓企業經營管理持續保有全球性的競爭力，好的人才便會自動上門，樂於在公司工作與成長。這種唯人才是用的哲學，可能也與飛利浦的跨國企業背景有關。由於飛利浦總部把臺灣視為前進亞洲與大中華市場的跳板，因此台灣飛利浦的人才，總是在臺灣、荷蘭以及中國不斷移動。曾擔任飛利浦全球總裁的柯慈雷、台灣飛利浦總裁羅益強，以及飛利浦中華區總裁張玥，都是飛利浦典型的代表人物，藉由不斷的移動，在不同的地方吸取經驗，以逐漸提升跨國經營的宏觀視野與全球眼界。以柯慈雷而言，在被內定為飛利浦培養的總裁接班人選之後，就被總部派至臺灣來，目的就是要吸收台灣飛利浦的成功經驗，也讓他對亞洲文化與企業發展有更深入的了解，這也是飛利浦在亞洲布局成功，在新興市場快速成長快速的重要關鍵。

三、基礎人才的培養

除了對高階人才的培養有獨特見解之外，台灣飛利浦也相當重視一般同仁在公司中的職涯發展，理由是組織的成功，往往來自於對人才的重視與關懷，而非制度或權力的影響。台灣飛利浦的主管常以「教育家」自居，而非強調「管理者」的角色，他們教導與帶領現場人員從事細微環節的改進，並形成師徒制的傳統。在台灣飛利浦中，十分服膺雁群理論的想法，認為透過大雁帶小雁的方式，可以增加上下間的合作，也可以培育未來一代的高階菁英。曾任建元公司人力資源處處長的呂學正先生強調，雁群理論來自於集體飛行的雁群，當一隻雁展翅拍打時，若其他的雁能夠立刻跟進，便會形成一股抬升的氣流，藉著這種V字形排列，整個雁群比每隻雁單飛時，至少增加了71%的飛行距離。他後來更榮獲了國家人力創新個人獎，並擔任恩智浦總裁，這對於強調人力資源重要性的台灣飛利浦，

無疑是極大的榮耀與肯定。

在不少企業組織中，許多員工的工作方式，都較傾向於一隻隻單飛的雁，分工多而互助少；競爭多而合作少，因而，無法一起創造整體的工作價值，工作自然也會顯得辛苦。至於師法雁群的第一步，在於讓自己願意接受別人的幫助，也鞭策自己主動願意幫助別人，不獨占資源，使資源能夠在不同的同仁間流動，發揮最大效益。因此，台灣飛利浦建立制度，將績效獎金放在團體績效上，希望員工在努力提升自我的同時，也能夠以團體為重。

此外，當領頭雁疲倦了，則會退到側翼，由另一隻雁接替，飛在隊形的最前端，所有的雁都會一再輪流轉移位置。換句話說，團隊的領導者並不是固定不變的，每個成員都有機會成為領導者，也都得要具備承擔領導任務的能力。透過這種雁群模式的分工設計，便可以帶動工作團隊的良性互動。因此飛利浦高度要求團隊的各個成員，不僅是專業的工作者，也必須學習彼此的工作專長，隨時遞補，確保工作內容不會因為各種突發因素而中斷。

四、台灣飛利浦人才的開枝散葉

荷蘭飛利浦來臺灣設廠期間，全盛時期，台灣飛利浦曾經連續蟬聯十年臺灣最大的外商，每年僱用人數超過一萬三千人。飛利浦來臺灣投資設廠，並引進了先進的新技術，不但直接的幫助了臺灣電子產業，也為其在世界舞臺上占有一席之地札下穩固紮實的基礎。這一切都與台灣飛利浦所培育的高端消費性電子與半導體人才，有很大的關係。

前台灣飛利浦總裁羅益強是最典型的例子。羅益強從建元廠基層工程師做起，因為優異的做事與管理能力，1985年成為飛利浦首位本國籍副總裁，1996年升任全球電子組件部總裁，成為飛利浦一百零五年歷史中，第

一位進到總部決策核心的華人。一路由基層的技術人員做起，羅益強不斷
提升臺灣的製造水準，不但連續獲得品質獎的肯定，亦成為當時全球飛利
浦的表率，更讓臺灣的製造、研發人才受到國外大企業的重視，紛紛加碼
投資。雖然在1999年因為身體因素而退休，但羅益強仍然相當關心臺灣電
子產業的發展，並擔任臺達電子公司的獨立董事，提倡資訊透明、授權當
責的公司治理精神，且協助推展綠色能源與平臺整合的工作。此外，也在
大學兼任教職，傳承寶貴經驗給年輕學子。

　　飛利浦在臺五十年，為臺灣產業栽培無數人才。有許多人在飛利浦
學習管理與技術後自行創業，這些新創公司也為臺灣的半導體產業注入了
大量的活水。許多離開台灣飛利浦而自行創業的高端人才，都非常感念在
飛利浦所受的培訓。對他們而言，雖然離開飛利浦，但還是能夠將累積的
經驗移轉給臺灣企業，而能對臺灣社會有所貢獻。這也正突顯了飛利浦用
人、育人但不留人的特殊用人哲學──唯有產業界整體都能往上提升，公
司才有可能更穩定且長遠地向上發展。

❍ 台灣飛利浦同仁在各種產業發光發熱
資料來源：台灣飛利浦（1998）

第八章

結語：反思組織創新五十年

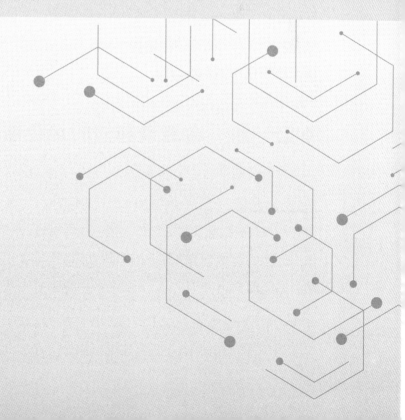

　　台灣飛利浦已經走過五十個年頭，未來也會持續下去。以後會變得後如何不得而知，可是這五十年的確是精彩絕倫的：由開創、立志、蛻變、飛躍、精實及轉向，形成一闋動人的交響詩，也標幟著一個時代的完成，因此，是可以從現在回顧過往，思考其高度與成就，並足以提供啟示，令人默會深省，引發反思。就歷史角度來看，台灣飛利浦只是荷蘭飛利浦全球擴張的一個小小角色而已，可是規模小卻是志氣大，在母公司專業人員與本地優異員工的共同努力下，由海外加工廠，逐漸蛻變為國際產銷與研發中心，更在全球飛利浦扮演重要的角色。要不是環境變化快速，全球飛利浦的定位丕變，引領風騷於未來的可能性極高。雖然如此，其成長的故事仍然值得再三玩味吟詠，並傳誦於一時。在此過程中，最值得細細品味的，乃是台灣飛利浦的組織創新與蛻變轉型，它如何成長、如何透過品質改善，迎頭趕上，成為產業中的佼佼者；接著，又如何掙脫品質的迷思，重新定位自己，找回特色，並重新形塑市場？以下就讓我們再次回顧台灣飛利浦過去五十年的傳奇歷程，並針對其中幾項值得深思的特點進行討論，並指出值得效法之處。

❖ 第一節　台灣飛利浦的角色嬗遞

　　作為荷蘭飛利浦的海外聯屬公司，台灣飛利浦建元電子公司成立於1966年，是第一家設在高雄加工出口區的外商。當時正好是臺灣的出口擴張時期，政府推動加工出口區政策，而飛利浦正是對臺灣加工出口區招商做出回應的跨國企業先驅之一，從此揭開了全球飛利浦集團之「臺灣奇蹟」的序幕。

一、台灣飛利浦的成長與演變

　　歷經四、五十年來產業層次的提升與轉型，台灣飛利浦與臺灣經濟共同成長，也成為臺灣最大的外資企業集團，是荷蘭母公司在亞太地區的主要產銷與研發基地。同時，是荷蘭飛利浦全球成長最快、獲利能力高的海外聯屬公司，並蟬聯十年臺灣最大的外商公司。再者，由於其因勢利導、厚植製造基礎，而能帶動臺灣一連串之產業供應鏈的創新與品牌提升。這種強而有力的連動性表現，絕非偶然，其兢兢業業的經營態度，以及貢獻社會的領導風範，有許多值得當代企業借鏡的地方，尤其是其追求卓越品質的寶貴經驗，在臺灣品質發展史中更是絕無僅有。

　　臺灣自1960年代中期，工業萌芽，開始發展勞力密集之加工業，如電子業、紡織業，投資生產消費性電子產品與零件，並設立加工出口區以吸收外資；1970年代中期產業層次提升，為增加出口競爭實力，趨向資本與技術密集工業，如關鍵性零組件；1980年代中期，臺灣電子工業蓬勃發展，技術層次提升而贏得資訊王國的美譽，新產品的開發與攻占利基市場之腦力密集工業，遂成為主要發展方向。伴隨臺灣經濟的成長，台灣飛利浦的策略走向，從1960年代的裝配製造，到1970年代的建立以顯示器工業為主的體系；1980年代配合政府工業發展的重點，轉向以資訊電子工業為發展主軸；1990年代中期，在總公司策略方向的主導下，台灣飛利浦在原有的「資訊電子工業」主軸上，更加強調「消費性電子工業」的開拓（林家五，2007），而以大量生產、技術驅動的電子產品製造為重點項目；2000年以後，則依據事業範疇與產品線進行調整，並策略性地以品牌形象與核心技術的競爭力來整合資源，且轉型為以本地市場與顧客需求為導向的經營方式。

　　基本上，台灣飛利浦直到1980年代中期，才完全脫離早期（1966–1975）之「勞力密集型」的加工產業，逐漸將產品的層次提升，朝向「資

本/技術密集型」的產業，並轉型爲「腦力與知識密集型」的製造集團，加強研發能力，以及擴大對半導體產業及資訊電子產品產銷事業體的投資。在組織任務的改變上（參考表8-1），則由可變電容器及積體電路等產品之荷蘭總公司的海外代工廠，轉變爲獨立作業的製造組織；同時，電子事業群則投資不同的產品項目，在竹北廠區、新竹科學園區投資與生產重要的關鍵電子組件及產品。其角色定位，是從「海外代工」走向「國際生產中心」，最後再轉換到「亞太/全球事業群組織」的型態。

◯ 表8-1：台灣飛利浦產品投資與製造演變

產品類別	主要沿革	說明
	磁環電腦記憶盤（1966）	建元電子股份有限公司
被動元件	可變電容器（1967） 微調電容器（1968） 碳膜電阻（1969） 金屬薄膜電阻（1976） 表面黏著微粒元件（1978） 陶瓷電容器（1983） 積層型陶瓷晶片電容器（1995）	台灣飛利浦建元電子股份有限公司 被動元件廠
積體電路	晶片封裝（1969） IC封裝及測試（1974） 晶圓測試（1984） 積體電路設計（1986）	台灣飛利浦建元電子股份有限公司 積體電路廠
	專業積體電路製造服務（晶圓製成技術、設計服務、製造效率）（1987）	合資企業（創始大股東） 台灣積體電路股份有限公司
電視用映像管	黑白電視用映像管（1971） 彩色電視用映像管（1978）	台灣飛利浦電子工業股份有限公司 竹北廠區
電腦用顯示器管	單色電腦用顯示器管（1978） 彩色電腦用顯示器管（1985） 高解析度彩色電腦用顯示器管（1988）	台灣飛利浦電子工業股份有限公司 竹北廠區 新竹園區分公司

產品類別	主要沿革	說明
映像管/顯示器管之玻璃組件（screen, cone）	黑白映像管用玻璃組件（1971） 單色顯示器管用玻璃組件（1977） 彩色映像管用玻璃組件（1982） 彩色顯示器管用玻璃組件（1985）	台灣飛利浦電子工業股份有限公司竹北廠區 新竹園區分公司
電子關鍵組件	電子鎗（Gun）（1975） 鐵氧磁體（1980）	台灣飛利浦電子工業股份有限公司竹北廠區
電視	黑白電視機（1976） 彩色電視機（1986～1989）	台灣飛利浦電子工業股份有限公司中壢廠區
電腦用顯示器	偏向軛（1978） 單色顯示器（1984） 彩色顯示器（1985） 高解析度彩色顯示器（1986） 馳返變壓器（1982）	台灣飛利浦電子工業股份有限公司中壢廠區
陶瓷電容器	圓盤型電容器 表面黏著型及樹脂塗裝型積層陶瓷電容器	台灣中獅電子股份有限公司（1970年成立，1994年由北美飛利浦併購，廠區在中壢）
光學儲存產品	記憶光碟 數位光碟 數位光碟機（2000）	台灣飛利浦股份有限公司
消費性電器產品	大小家電、刮鬍刀、醫療設備、電子零組件	台灣飛利浦股份有限公司
照明	專業室內燈具（1988） 消費性及專業室內、外燈具（1991） 省電燈泡、LED燈泡	台灣飛利浦股份有限公司
	燈具（1989）	台灣飛利浦照明電器股份有限公司

二、台灣飛利浦的演變

　　2000年之後，由於全球化興起，臺灣生產成本日漸提升，產品策略與全球布局則從研發製造、產品行銷、物流運輸管理，到客戶之產業鏈以及供應鏈（上游及材料供應商等）（Manufacturing, Marketing, Development）一體的結構，調整爲將利潤下滑之產品的生產外移，強化專業化，行銷事業群，專注於各區域性市場開拓，並催生新研發事業體的型態。在策略走向上，荷蘭飛利浦總部從「跨國地區化策略」轉變成「區域與全球化混合策略」，最後走向「全球化策略」的路線，並積極投入新興市場，再重新擁抱跨國地區化策略。亦即，就銷售地區來說，台灣飛利浦從原先的外銷（歐洲、美洲）與內銷並重，重新將市場定位在「區域與全球」的市場。

　　這樣的轉變乃受到全球趨勢變遷（如新興市場崛起）的影響，於是，台灣飛利浦在全球飛利浦的國際化布局中，產生結構性的巨大改變，電子產品、相關零組件及半導體產業連續出售，臺灣在全球飛利浦企業體系中的角色逐漸淡出，變得微不足道。這種策略、產品及市場的轉變，可以透過圖8-1來理解。

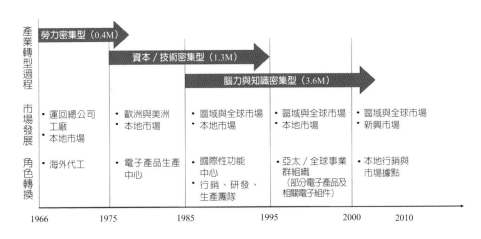

● 圖8-1：台灣飛利浦之產業轉型與組織發展

註：（　）內表示每位員工的產值（單位：百萬臺幣）

在高峰期間，台灣飛利浦除了是電子零組件的生產基地外，也是電腦顯示管與資訊電子產品的全球製造行銷研發事業群，包括被動元件、積體電路、電視用映像管、電腦用顯示器管，以及電腦用顯示器。在因緣際會的契機下，她從單純的在加工出口區投資、規模不大、低技術層級的外商公司逐漸蛻變；接著，又繼續在竹北、中壢投資技術密集的產品，不但技術品質提升，且毛利率、營業獲利率提高很多，成為品質管理表現亮麗的國際重要製造基地。經過各種洗練與擴張，不僅展現了傲人的績效，而且對臺灣本土電子產業的發展亦有很大的貢獻與影響，進而帶動了臺灣電子產業區塊供應鏈的形成、相關企業的成長，以及經濟區域的繁榮發展。

從90年代到千禧年，全球飛利浦為了加速成長、提升品質及追求卓越，先後推動了「飛利浦品質獎」（Philips Quality Award, PQA-90，著重流程改善、以客為尊）、「卓越企業」（Business Excellence through Speed and Teamwork, BEST），以及不斷地求精求變，自我挑戰。可是，在市場劇烈競爭衝擊下，在步入2000年後，飛利浦之行銷策略有了巨大的轉變，決定陸續出售容易受到景氣循環影響的電子半導體產業，以精簡事業組合，並聚焦於「醫療保健」（healthcare）、「照明」（lighting）及「生活時尚」（consumer lifestyle）三大產業，最後再將照明獨立出來，只專注於兩大事業。在全球飛利浦一系列的出售與併購的企業體整合中，台灣飛利浦的規模隨之驟縮，在事業體的重要性也急遽下降，成為產品的在地行銷據點。

❖ 第二節　品質改善與組織變革之旅

台灣飛利浦組織的轉型與發展，由成長到茁壯，可以區分為幾個重要時期，包括開創期（1966–1985）、立志期（1985–1991）、蛻變期

（1991–1995）、飛躍期（1995–2000）、精實期（2000–2005），以及轉向期（2005以後）。這幾個時期，除了第六階段之外，都與台灣飛利浦的品質發展歷程有關。其中，從實施全公司品質改善（Company-Wide Quality Improvement, CWQI）活動，到挑戰戴明獎（Deming Prize）桂冠，再到拿到日本品質獎（N-Prize）與飛利浦品質獎（90年代），接著攀登卓越企業（Business Excellence through Speed and Teamwork, BEST）的高峰，這種「苟日新、日日新、又日新」的不斷持續改善品質，以及追求卓越之路，可謂台灣飛利浦的黃金時代。其歷年來在品質管理的成果，不僅有效提升企業組織的體質，以及附加價值，更為臺灣企業的品質發展樹立了里程碑，在品質改善與組織創新上，都提供了十分寶貴的經驗。

一、開創期（1966–1985）

　　台灣飛利浦在草創時期，只是一家在高雄加工區、以製造磁環記憶體為主要業務的海外加工點（建元電子公司）[1]，經過兩年不到的時間，又擴大成立了高雄的被動元件廠與積體電路廠，1970年在竹北成立台灣飛利浦電子工業股份有限公司，投資技術密集的產品，包括電視用之映像管廠、玻璃廠、電子關鍵零組件廠，以及電腦用之顯示器管廠；在中壢成立電視機廠、電腦用之顯示器廠等等。這些都是生產導向的製造工廠，極為重視品質控制管理，並遵循荷蘭總公司各種產品事業群的設定標準作業程序，進行產品品質之管控。由於臺灣員工的勤奮努力，各自在其產品的領域中，表現亮眼，品質水平與生產良率不但保持一定的水平，甚至逐漸提升進化，而使得全球飛利浦的各種新興產品陸續的移轉至臺灣生產製造。

---

[1] 高雄建元電子工廠一直是飛利浦電子組件事業部的重要生產基地，至2006年飛利浦半導體由飛利浦集團分割出去之前，它是全球飛利浦半導體晶圓封裝與測試的三大中心之一；在目前的恩智浦（NXP）公司中，仍是最重要的生產基地與中心，績效也十分傑出。

二、立志期（1985-1991）

　　這是台灣飛利浦發動組織變革的重要轉折點，幾項關鍵的政策與活動都積極展開，包括CWQI、PDCA循環（或稱做「戴明循環」），以及各項品質活動（QCC、SQC等）。在1985年，在荷蘭總公司的擢升下，羅益強先生成為飛利浦在臺灣的首位本國籍副總裁，負責推動總公司「全面品質改善」的政策。首先，他引進日本品質管理的改善方法，正式成立「全面品質改善中心」，推展CWQI活動，帶領台灣飛利浦員工走向全面品質改善之路。在這段品質改善的過程中，面對台灣飛利浦首次發生營收零成長的現象，而決心以五年的時間挑戰戴明獎，一方面做好未來發展全面品質管理的基礎建設，另一方面則藉由挑戰戴明獎的學習過程，培養組織的整體能力與核心才能。1988年，羅益強升任台灣飛利浦總裁之後，宣布參與角逐日本戴明獎後，作為品質改善重要檢核工具的「總裁診斷」也隨即展開，藉由事業單位提報的改善計畫，實地檢驗經營管理階層如何推動品質改善，以及達成目標所採取的方法。羅益強先生特別強調：「總裁診斷就是診斷總裁的缺點！」的確是一針見血的說法。在挑戰戴明獎、進行品質改善的過程中，台灣飛利浦也透過日本品質顧問，引進了全面品質管理的手法，並按照戴明循環的PDCA執行品質改善，推動戴帽計畫CAP Do，有偏差就分析原因；再針對原因加以修正、執行，透過此一循環，一一達成改善目標。在鍥而不捨的努力下，於1991年獲頒國際品質桂冠的「日本戴明實施獎」，成為臺灣與亞洲第一家、全球第二家獲獎的非日籍企業。

三、蛻變期（1991–1995）

　　台灣飛利浦在獲得戴明獎的殊榮後，品質改善的腳步並未因此而停歇，反而加速改革引擎，並將1990年全球飛利浦發動的「世紀更新」（centurion）活動融入CWQI一齊實施，其主要策略是以顧客為中心，並

將利益關係人（stakeholders）的思維徹底應用在公司策略的評估準則上。然而，CWQI與世紀更新只是全面品質提升的第一步。踵繼日本戴明獎之後，為了再一次攀登品質高峰，朝向世界級的水準邁進，台灣飛利浦以更嚴格的要求，不只是做到產品與服務的零缺點，更進一步希望能使顧客完全滿意，作為顧客的第一選擇為標竿；並以贏得高一階之「日本品質獎」作為挑戰目標。也就是說，根據戴明獎審查意見書裡待提升與改進的項目，持續進行改善，以強化組織體質。同時，也持續成長。

四、飛躍期（1995–2000）

在全面品質管理的努力下，台灣飛利浦繼「日本戴明獎」之後，於1996年各廠在各自的產品事業群體系中，各自獲得「90年代飛利浦品質獎」（PQA-90），並於1997年榮獲「日本品質獎」。扼要來說，挑戰「戴明獎」的五年時間（1987–1991），台灣飛利浦培養出非凡的執行力，並成為全球飛利浦的重要製造中心；而挑戰「日本品質獎」的期間（1991–1997），則培養出整體策略規劃能力，並成為全球飛利浦舉足輕重的關鍵成員。在挑戰「日本品質獎」時，台灣飛利浦亦著手進行組織改造，將原本以生產為導向的「功能式組織」（functional organization），轉型為顧客導向、具有彈性與自主學習能力的「有機式組織」（organic organization），也就是由追求產品品質的階段，擴大為追求組織的品質，同時也緊扣各項組織功能，讓企業成為有機式組織，以發揮最大綜效。台灣飛利浦的品質措施與努力成果，也在1997年通過「日本品質獎」的複審，成功邁向世界級的品質水準，並成為一流的卓越企業。

五、精實期（2000–2005）

邁入另一個千禧年之後，在全球化的挑戰之下，飛利浦總部開始整

合歐美日精進品質的所有手法，而提出BEST的發展策略，希望經由團隊合作與快速學習，成為世界標竿的企業。為了達到BEST的整體目標，台灣飛利浦結合了歐洲品質卓越模式（European Foundation for Quality Management, EFQM）與美國作法，透過PDCA的展開，納入五項主要改善手法，包括企業平衡計分卡（business balanced score cards）、總部稽核（headquarter audits）、飛利浦經營卓越評量（Philips business excellence assessment）、知識管理（knowledge management），以及流程評量工具（process survey tools），期能達成組織的關鍵目標（key performance results）。這項計畫的落實，不僅讓台灣飛利浦在全球的品質競爭中持續保有優勢，而且也為當時困頓的臺灣封測科技產業找到一條向上提升的出路。2001年，適逢網路泡沫化與全球經濟不景氣，柯慈雷總裁上任後，在企業經營的條件下，提出「飛利浦一體」（Toward One Philips, TOP）的策略作為轉型策略，以達成產品組合聚焦、品牌重新定位、長期發展願景樹立等任務。台灣飛利浦在此發展策略中，品質持續精進，但全球飛利浦的重新定位已逐漸在醞釀當中。

六、轉向期（2005以後）

2004年，為了走入終端消費者市場，全球飛利浦重新評估零組件對於品牌的附加價值，並在微笑曲線的技術創新與市場占有之間，選擇聚焦品牌經營，強調精心極簡（sense and simplicity），將品牌重新定位，並更強調市場導向，進一步強化飛利浦的品牌行銷。其後，更以精確的風險評估、產品發展策略，以及前瞻市場趨勢，進行了一系列的策略性出售與併購，再聚焦於三大事業組合，最終專注於醫療保健與生活時尚兩大產業。

2011年，新任總裁萬豪敦（Frans van Houten）上任後仍持續進行策略調整，並提出「營運能加速成長」計畫，在重新定位組織使命之後，擴大

成長型業務的投資，並打造產、銷、研互相結合的緊密體系。進而成功重新取得核心競爭優勢，更在新興市場打開知名度，成為核心品牌；並在中國擴大投資，壯大市場規模，但也因為淡出電子產業，而使得台灣飛利浦逐漸縮小規模，只成為一個地方性的銷售據點。

七、小結

　　持平而言，1999年與2000年之交應是台灣飛利浦消與長的分水嶺，在此之前台灣飛利浦在羅益強先生與相關主管的卓越領導之下，公司全體員工全力以赴，持續改善品質；同時，更放眼未來，成為各產品事業群中之製造供應鏈上領先群倫的領導者。在產品組合策略上，則根據公司的特點與專長，以及市場未來的發展方向，將產品線分成成熟型、成長型及未來型三類：成熟型的產品負責賺取利潤，以提供資源給具有前瞻性的未來型產品做研發與擴張生產之用；至於成長型的產品，則在於掌握市場價格反轉的契機，全力向前衝刺（刁曼蓬，2001）。

　　然而，在千禧年之後，受到全球經濟不景氣的影響，許多成熟的產品已不再擁有競爭優勢，附加價值變低，而受到嚴峻的市場考驗。此時，全球飛利浦開始透過高階人才策略、產業合作，以及全球化布局的方式進行因應，並帶動一系列的組織調整。首先，將獲利下跌的核心事業，如被動元件與各電子關鍵零組件等，在該事業仍具有競爭力時即先行切割出去，以維持「財務可預測性」；其次，併購與飛利浦產業鏈一致的產品線，以及在市場面符合飛利浦區域發展策略的企業，例如：醫療設備與照明領域，以強化創新能力與競爭優勢。此一結構調整，主要是考量半導體與電子零組件是B2B（企業對企業）的業務；而健康醫療、照明及生活時尚面對的則是終端消費者，也就是B2C（企業對消費者）的性質，因而，以終端消費者為主，提供「整體解決方案」來滿足需求，以提升品牌價

值（李郁怡，2011）；同時，捨棄低毛利的業務，並專注於具有成長潛力的高附加價值業務。於是，全球半導體事業群在2005年切割移轉至恩智浦（NXP）公司，電子產業在飛利浦的產品策略圓滿結束；並重新布局在醫療保健、照明，以及生活時尚的三大事業群，2018年再將照明切割出去。

　　在全球飛利浦重新布局的大策略之下，台灣飛利浦逐漸縮小規模，其經營版圖也由大變小，而只留下行銷與市場據點。換言之，全球飛利浦的發展主軸已經從強調大量生產的電子一條龍式策略，也就是電子產品提供者的角色，轉變爲改善人類生活品質的整體解決方案提供者，於是，臺灣成爲全球飛利浦的一個銷售據點。由組織發展的作法觀之，2000年以前的台灣飛利浦屬於一種「演化型的變革」（evolutionary change），採取的是穩紮穩打的漸進式微調，透過持續不斷地品質改善活動，自我提升；2000年以後則是「革命型的變革」（revolutionary change），強調突破性的改變，透過使命轉換，重新界定產品與服務市場，以帶動新一輪的成長。

❖ 第三節　組織轉型的啓動與改善

　　從組織發展的概念來看，組織變革涉及過程、結構、人員及文化四個層面的改變，四者環環相扣，牽一髮而動全身，需要循序漸進，由表層而逐漸深入，全部啓動，才能產生立竿見影的效果。其中，關鍵領導者與組織策略扮演著啓動變革的重要引擎。關鍵領導者是啓動變革的要角，變革常常是領導者在下定決心之後，才開始進行改變的；而策略則與組織使命有關，根據使命選擇方向，再設計種種的改變，以推動變革。就台灣飛利浦而言，其基本企業價值是以利益關係人（員工、顧客、社會、股東）的共好共榮爲標的，透過過程、人員、結構及文化的系統性改變，來達成關鍵性的目標。

▲ 關鍵領導者制訂策略帶領組織提升

一、啓動引擎

（一）領導

　　1966年，若不是弗利茨・飛利浦（Frits Philips）獨排眾議，以過人的眼光、挑戰不可能的性格及雄心壯志，堅決將電子業引入臺灣，大概不會有台灣飛利浦五十年的榮光。由此顯示，領導者對企業經營與發展具有極大的影響力。因而，帶領組織從「除舊」到「佈新」，推動過程、人員、結構及文化的改變，領導者絕對是關鍵，他不僅擔負經營責任，也是變革的重要推手與指引方向的舵手。

　　以台灣飛利浦而言，推動變革與創新的靈魂人物，當非羅益強總裁莫屬。作爲一位變革型的魅力領袖，羅益強先生從不願意只當個聽話的「乖」學生，安於扮演稱職的「執行者」角色，而是選擇做一位不聽話的「好」學生，勇於在自己認爲對的事情上，堅持造反與挑戰。正因爲有了

這位眼光獨到、具有超凡領導力的本土總裁，台灣飛利浦才能徹底發揮潛
能，成爲全球電子業的重要玩家，令全球飛利浦刮目相看，打從心底佩
服。羅益強先生的領導哲學，乃秉持著「改變即機會」、「危機處理良好
即有轉機」的信念，運用各種資源進行組織再造與重建，更時時展現臨危
不亂的風範。台灣飛利浦的品質改善活動之所以成功，乃是基於羅益強先
生的決心，他認爲臺灣的製造業要有明天，必須要具有日本的卓越品質標
準，而決心啓動一系列的品質活動，順便爭取日本戴明獎。在組織結構的
調整上，則是在全面品質改善的意志下，爲了落實顧客爲尊的信念，而逐
步發展成爲有機組織。同時，也率先與國內外的學術界與諮詢界長期合
作，藉由各項調查與診斷，訂定評量指標，進行科學化的分析，以提升改
善效能。最後，則是透過以身作則與牧羊人哲學（shepherd wisdom）[2]，
傳承企業變革理念，將之深入到每一個組織層級中。總之，羅益強先生是
以日本的品質卓越品質爲標竿，推動與落實一系列的品質改善活動，而帶
領台灣飛利浦持續進行組織變革。

　　1996年，羅益強先生升任全球電子組件部總裁，才由柯慈雷（G. J.
Kleisterlee）繼任台灣飛利浦總裁暨亞太電子組件事業部負責人，積極與
臺灣本地的電子資訊產業進行策略合作，擴大市場規模。2000年後，柯慈
雷正式接任全球飛利浦執行總裁，考量到新興市場的崛起，乃積極拓展中
國業務，更以整體策略考量推動重組方案，以因應網路泡沫化與全球經濟
不景氣的衝擊。柯慈雷任內的十年轉型，不同於演化型變革的穩健作風，
而是採取大膽、劇烈質變的革命型變革，帶領飛利浦安然度過全球金融危
機，並徹底從技術導向走向市場導向。而台灣飛利浦也在此期間，轉變爲
研發與銷售中心。兩任領導者的作爲與策略思維，都鮮明地反應在台灣飛
利浦的成長與轉變上。

---

[2]　牧羊人哲學的領導方式，在於事先培養幾隻領頭羊，由領頭羊身先士卒，並帶動羊群往前走。

（二）策略

　　除了領導之外，策略制定也是不可或缺的推動因素。策略制定的功能有如暗夜航海中的燈塔，具有指引航向的作用。台灣飛利浦的策略制定具有三項特點：第一，促使整個組織成員對企業使命（corporate mission）、事業願景（business vision）、目標（objectives）及執行方向（策略）形成共識，並在執行時，維持股東最佳的長期報酬率；第二，掌握環境變遷趨勢，培養管理幹部主動預應的心態（mind set），強化主導邏輯（dominant logic），以培育能領先未來的管理者與專家；第三，厚植組織能力（organizational capability）與核心才能（core competences），提升更高與更深的競爭力。

　　在策略定位上，台灣飛利浦是由本土化階段（1985–1993）邁向亞太區域發展（1994–1996），再轉變為全球關鍵玩家（1997–1999），最後配合母公司的品牌與市場策略，成為地區市場的據點。在這些階段中，由於台灣飛利浦是全球飛利浦在東亞的重要基地，為了貼近當地員工與社群，並在市場上迅速回應顧客的脈動，總公司採取的是「地區化」策略。因而，台灣飛利浦進行了多項重大的本地投資、研發、生產、製造及行銷的項目，力求扎根本地與深耕亞洲。獲得戴明獎後，陸續成立多個事業部，不斷地複製成功模式，甚至主動跨出臺灣，派人協助母公司在中國蘇州與南京、墨西哥及捷克等地建廠。在這段時期中，台灣飛利浦的策略重心，就是「落實本土化的經營，擴展亞太地區市場」。後來，考慮到亞太地區的蓬勃發展與臺灣產業外移，而適度延伸「本土化經營」的策略走向，以「生產線外移，整合技術根留臺灣」作為核心；並在落實本土化經營理念的同時，帶動臺灣產業的技術與管理層面之升級。於是，台灣飛利浦從早期的加工基地蛻變為區域性的事業中心。可是，當全球飛利浦的使命改變之後，總公司重新構思了台灣飛利浦的策略定位，而將其所屬的事業單

位逐步切割出售，而由地區化與本土化的策略轉變爲中央主導的全球化策略。總之，1995年以前，品質改善是重點，後來則開始發展品牌，也因此飛躍期前後的組織策略與重點呈現明顯的轉變，並展現在各種組織行爲與經營活動上。

二、改善內容

（一）過程

在過程上，台灣飛利浦主要是透過方針管理（policy management）、方針擬定及方針展開等步驟，進行循序漸進式地改善程序與流程。其品質改進歷程，亦具有階段性的演變與進化，包括量變與質變（如圖8-2所示）。

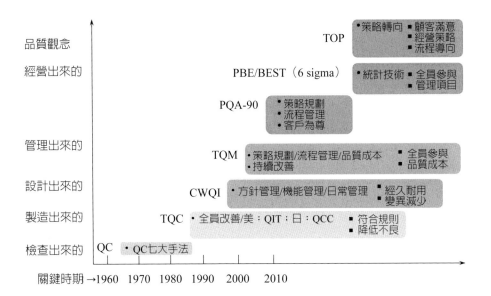

● 圖8-2：品質管理的演進與內涵

開創期（1985年以前）的品質方針是直接引進《品質無價》中的

「品質改善十四步驟」，實施品管圈（Quality Circle, QC）計畫；立志期（1985–1991）台灣飛利浦面臨生存危機，改爲參考「全面品質管制」（Total Quality Control, TQC）的作法，並加以調整爲「全公司品質改善」（CWQI）來推動改革；蛻變期（1991–1995）爲了加速改革，乃將「世紀更新」的目標與精神納入CWQI當中，深化TQC爲「全面品質管理」（Total Quality Management, TQM），全面提升管理、產品及服務品質，期能更上一層樓；飛躍期（1995–2000）除了延續TQM的作法之外，透過PQA-90（Philips Quality Award）推展策略規劃、流程管理、客戶爲尊，及績效管理，更強調長期策略性規畫、內部創業及創新，以培植富有彈性且能快速因應環境改變的能力；精實期（2001–2005）著重於成爲世界級企業，推動「飛利浦卓越企業」模式（Philips Business Excellence, PBE）與BEST，並透過速度與團隊合作，來達成卓越企業的目標。同時，以TOP來整理龐雜的產品線。至於轉向期（2005以後），台灣飛利浦在全球飛利浦的事業整併中，逐漸被定位爲本地行銷與品牌推廣據點。

就品質的改進過程而言，台灣飛利浦初期是以「零缺點」爲改善目標、中期追求「顧客滿意」、「員工滿意」、「企業公民」，後期則是「卓越永續企業」。換言之，一開始的品質是推動I think，然後I do；展開之後，則是I think、I do兼具，再加上You also do；接著，培養出獨立思考與執行能力，並從You do，發展成You think與You do；最後，則是We do。截至2000年，所有改善程序系統，已經十分完備，並涉及了方針管理、安全與環境管理、業務規劃、新產品開發、產品製造、服務流程、人力資源管理、工廠工程管理，以及金融與財務管理等等的動態功能系統，而能全面提升組織綜效（如圖8-3所示）。

（二）珍視員工之培育

在員工培育方面，人力專長、專業能力（competence）、人力配置及

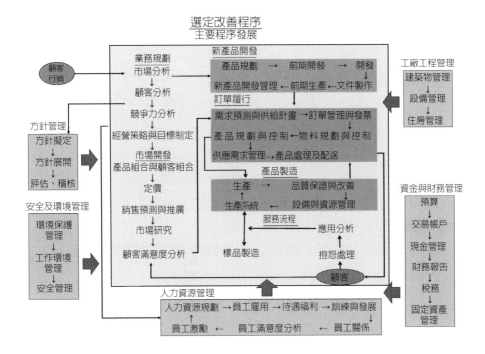

選定改善程序
主要程序發展

◉ 圖8-3：品質改善程序

人員心態，都是啟動變革、提升組織能力的關鍵。因此，台灣飛利浦十分
浦珍視員工的價值，透過品質管理層層培育，展開相關的教育與訓練，藉
以將品質觀念與工具深植於所有員工的心中；並且持續測量與檢討各種主
觀（如滿意度調查）與客觀指標（如訴怨率、加班率等等），察看需要改
善的項目。為了落實對人才的重視，將員工視為內部顧客，力行人才本土
化策略，進一步改善或建立各種人事制度與措施，尤其強調內部人才的發
展與適才適用。不僅如此，培育多元且具國際化的管理人才，也是飛利
浦成就人才永續發展的核心理念。其具體作法是透過「人才衡鑑中心」
（assessment center）的選拔制度，將人才依據潛力分成國家型、區域型及
全球型三級，再根據選拔結果進行職務的調派與培訓。幾項人力發展與培
育的具體工作指標，包括工作輪調（國內與國外）、管理訓練、校園徵才

及儲備有潛能的人才。許多台灣飛利浦員工因而擁有豐富的歷練與全球化的眼光，並在台灣飛利浦淡出全球飛利浦的世界版圖後，仍在臺灣各個IT產業中發光發熱。羅益強總裁就以籠中鳥與野放鳥的比喻，生動描述台灣飛利浦的人才養成特色，強調：「不用高薪來吸引人才」，因為這就像關在金色鳥籠的鳥一樣沒有活力，而聚焦於培養同仁的本事，野放出去一定可以拿比飛利浦更高的待遇。可是，他卻寧可飛回來，待在這裡！

（三）結構

在結構方面，台灣飛利浦也在各個時期進行組織設計與制度的調整，持續進行脫胎換骨的變革。立志期以前，組織結構為強調由上而下（top-down）管理的「功能式部門」，接著轉變為統合地區與產品線的矩陣式組織（matrix organization）；蛻變期，為了尋求突破，彌補缺乏由下而上（bottom-up）的員工主動性，乃朝向有機式組織進行改變；到飛躍期時，則改變為有機式的學習型組織（learning organization）與網絡式組織，更加強調創新，以因應未來的變化。其特點在於徹底翻轉組織，透過企業重組、再造及組織架構的重塑（reforming），而由生產導向與由上而下之高層領導的金字塔型組織，轉向顧客導向、由下而上、前行後援之倒三角形的學習型組織。此一結構調整，強調的是強化學習的深度與廣度，而由單迴圈的基本型學習（single loops & basic learning）走向雙迴圈的適應型學習（double loop & adaptive learning），最後再進階為雙迴圈的啓發型學習（double loop & generative learning），並培養出卓越的組織能力。透過結構轉變，使得台灣飛利浦能夠由初步的維持生存，邁向創新突破，並改變企業文化，進而提升組織能力（如圖8-4所示）。

（四）文化

台灣飛利浦的文化價值，可以從不同時期的關鍵口號透出一些端倪：例如立志期強調「危機就是轉機」、「CWQI」及「挑戰戴明獎」；蛻變

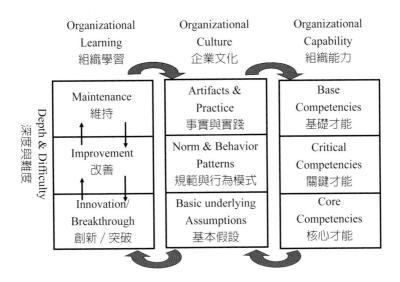

◎ 圖8-4：組織學習、企業文化及組織能力

資料來源：許祿寶（2014：48）

期以「世紀更新」、「顧客的第一選擇」為重；飛躍期是「珍視員工的價值」與「讓我們做得更好」（Let's Make Things Better）；精實期與轉向期則是「精心極簡」（Sense and Simplicity）與「創新為你」（Innovates for You）。邁入千禧年後的台灣飛利浦風範則有五項特點：取悅顧客、員工是公司最珍貴的資源、所作所為都在追求卓越、提升股東權益報酬率，以及鼓舞人人發揮創業家精神。這五項特點，從台灣飛利浦各個時期的價值轉變與累積即可看出。立志期時，為了革除不重品質的組織價值，率先以「顧客滿意」為推動目標，並將品質意識植入每一位員工的心中。蛻變期為了建立贏得勝利的氛圍，繼而推出「世紀更新」運動，又名「贏的精神」（the winning spirit），透過改變同仁的工作行為方式，徹底改變公司的體質。飛躍期時因為面對劇烈變動的市場環境，而需要員工能夠快速進行應變，因而人才優勢成為保有競爭力的核心要素，乃提出「珍視員工價值」的理念，並將改善焦點集中在內部員工的成長與發展

上。精實期在荷蘭母公司的全球布局下，整個飛利浦集團的文化價值都聚焦在四大特點上：以客為尊（delight customers）、履行承諾（deliver on commitment）、人盡其才（develop people）及團結一致（depend on each other）；轉向期以後則聚焦於品牌與終端顧客。

　　如果以利益關係人的衡量指標而言，為了提升改善（kaizen）效果，讓每一個組織環節能連續不斷地改進，並落實到各個單位與角落，台灣飛利浦是以滿足顧客、員工、股東，以及社會四類利益關係人的需求為目標，進行一系列的品質改善活動。其中，在利益關係人的滿意度系統當中，是以外部顧客作為滿意度的啟動者，再向內提升內部顧客（即員工）的滿意、股東滿意，並向外推己及人，澤被供應商與社會，形成一個良性循環。因此，在衡量指標的訂定上，台灣飛利浦是以建立顧客滿意度體系開始，逐步進展到員工滿意度（包含員工士氣、員工工作生活品質及員工動機）、組織滿意度（組織績效），以及社會滿意度（社會責任），並以此作為品質改善的依據。

三、小結

　　綜合上述各項策略與手法，可以知道台灣飛利浦的品質改善歷經六個時期（如圖8-5所示）：在開創期至精實期之間，著重於生產與管理歷程的改善；進入轉向期後，則調整為關注品牌資產（brand equity）與終端顧客導向。在啟動引擎部分，關鍵領導人是由開創期來臺設廠的荷籍主管為起點，之後則由本土出身之總裁羅益強先生與副總裁許祿寶先生居於核心角色，逐漸擴大台灣飛利浦的經營規模，並居於全球飛利浦的關鍵地位。以後，由於全球飛利浦的策略轉向，在柯慈雷、澤文博（Paul Zeven）配合總公司的使命下，陸續將台灣飛利浦的重要事業群，逐一經由全球之併購，快速移轉出去，並縮小經營規模，許多員工則轉至併購的企業繼續貢

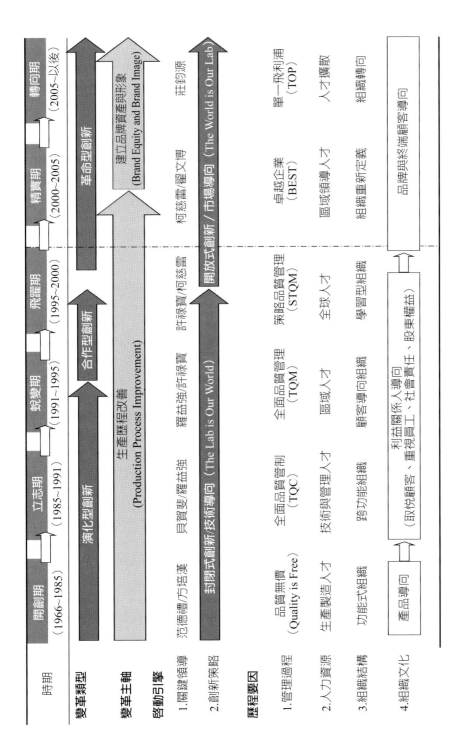

◀ 圖8-5：台灣飛利浦的品質改善與組織轉型

獻其專才與技能；主要的創新策略選擇則是由技術導向的封閉式創新，轉向市場導向的開放式創新；在品質歷程的改善內容上，先從引進國外標準作業制度，逐漸發展出自己的管理模式與執行作法，再推展到卓越企業的整體歷程品質改善。組織結構則由海外加工點的功能式組織，逐步演變成跨功能式組織、顧客導向組織及學習型組織；最後，再縮編成僅具銷售功能的海外市場據點。人力資源方面，則是由培養生產製造人才開始，擴大為關注各種人才的發展，一方面培養更多的技術、研究，及管理人才，一方面培養出區域性及全球性的人才。組織文化方面，則歷經三種變化，初期為產品導向，中期為利益關係人導向，後期則強調品牌與終端顧客導向。其中，以2000年為分野，大致可以區分出兩種不同型態的變，前面屬於演化型變革，之後為革命型變革。

❖第四節　雙管齊下的組織轉型

　　整體而言，台灣飛利浦的組織轉型模式，採取的是兼顧演化型與革命型變革的方式。在2000年以前，台灣飛利浦採取的是一種漸進的演化變革過程，透過品質改善的系列作法，建立品質意識，調整組織體質與結構，以達成滿足利益關係人需求的目標。2000年以後，配合市場變化，全球飛利浦啟動十年一期的變革，調整事業組合，重新界定使命，並提出未來五到十年的新願景，進行多項根本性的改變。也就是說，台灣飛利浦在2000年以前採取的是演化型變革，放眼全球、深耕本土，以逐步改善的方式累積雄厚實力，著重研發、生產及行銷，並提升生產力，在逐漸成熟的市場中攻城掠地。然後，配合全球飛利浦的策略調整，採取革命型變革，重新定義自己的走向；並釋出人力，協助新興市場的開發。兩個時期的轉變模式，可以透過圖8-6來理解。

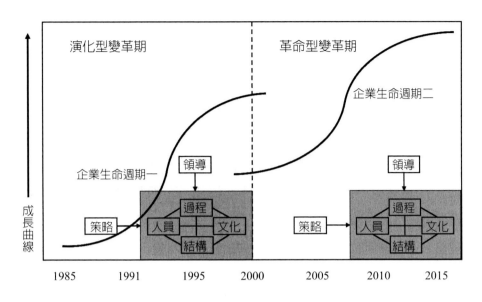

△ 圖8-6：雙管齊下的組織管理

這種「雙管齊下」的組織模式，既要擁有多元且能維持內在一貫性的過程、人員、結構及文化，以提升效率，並創造金流；另一方面，也必須勇於實驗、冒險及創新，藉由團隊合作，同步在過程、人員、結構及文化方面進行變革，以面對未來（Tushman & O'Reilly, 1997）。

一、台灣飛利浦的演化型變革

台灣飛利浦在1985年至2000年的三個品質改善關鍵時期，可謂是勵精圖治。為了推行全面品質改善活動，訂定了年度目標，並透過方針展開、教育訓練及總裁診斷逐一落實、驗收（如表8-2所示），更成功摘取品質桂冠。這段品質改善過程特別強調「追根究柢」（root cause），將問題發生的脈絡調查清楚，包含問題為什麼會發生？問題發生在哪個環節？確實掌握問題的重點，在問題脈絡的軸線上將問題一次解決。這種「追根究柢」的精神，還進一步搭配PDCA中的查核（check），一方面

◆ 表8-2：台灣飛利浦推行全面品質改善活動歷程

年度		1985 / 86	1987	1988	1989	1990	1991
目錄		品質意識提升	導入及實施CWQI	實施戴明式審查	改善成果驗證	挑戰戴明獎	審查
主要活動項目	組織	•成立CWQI推進委員會及推進室 →→→→→					
	方針展開	•宣布台灣飛利浦品質方針 →→→→→		•全面檢討方針、目標及專案	•方針管理與員工績效評估整合	•世紀更新 •方針展開與預算過程結合	•強化跨部門活動
	教育訓練與推動	TQC基本架構導入（品管手法/方針展開課程）→→→→→					
		•高階主管研習會 •CWQI專利 •日本訪問研習會	•高階主管的品質研習會 •舉辦臺灣QCC發表大會 •清除現場浪費	•高階主管後勤管理研習會 •開辦工程師SQC課程 •舉辦台灣飛利浦SQC發表大會	•高階主管戴明式改善研習會 •推廣QFD（品質機能展開）之運用 •推廣品質手法之運用	•員工士氣/組織研討會 •舉辦台灣飛利浦現場改善發表大會 •營業/間接部門QFD之推廣	•高階SQC課程 •推動5S •VSM活動日常化
	診斷及輔導	•聘請TQC顧問 •戴明方式診斷	•現場改善顧問輔導 •總裁診斷 →→→→→			•跨部門專案活動診斷	
成果：							
─品管圈數目		160/422	494	466	537	525	499
─合格統計品管							
─工程師人數				74	181	352	492
─自主研究會數目						58	65
─生產力指數		1.0/1.4	1.65	1.81	1.83	2.12	2.6
殘留問題			•對SQC認識不足	•未來業務營運與CWQI結合 •SQC運用不足 •跨部門合作仍需加強	•未來業務營運與CWQI結合 •SQC運用不足 •跨部門合作仍需加強	•不同廠別水平展開範例不足 •管理人員解析能力有待提升	•市場品質情報收集不足 •主要方案不清 •方針擬定流程

年度		1991	1992	1993	1994	1995	1996	1997
目錄		審查	CWQI與經營策略結合	推動有機組織	顧客的第一選擇，重視員工			日本國家品質審查獎
主要活動項目	組織	•成立CQWI推進委員會及推進室 →→→→→						
	方針展開	•宣布台灣飛利浦品質方針 •強化跨部門活動	•方針管理與經營策略相結合 •員工大會	•精練方針擬定流程 •實施策略規劃步驟 •動員功能性組織	•結合區域PD/BU實施策略規劃	•整合事業與功能策略規劃 •擬訂功能規劃流程	•強化水平展開 •人事徵才自由活動 •績效紅利報酬制度 •雙階升遷制度	
	教育訓練與推動	•TQC基本架構導入（品管手法、方針展開課程）•高階SQC課程 •推動5S •VSM活動日常化	•高階主管全面品質創新研討會 •全面生產保養訓練 •品質預測	•高階主管顧客/人力資源管理研討會 •導入日本式TPM輔導 •強化市場調查情報 •MDP Team導向	•顧客第一選擇 •企業再造 •亞太地區顧客滿意度調查 •自主保全/計畫保全講師課程 •全球員工滿意度調查 •考核制度革新	•特色創新 •以顧客（利益關係人）為基準的品質資訊系統 •員工需求調查 •員工諮詢中心 •顧客滿意度調查（4P+1S）	•全台灣飛利浦SQC/IE0&E/CWQI教育訓練 •三「大」改善專案 •內部人才自由流動 •與高階管理人員透過視訊雙向溝通 •強化日式TQC •企業公民形象調查	
	診斷及輔導	•聘請TQC顧問 •戴明方式診斷 →→→→→						
		•TPM活動導入 →→→→→						
成果：		ISO			ISO-Service,POA			
─品管圈數目		499	492	354	342	371	380	
─合格統計品管								
─工程師人數		492	532	674	644	676	719	
─自主研究會數目		6.5	142	140	84	110	102	
─生產力指數		2.6	2.8	3.2	3.6	4.2	5.8	
殘留問題		•市場品質情報收集不足 •主要方案不清 •方針擬定流程	•預測能力不足 •人性管理技巧不足 •設備稼動率低	•設備改善能力不足 •缺乏區域性市場資訊	•缺乏具體的功能規劃 •企業形象指標不完整	•跨部門活動 •缺乏大的QC Story •缺乏衡量企業公民形象的調查	•未能徹底執行診斷者之建議	

資料來源：修改自台灣飛利浦（1996）

查核「問題點」，並思考「如何預防」（prevent）；另一方面則是查核「風險因子」，也就是在掌握脈絡之後，如何透過「風險管理」（risk management），避免外在因素改變所帶來的影響或將影響減至最低。從台灣飛利浦全面品質改善方針之演變，以及建立有機組織的歷程與經驗中（見表8-3），可以了解企業要永續經營，就必須不斷提升組織的體質與能力，更要展現化危機為轉機、勇於面對挑戰的精神。其中，所強調「追根究柢」的脈絡式要因分析，更是驅動持續改善（continuous improvement）的核心。

　　此外，在建立以客為尊的「有機式組織」的過程中，展現出三種截然不同的組織行為，即立志期的「被動反應」（reactive）、蛻變期的「即時適應」（adaptive），以及飛躍期的「主動預應」（proactive），也顯示出其組織能力的提升與任務焦點的轉移。台灣飛利浦初期的行動較為「被動」，問題處理方式乃屬「後知後覺」，問題發生後才會做出反應，組織能力停留在「知其然」的know what階段；中期的運作較為「同步」，問題處理方式著重於「即知即應」，能在問題發生時立即因應處理、採取應變措施，組織能力提升至「知其如何」的know how階段；後期的表現則較為「主動」，問題處理方式乃是「預知預應」，在問題出現前即可做出預判行動，並提出預防措施。於是，組織能力進階到「知其所以然」的know why階段。台灣飛利浦有這樣的轉變與成長，應歸功於挑戰戴明獎、日本品質獎及飛利浦卓越企業獎的過程，以及徹底落實實施品質改善活動。

◆ 表8-3：台灣飛利浦建立有機組織的歷程與經驗

時期	立志期 (1985~1991)	蛻變期 (1991~1995)	飛躍期 (1995~2000)
營業額（NTD）	120億-360億	360億-930億	930億-1300億
驅動力	危機	調適	遠景
任務重點	效率改善	競爭性創新	創建新事業
1.顧客範疇	股東、現有市場顧客＋	員工、社會及環境 ＋	新市場顧客
2.展開範圍	年度方針展開	年度方針管理	策略方針管理
3.管理方式	由上而下	由上而下與由下而上	網絡與組織內創業家精神
4.組織結構	功能部門	事業部	網絡結構
5.組織行為	反應式	適應式	預應式
6.人力資源管理	生理與安全	社會與自尊	自我實現
推動手法	全面品質管理 ＋	核心能力 ＋	學習型組織
標竿	戴明獎	ISO/飛利浦普內部品質獎	日本品質管理獎

二、全球飛利浦的革命型變革

　　差異化轉型策略是全球飛利浦推動革命型變革的主要作法，其發展演進的歷程，涉及產品組合、市場標的及技術選擇三方面的轉變。首先，在產品組合上，消費性電子是全球飛利浦前期所倚重的核心事業，不僅穩站全球領導廠商的地位，而且有將近一半的營收是來自於消費性電子部門（包括顯示器、電視機、音響等影視與影音產品）。可是，隨著產業環境的迅速變動，整體環境的競爭愈來愈激烈。因此，飛利浦便將產品線進行多次重組，並透過一連串的策略性併購，逐漸將核心業務由難以抵抗景氣循環的消費性電子，聚焦於生活時尚與醫療保健兩大具有成長潛力的事業組合，而幫助飛利浦成功脫離高波動、高資本密集及低獲利的紅海領域。

　　其次，在市場標的方面，也與產品組合相輔相成，主要的作法是針對成熟穩健市場以及新興市場進行區隔。為了掌握全球趨勢與消費者需求，飛利浦不僅切割消費性電子產業，更配合人口老化與慢性疾病上升（成熟

市場）、消費者關注健康舒適的生活（穩健市場），以及房舍裝修市場擴大（新興市場）的趨勢，布局核心事業領域。醫療保健鎖定相對穩定成熟的歐美市場，生活時尚以穩健市場的中產階層爲主要對象，照明事業則專攻亞洲與南美洲等新興市場。在亞太地區的市場版圖中，則是逐漸縮小臺灣的經營規模，並釋出人力，轉向耕耘中國這片逐漸崛起的新興市場，讓臺灣經驗再現於中國，並將之視爲類似荷蘭的第二個本土市場（another homeland）來經營。在行銷通路的布局上，飛利浦也採取因地制宜的策略，由成熟市場負責經營與大型通路的合作，銷售高附加價值的產品，新興市場則著重於建構地區性的零售據點，銷售低階產品。

　　最後，在技術選擇部分，則由強調自主研發的封閉式創新，轉變爲運用全球資源的開放式創新。其具體作法是洞察使用者與市場需求後，著重於結合技術、設計及顧客需求的應用研究，推動跨領域的技術整合。也就是說，以人爲本來進行設計，以技術驅動創新，再以核心能力尋找市場機會，最後透過內部發展能力或策略聯盟方式實踐機會。

三、小結

　　演化型與革命型變革是組織在發展過程中，需要同時兼顧的兩個層面，而台灣飛利浦的品質改善與組織變革歷程，則呼應了此項要求。兩項變革的關係如同太極圖之陰陽兩儀，缺一不可（參考圖8-7）。羅益強先生在2014年4月27日接受訪談時，就特別強調兩項變革都很重要：首先，台灣飛利浦在進行演化型變革時，就是勇於挑戰現狀。當時，仿效日本的品質改善精神、追求戴明獎，就是將缺點當寶藏，拚命挖、拚命找，然後加以改善，總是向高難度挑戰，不斷自我精進。這個過程就好比武士找人鬥劍，尋覓的是能夠打敗自己的人，這樣才能學到更高的技能。但是，日本的這一套作法也不是毫無問題的，當企業向上提升到一個階段時，便會

演化型變革

要求最高績效
　　建立持續改善的環境
啓發承諾
　　連結人員與企業
發展自己與他人
　　建立有機式組織

展現決心、成就卓越
　　設定企業步伐
關注市場
　　開發新市場
尋找更佳作法
　　創造與創新取向

革命型變革

⬤ 圖8-7：雙管齊下的組織變革

遇到瓶頸，變成雖然卓越，但卻沒有個性；一旦缺少差異化，就難以突破現狀，開創新局。因而，著重破壞式創新（disruptive innovation）的革命性變革就變得重要，由此重新界定使命，為企業注入品牌與商品個性，以帶動下一波的流行與成長。他並以買車的品牌選擇來加以說明：

「我跟內人討論買車，她要買Lexus（凌志），我就不要。她說Lexus很好啊，是Toyota（豐田）的高級車；我回說Lexus沒有個性，做得非常漂亮、非常好，但是沒有個性，BMW看上去才有個性。Lexus只是做得跟Benz與BMW一樣，好得跟它一樣，開到路上不出問題、不會帶來麻煩，⋯Deming Prize（戴明獎）、Zero Defect（零缺點）都使它品質很好，⋯，但是缺少character（個性），這樣就很難breakthrough（突破）。此時，

需要導入innovation（創新），才能breakthrough（突破），進到下一個階段。」

換言之，羅益強先生認為「產品個性」是發揮差異化轉型策略的關鍵。飛利浦2000年後的策略轉變，與這種想法似乎不無關係。

❖ 第五節　台灣飛利浦的經驗與啓示

台灣飛利浦的卓越表現，與其追求品質的企業文化息息相關，而文化的形成源自於企業的核心信念。1985年後，台灣飛利浦揭櫫其經營理念是「致良知、致良行、致良心」。致知是致行的基礎，致心則是將致行的實際效果達到良心境界。致良知與致良行的基本動力為致良心，兩者相互結合，正是全面品質管理的關鍵所在，也是企業成功的不二法門。也就是說，台灣飛利浦以自強不息的精神，不斷吸收新知，培養新觀念，以突破自我。同時以良知為根基，選擇並掌握正確方向；透過即知即行、知行合一的態度，從親身力行與體驗中鞏固學習基礎，發掘問題。最後，把品質改善的效果，落實到員工、顧客、股東及社會四個層面，使得所有的利益關係人均能利益均霑，互蒙其利（見表8-4）。

除了在企業中培育一種追求品質的企業文化之外，為了使整個企業能永續經營，且對員工、顧客、股東及社會有貢獻，更重要的是把企業由金字塔型的官僚體系，倒反過來成以滿足顧客需求為依歸的顧客導向式樹型組織（參見圖8-8），一方面提升組織的反應力、行動力，以及協調性，一方面使組織能自我調適、學習及成長。因而，即使歷經了臺灣80年代的政經情勢衝擊（如臺幣不斷升值、股市狂飆、臺資與外資廠商陸續外移），以及90年代的產業結構遽變，台灣飛利浦不但影響有限，而且持續成長。

▼ 表8-4：台灣飛利浦經營理念

原則	內　容		
良知	以自強不息的精神，不斷吸收新知識。		
	培養新的觀念，突破自我。		
	永遠屹立在時代的尖端。		
良行	即知即行，知行合一。		
	從親身實行及體驗中，穩固學習基礎，發掘問題。		
	以「良知」的判斷，選擇並掌握正確方向，以求事半功倍。		
良心	對員工	提供合理的待遇、良好的工作環境，以及富挑戰性的工作。	
		提供教育訓練與成長機會。	
	對顧客	提供高水準、高品質的產品，以提升生活品質。	
		提供滿意的售後服務，滿足消費者合理的需求。	
	對股東	善用股東資金，提升企業各方面營運績效。	
		求取最大的合理利潤，保障股東的最高權益。	
	對社會	做一個優良的企業公民。	
		關心並參與社會公益活動，以增進社會品質。	

資料來源：台灣飛利浦（1998）

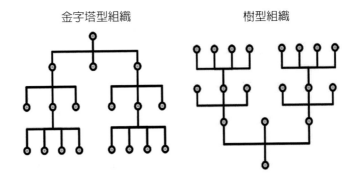

▲ 圖8-8：金字塔型與樹型組織

資料來源：許祿實（2013：41）

　　既然轉型與成長是全球產業與企業共同面臨的重要課題，台灣飛利浦的轉型經驗，正好可作爲一個重要案例，提供具體作法與關鍵思維的啓示。以下將就組織變革及策略、組織創新及機制，以及人才培育及制度三個方面進行討論，並在跨國企業與賦權一節進一步說明台灣飛利浦與荷蘭總公司間的相互關係。

一、組織變革與策略

　　當代的企業環境變化快速，時機稍縱即逝，因而企業必須懷抱一種心態，即對變革抱持友善與歡迎的態度，不斷改進，主動預應未來。從台灣飛利浦的案例中可以了解，她之所以可以取得產業競爭優勢，關鍵在於持續進行兩種轉型策略：在既有的事業群中，採取精進的演化型變革，逐漸成長；再在新事業群中，進行躍進式的革命型變革（兩種變革的內容，如表8-5所示），彼此和諧地搭配、交錯，呈現雙軌並行、互有所重的方式發展（如圖8-9所示）。因而，常可在精進中累積躍進的能量，帶出另外一條的新事業S型曲線，於是在企業使命上，逐漸由「產業技術領導者」轉型爲「生活時尚先驅者」；在推動目標上，由易受景氣循環影響的低毛利事業組合，轉換爲掌握全球產業趨勢變遷的高毛利事業組合；在創新機制方面，由強調自主研發的封閉式創新，轉變爲利用全球資源的開放式創新；最後，在品牌承諾方面，則是由強調技術的「let's make things better」，轉換爲強調品牌與終端顧客導向的「sense and simplicity」與創新導向的「innovates for you」。

◐ 表8-5：台灣飛利浦轉型過程的關鍵演變

革新手法	演化型變革（精進）	革命型變革（躍進）
企業使命	產業技術領導者 ➡	生活時尚先驅者
推動目標	電子產鏈一條龍 （低獲利率） ➡	健康舒適、生活時尚 （高獲利率）
創新機制	封閉式創新 ➡	開放式創新
品牌承諾	讓我們做得更好 ➡	精心極簡

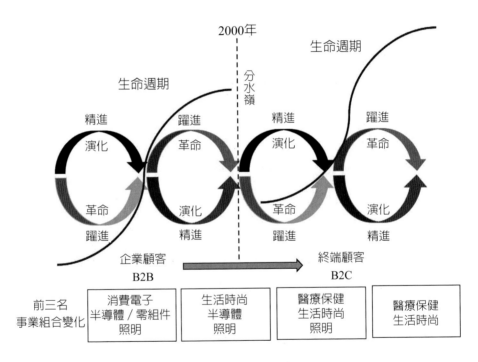

◭ 圖8-9：轉型策略與結構調整

　　這樣的轉型策略之所以能夠成功，其實包含三大重點：第一，聚焦核心事業，透過靈活的分割與併購策略，投資於獲利佳且發展潛力大的高附

加價值產業，並發展出新的企業能力，持續優化核心競爭優勢。從圖8-9下方的事業組合變化，即可看出端倪。第二，前瞻未來發展，精準掌握全球趨勢變化，透過在新興與成熟市場的產品布局差異化，從事業組合、產品設計及市場開發，並進行組織重整與轉型。第三，建立「雙管齊下型」的組織，一方面進行相對穩定且漸進的演化型變革，另一方面則穿插不連續且改變現況的革命型變革。演化型變革有助於穩健成長，精益求精，達成短期目標；可是，如果要取得長期成功，就要瞭望未來，進行革命型變革，打破組織慣性。只有雙管齊下，企業才能同時展現兼具短程與長程的競爭力（Tushman & O'Reilly 1997）。因而，台灣飛利浦產業轉型升級的關鍵，在於其勇於切割看似獲利、實際卻會影響企業未來成長的高波動且低獲利事業，並藉由領導者的帶動，選擇合適策略，配合過程、人員、結構及文化之間的相互協調，推動演化型與革命型的雙軌式組織變革，主動塑造成長與創新之流。

二、組織創新與機制

　　台灣飛利浦的創新表現，主要展現在產品設計與技術創新上。第一，運用產品設計與組合，提供顧客更為適用的產品與整體解決方案。第二，以市場為導向，考量市場需求與使用者的立場，將技術、設計與顧客需求結合，並與績效評估機制加以連結。毫無疑問的，飛利浦是以顧客（或使用者）為中心（user centered），因地制宜的設計與推出新產品，即使是B2B（企業對企業）的事業部門，也會將「顧客的顧客」或終端顧客的需求納入，作為開發產品（包含服務）的標準。同時，這種納入也是在發明與研究階段即已考慮，而非只在最後完成階段才想到。也就是說，飛利浦所著重的是一種「使用者導向的創新」，將人作為創新發明過程中的軸心，而非科技導向、技術掛帥。因而，不斷蒐集與整合消費者的需求與洞

見，作為發想、發明、修正、改善及設計的準則；同時，亦透過宏觀的趨
勢研究，觀察整體環境的變化趨勢，前瞻未來的遠景，作為研發設計之參
考（如圖8-10所示）。

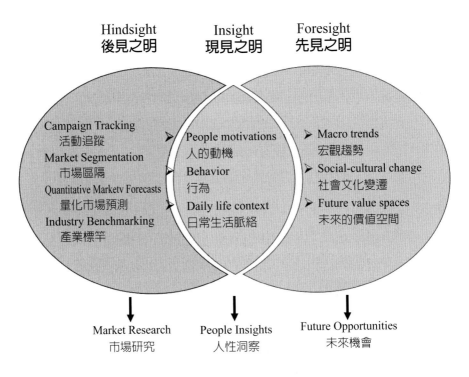

◎圖8-10：使用者導向的創新

　　為了落實與推動創新，飛利浦更採用創新矩陣模式（innovation
matrix），將創新的藍圖區分為三種時間觀（參考表8-6），分別代表近期
（S1）、中期（S2）及遠期（S3）。S1的重點為現有產品之改善與即將
上市之產品開發，透過設計流程，產出獨特可用的產品系列概念提案，並
深思具有競爭力的產品定位，創造超越市場期待的新產品。S2主要運用
技術、設計及市場目標（Technology Objective, TO；Design Objective, Do；

Strategic Marketing Objective, SMO）的概念，連結基礎研究、原型設計、應用技術及先進製程等部門，從使用者的體驗出發，串聯技術、設計、策略行銷思維，突顯品牌差異化及其價值，以提升新事業的成長，並擴大規模。S3則著重於未來機會的探索，藉由與目標顧客與合作夥伴的結盟，共同研究與探討，尋找具體可行的未來商業模式。

這種創新模式與機制，在1990年代成立於臺北的研發單位，包括臺北系統實驗室（Systems Lab Taipei, SLT）與飛利浦東亞研究實驗室（Philips Research East Asia, PREA），即已發揮得淋漓盡致。他們不但藉由專業人員的技術研發取得專利，並將之應用在飛利浦的產品線上，更透過與外部產、學、研的結盟，與企業、學校及研究機構的合作，推動跨領域技術整合的創新能力。此種開放式創新體系的建立，可以增加公司內、外部連結，以設計驅動創新，再透過內部發展能力或策略聯盟方式加以實踐。同時，也在考量本地消費者的使用習慣後，整合新技術，以設計出更符合消費者需求的產品，並在產品的研發鏈（R&D chain）上逐步精緻化，帶動流行，讓顧客廣泛採用。

▼ 表8-6：飛利浦的創新矩陣

階段／議題	S1成熟事業	S2成長事業	S3新興事業
時間	近期	中期	遠期
焦點	延伸與維持核心業務	架構新興事業	創造可行的方案
標的	市場競爭	概念產品	願景計畫
類型	漸進式創新	合作創新	創新辯論
研究	顧客與市場研究	聚焦未來之參與式觀察研究	社會文化趨勢考察

三、人才培育與制度

　　在人力資源管理制度方面，可以歸納為三大特色：第一，以東方思維文化為經、以西方思維文化為緯，進行制度設計。做為全球飛利浦的聯屬公司，其組織制度具有歐商公司嚴謹完備的制度；加上在地公司人與人之間關懷溝通的人情味，公司內部各項作業雖已標準化，但仍保持適當彈性。這種人情味與彈性使得台灣飛利浦在其外商公司本質之外，又兼具了在地公司管理人性化的特色。第二，人盡其才、才盡其用。在企業經營上，台灣飛利浦以經理人才訓練制度（management training）培養管理與專業人才，進而使人能盡其「才」，並以經理人才發展制度（management development），使「才」都能盡其「用」。在具體的管理制度作法上，是由專業經理人負責公司治理，具有任期制，並以內部升任為主，同時聘請國內外顧問團協助組織改革與創新指導。簡而言之，在組織經營目標的前導下，以完善的教育訓練體系發展公司成員的「才」，並將組織內各成員的「才」整合起來，進行適當的規劃與運用。

　　第三，人力資源本土化，技術在地生根。在荷蘭總公司的經營策略下，台灣飛利浦以國際眼光，從事人力資源與技術能力的本土化經營。本土化的作法，相當強調「培養本土人才」與「納入本地特點，獨立自主達成每一個時期的目標」。以人力資源的本土化而言，大多數的高階主管是由本地人擔任，在高階管理委員會中，本地人也占大多數，且本地人擔任決策階層，使得在決策形成的過程中，除了考量身為飛利浦大家庭一員應有的責任之外，也多了一份本土關懷與社會責任之參與，如贊助各項公益活動等等。就技術能力的本土化而言，強調配合高素質人力資源，從事技術生根。在具體運作上，飛利浦陸續將許多根本性技術移轉到臺灣，甚至成立技術開發中心，支援服務全球各相關企業所需。除了人才本土化之

外，飛利浦亦積極培養全球化人才，以完整的內部培訓系統，積極培育國際化經營團隊、策略管理及研發人才，更透過跨國、跨職能及跨產品線的職務輪調機制，促成人才交流與多元融合。

　　至於在人才培育與考核上，台灣飛利浦也自有一套作法：首先，全面導入職能評鑑與訓練。職能管理系統包含核心職能、功能職能及飛利浦領導職能。每年在績效評估時期，所有間接人員必須先由個人完成職能評鑑表，並提供充分的行為事例說明；同時，也由主管填答完成員工之職能評鑑表，再透過一對一面談，討論彼此的評鑑內容，再擬定個人訓練發展計畫。透過員工職能評鑑表之收集與整合，人資部即可勾勒出整個組織具體的職能管理雷達圖，透視組織能力現階段之強弱點，並掌握與未來目標之差距，作為訓練發展資源規劃之方向。第二，以歐洲品質基金會所設定之卓越企業模式為藍圖，將雷達（RADAR）觀念（類似於PDCA的戴明循環）應用於訓練與發展流程，建構不斷循環改善的完整流程。第三、應用「雁行理論」推展生產線小公司組織（或團隊）運作制度，以合作方式取代個人式的競爭，共同創造組織整體的價值。為了達成互助合作、相輔相成的目標，員工除了本身的專長，尚需學習其他技能，且要隨著產量的波動做彈性調配。也就是說，藉由員工彼此的關懷鼓勵、互相支持，來提升團隊的默契與工作效能。最後，針對公司內極富潛能的經理人建構「教導型計畫」（coaching program），成立數個專案小組，以研討從事人力資源管理所衍生之議題，藉此培養經理人對人力資源管理上的專業思維。此計畫乃由高階主管或總經理負責，親自傳授企業管理的技術與經驗，培養企業經營接班人。

　　總之，台灣飛利浦將「人」視為企業的主體，相當強調人才的發展及培育，尤其看重中高階級領袖人才的培育；並透過完整的內外部培訓系統，積極培育優秀人才，使其具備領導能力，且提升人才的國際化程度。

因此，不少人才往往可以發揮個人優勢與潛能，並發展為國際管理人才。即使在台灣飛利浦縮小經營規模之後，其所培育的人才四散各地，但仍然能蔚為國用，為臺灣的相關產業做出重大貢獻。

四、跨國企業與賦權

　　作為全球飛利浦跨國企業的聯屬公司，台灣飛利浦與母公司之間的互動歷程，及其策略發展，也有值得借鏡之處。1980年以來，追求品質是飛利浦向全世界所揭示的重點目標之一，但是在具體的執行方向與作為上，台灣飛利浦卻不一定採取與荷蘭母公司類似的方式，反而導入日本的品質觀念，落實在品質管理制度。然而，荷蘭母公司卻由反對而後轉為支持台灣飛利浦的作法，台灣飛利浦也沒有辜負荷蘭母公司的期望，成功進入日本市場與亞洲市場。不僅如此，由於總公司尊重本土總裁向上提升之意志力，而使得台灣飛利浦展現出強勢且自主的風格，並且進一步影響全球組織的策略與目標走向。因此，台灣飛利浦的成功，可以歸功於母公司與聯屬公司間的互信默契，以及母公司對本土化策略的支持。同時，聯屬公司憑藉對市場環境走向的判斷，深耕亞洲市場，並繳出亮麗的成績單，也促使荷蘭母公司持續在臺灣投資，並進行技術移轉，最後成功地建立起組織「累進式學習」的能力（林家五、鄭伯壎，1998）。

　　整體而言，台灣飛利浦與荷蘭母公司間的關係演變，可以概分為四個階段：第一階段是師父帶領徒弟，由母公司主導，臺灣聯屬公司則配合執行；第二階段是由地方主導，在母公司的高度授權下，臺灣聯屬公司具有高度的自主性，並兼及亞太地區重要事業部的領導事務；第三階段則基於母公司的使命更新，而由產品主導策略，轉變為全球化經營管理策略，而將在地主導權收回，台灣飛利浦組織驟縮，成為一個在地層級的組織；第四階段是由母公司發號施令執行組織重整，臺灣被視為亞太市場中的

一員。透過台灣飛利浦的案例，可以瞭解跨國企業聯屬公司在變革上，雖然無法自外於母公司的影響力，但聯屬公司也不是全然處於被動的角色——聯屬公司領導者的本土化能力、宏觀思維，以及向母公司爭取主導權的努力，亦扮演了關鍵的角色。

台灣飛利浦的榮景，正是在這些因素的交錯影響下，啟動變革與轉型，提升生產力，並達成重大組織目標。整體而言，早期的發展方向，因為向屬產品生命週期中的初期階段，聯屬公司沒有技術與資源，自然得認真學習，聽命母公司的旨意來行事，移植各項技術與制度。但是，隨著聯屬公司在區域網絡鏈之角色與地位的提升、技術與管理的逐漸自主，聯屬公司的自主能力也相對提升。此時，聯屬公司的發展方向就變成是母公司與聯屬公司之間的良性互動結果，彼此互信互惠與互相支持，總部亦更尊重聯屬公司的決定。在這些因素的激盪之下，台灣飛利浦由一家在加工出口區投資、規模較小、低技術層級的外商公司，逐漸在不同產品投資設廠，成為大型、資本密集、技術密集、各工廠表現亮麗的國際重要製造產地。不但展現了傲人的績效表現，也回頭影響母公司之相關事業群的走向；同時，帶動了臺灣電子產業的發展，對本地卓有貢獻。

然而，在全球化的大浪潮之下，總公司逐漸掌握主導權，重新布局，而走向產品事業部導向，於是台灣飛利浦被全球化分工的趨勢重新定位，原有的電子產品事業群切割出售，最終成為一個在地的市場據點。換言之，全球化後的台灣飛利浦已不再是製造基地、生產重鎮，也不負責研發與設計，而是直接面對客戶，配合總公司「客戶導向創新」的新定位，銷售產品。總結台灣飛利浦的策略變遷，可以提出一個整合性的架構來進行解釋與說明，如圖8-11所示。

根據此觀點，台灣飛利浦的全盛時期，乃是處於全球飛利浦之地區與全球化混合策略時期，此時的本土總裁具有較大的地方主導權，甚至能

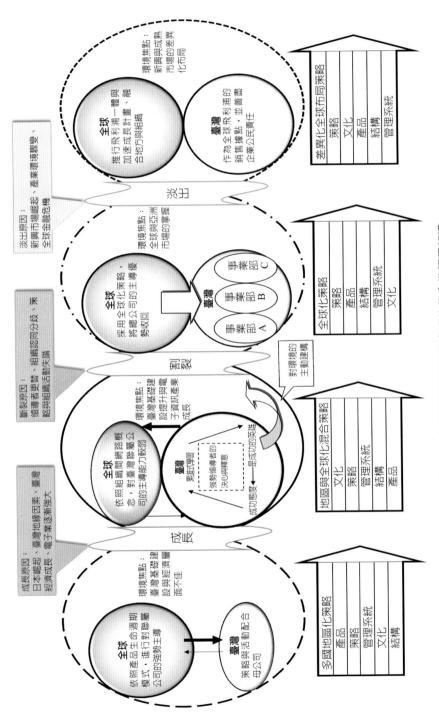

◀ 圖 8-11：台灣飛利浦之策略變遷的整合性解釋架構

夠憑藉著自己的優異發展，回過頭來牽動母公司的策略作法。但在母公司產品核心事業之驟變下，本土產業環境對全球與區域市場的布局焦點有所差異，因而導致台灣飛利浦的策略與組織發展產生質變。換言之，台灣飛利浦領導者所關注的環境層次，雖然也是以全球經濟與市場變化為主，以亞洲地區環境變化為輔，但臺灣的產業發展已不再是飛利浦關切重點。因此，母公司在後期的主導性愈來愈強，台灣飛利浦也在「飛利浦一體」計畫下，轉換角色、重新定位。談古論今，1966年，台灣飛利浦只是荷蘭飛利浦的一個海外加工據點，一路上披荊斬棘，歷經多次組織變革與轉型，蛻變為荷蘭飛利浦聯屬公司中最閃亮的一顆明星。爾後，在時代潮流的洗禮之下，配合荷蘭飛利浦的全球布局丕變，台灣飛利浦淡出舞臺中心，再度沉潛，成為本地市場的服務據點。或許，經過一段時日的韜光養晦之後，台灣飛利浦將再度開啓下一個璀璨的五十年。

五、結語

　　走筆至此，台灣飛利浦的組織創新故事已經接近尾聲，荷蘭飛利浦終將走出祖先庇蔭的百年照明本業，而台灣飛利浦也將甘於平淡一段時日。然而，還是有一個問題似乎尚未獲得圓滿的解答，那就是台灣飛利浦消長的真正原因是什麼？為何如日中天、表現亮眼的企業，最後卻因為公司產品策略改變，而成為切割對象？難道環境已經產生劇烈、斷代的變化？中間的關鍵因素如何？有何不為人知的祕辛存在？也許是因為新興國家之興起，臺灣少子化、高齡化之社會人口改變；智慧型產業、網際網路、區塊鏈、大數據等科技之衝擊與進化，也許這個問題太難、太複雜，涉及的因素太多，終將成為一團歷史的迷霧。不過，有些事情也許值得一提，而且攸關於最高領導人的眼界、膽識及氣度。眾所皆知地，當初荷蘭飛利浦之所以會到臺灣投資，是因為董事長弗利茲‧飛利浦的堅持。他以一票對八

票的懸殊比數，獨排眾議到臺灣設廠，而帶出了台灣飛利浦五十年的榮光；弗利茨也以此為榮，認為是他有生之年所做的最為睿智的決策之一。

　　然而，二十世紀末，在4C（Computer, Communication, Consumer Electronics and Component）時代的來臨之際，歷史重演，荷蘭最高經營團隊必須面對類似的兩難問題：是否要朝向新興產業的方向發展？不少董事認為這種新興產業的特色與飛利浦的文化不符，而且難度太高，而堅持反對意見。針對這種情形，羅益強先生十分慨嘆：「董事會都在談飛利浦能不能的問題，但問題卻在於要不要？如果要再來想辦法；如果不要就算了。」後來，總算高階經營團隊點頭同意了，並透過羅先生牽線找了賈伯斯（Steve Jobs），他那時剛被蘋果排除在外，正處於人生的失意階段。經過面談之後，荷蘭總部做出不想延攬的決定。因為「太貴了！」對此決定，羅益強先生十分不以為然：「太貴？太貴？究竟是僱一個人呢？還是要找一個partner（夥伴）？如果是找一個partner，就是彼此要相互合作，對他投資。當他有本事做成了，彼此可以拿多少好處。哪裡有什麼貴不貴的！」結局當然不難想像，賈伯斯終究改變了世界的走向，蘋果在此產業中呼風喚雨，荷蘭飛利浦坐失良機，只能淡出並轉向醫療健康產業。撫今追昔，不由得想起弗利茨的風範，他在回憶錄上說：

> 「從臺北飛馬尼拉時，正好面臨颱風來襲。是否要繼續前往菲律賓，需視颱風動向往西或往東而定……我們機長對這地區的氣候狀況經驗豐富：『暴風雨既不往西也不往東移動，我們有一個機會就是以很大的高度一飛而過……。』於是我們啟程而去，爬升到四萬餘呎的高空。越過輕霧，氣流很輕微。那天下午，我們抵達馬尼拉時，陽光普照，晴空萬里。人人都為我們的抵達而目瞪口呆，因為所有北飛的班機都已經取消了！」

參考資料

臺灣大學心理學研究所工商組與財團法人台灣飛利浦品質文教基金會
（2013年1月27日）。**焦點座談訪談稿**。

臺灣大學心理學研究所工商組與財團法人台灣飛利浦品質文教基金會
（2013年4月27日）。**焦點座談訪談稿**。

臺灣大學心理學研究所工商組與財團法人台灣飛利浦品質文教基金會
（2013年5月6日）。**焦點座談訪談稿**。

臺灣大學心理學研究所工商組與財團法人台灣飛利浦品質文教基金會
（2013年10月23日）。**焦點座談訪談稿**。

臺灣大學心理學研究所工商組與財團法人台灣飛利浦品質文教基金會
（2013年12月3日）。**焦點座談訪談稿**。

臺灣大學心理學研究所工商組與財團法人台灣飛利浦品質文教基金會
（2014年1月24日）。焦點座談訪談稿。

台灣飛利浦（1994a）。什麼是N獎？我們爲什麼要去挑戰它？**台灣飛利
浦簡訊，23**(6), 7-8。

台灣飛利浦（1994b）。**世紀更新（Centurion）**。臺北：台灣飛利浦。

台灣飛利浦（1995a）。全面品質活動的整合。**台灣飛利浦簡訊，24**(4)，12-13。

台灣飛利浦（1996）。**Quality booklet**。臺北：台灣飛利浦。

台灣飛利浦（1995b）。品質機能展開研討會之經驗分享。**台灣飛利浦簡訊**，14-15。

台灣飛利浦（1998）。**台灣飛利浦簡介**。臺北：台灣飛利浦。

呂學正（2014年6月23日）。**師法雁群：團隊的自主管理**。組織行為研究工作坊簡報。

許祿寶（2011年10月15日）。**臺灣高科技企業的全球策略**。輔仁大學簡報。

許祿寶（2013年4月27日）。**有機組織：變革管理與企業轉型**。集思會簡報。

許祿寶（2014年10月29日）。**TQM與組織學習**。簡報。

羅益強（2013年5月6日）。集思會簡報。

鄭伯壎（1997）。品質管理研討會專題演講。

鄭伯壎（1999年12月4日）。**學術與實務之間：臺大心理學系工商心理學組的產學合作經驗**。臺大心理學系五十週年系慶演溝。

Philips Quality (1995). *Philips Quality.* Eindhoven, The Netherlands: Philips Electronic N.V..

參考文獻

刁曼蓬（2001）。**經理人生：羅益強玩全球企業的樂趣**。臺北，天下。

臺灣工業文化資產網（2009）。**半導體產業發展史**，2015年7月28日：
　　http://iht.nstm.gov.tw/form/index-1.sp?m=2&m1=3&m2=75&gp=21&id=2

朱寶熙（1982）。日本為什麼第一？**天下雜誌**，**11**，91-93。

克勞斯比（Crosby, P. B.）（1995）。**不流淚的品管**（陳怡芬譯）。臺北，
　　經濟與生活。（原著出版年：1984）

李郁怡（2011）。企業轉型：何者該變或不變。**商業周刊**，1253，30-
　　32。

谷浦孝雄（1995）。**臺灣的工業化：國際加工基地的形成**（雷慧英譯）。
　　臺北，人間出版社。

林家五（2007）。可敬外商：台灣飛利浦。載於鄭伯壎、蔡舒恆（著），
　　矽龍：臺灣半導體產業的傳奇。臺北：華泰。

段承璞（1992）。**臺灣戰後經濟**。臺北，人間出版社。

洪懿妍（2003）。**創新引擎——工研院：臺灣產業成功的推手**。臺北：天下雜誌。

張俊彥、游伯龍（2001）。**活力：臺灣如何創造半導體與個人電腦產業奇蹟**。臺北：時報文化。

陳正茂（2003）。**臺灣經濟發展史**。臺北：新文京。

傅高義（1983）。**日本第一**（蕭長風譯）。臺北，喜年來。

黃欽勇（1999）。**電腦王國R.O.C.——Republic of Computers的傳奇**。臺北：天下文化。

劉慶瑞（2002）。**外商投資臺灣大解構：臺灣經濟大崩壞**。臺北，先知。

鄭伯壎、蔡舒恆（2007）。**矽龍——臺灣半導體產業的傳奇**。臺北：華泰。

蘇育琪（1994）。台灣飛利浦：為明天而變。天下雜誌，**158**，148-149。

Addison, C. (2001). *Silicon shield: Taiwan's protection against Chinese attack.* New York: Fusion Press.

Conger, J. A., & Kanungo, R. (1998). *Charismatic leadership in organizations.* Thousand Oaks, CA: Sage.

Drucker, P. F. (2003). *The new realities.* New Jersey : Transaction Publishers.

Hayes, R. (1991). *Philips Taiwan.* Boston, MA: Harvard Business School Press.

Kano, N., Seraken, N., Takahashi, F., & Tsuji, S. (1984). Attractive quality and must-be quality. *Journal of the Japanese Society for Quality Coutrol, 14*(2), 39-48

Kim, W. C., & Mauborgne, R. (2005). *Blue ocean strategy: How to create uncontested market space and make the competition irrelevant.* Harvard Business Review Press.

Ouchi, W. (1981). *Theory Z: How Amencan business can meet the Japanese challenge.* New York, NY: Bascic Books.

Pettigrew, A. M. (1985). Contextualist research and the study of organizational change processes. In E. Mumford, R. Hirschheim, G. Fitzgerald., & A. T. Wood-Harper, (Eds.), *Research methods in information systems* (pp. 53-78). North Holland, Amsterdam: North-Holland Publishing Co.

Porter, M. E., Takeuchi, H., & Sakakibara, M. (2000). *Can Japan compete?* Basingstoke : Macmillan Press.

Prahalad, C. K, & Hamel, G. (1990). The core competence of the corporation. *Harvard Business Review, 68,* 3, 79-91.

Reichheld, F. F., & Teal, T. (2001). *The loyalty effect: The hidden force behind growth, profits, and lasting value.* Boston, MA: Harvard Business School Press.

Tushman, M. L., & O'Reilly C. A. (1997). *Winning through innovation : A practical guide to leading organizational change and renewal.* Boston, MA: Harvard Business School Press.

附錄一　《品管無價》（*Quality is Free*）精華摘要

　　品質是無價的，雖然它不是禮物（可以不勞而獲），但卻是免費的。真正花錢的是那些不合品質標準的事情——沒有在第一次就把事情做對，錯誤造成後需要修正時所花費的成本代價。在美國，許多公司常使用相當於總營業額的15%到20%的費用在測試、檢驗、變更設計、整修、售後保證、售後服務、退貨處理，以及其他與品質有關的成本上，所以真正花費不貲的是品質低劣，如果我們第一次就把事情做對，那些浪費在補救工作上的時間、金錢及精力就可以避免（克勞斯比，1995：3）。

　　一般人對品質有五個主要誤解：

（一）品質是美好的東西，它們昂貴耀眼、光彩奪目，不但具有相當的價值或重量，而且代表著身分與地位。但在企業界裡品質就是「符合要求的標準」，一項產品如果符合既定的標準，它就是一項有品質的產品。

（二）品質是無形的抽象名詞，無法評估或測試。事實上品質卻可以被世界上最古老與最具權威的測量工具——「金錢」所評價，上面談到不合標準的代價就是成本增加，如果沒有用點心第一次就把事情做對，那花費在與品質有關事項的成本就相當可怕。

（三）品質有經濟成本：大多數管理階層都認為改進品質太貴了，太花費成本，但必須讓他們知道的是——第一次就把事情做對，永遠是最便宜的。

（四）認為所有品質的問題都是實際在線上作業的人員所造成的，特別常發生在製造業的生產線上。許多企業主管抱怨說最近工人士氣低落，工作品質很差，事實上管理階層才是造成品質不良的最大原因，在第一線上的工人或服務人員的表現固然很容易被挑出錯

誤，但他們的一舉一動卻是深受上面管理者的計畫與行動所影響。

（五）認為要求品質是品管部門的人所該做的事。譬如有一項產品被退回，大家通常都不太追究生產部門的問題出在那裡，卻認定這是品管部門的錯，但其實應該培養所有員工有「以改進品質為己任」的積極態度。

所謂「零缺點」的概念，克勞斯比認為：「釀成錯誤的因素有兩種：缺乏知識與漫不經心。知識是能估計的，也能經由經驗與學習而充實改進；但是，漫不經心卻是一個態度的問題，唯有經由個人徹底的反省覺悟，才有可能改進。任何一個人只要決意小心謹慎、避免錯誤，便已向『零缺點』的目標邁進了一大步。」（克勞斯比，1995：145─146）。

透過向經理人員解說「以零缺點為唯一的工作標準」的概念，然後再對員工下工夫。在進行過程中，由於我們需要讓每個人了解正在進行的事，因此建立了一套有力的溝通管道。結果人們紛紛提供意見，於是又發展成了一套「消除錯誤原因」的系統。國際電話電報（International Telephone and Telegraph, ITT）公司由1965年開始，在世界各地進行以「零缺點」為執行標準。無論用何種語言都效果顯著，只要員工明確了解標準，便能夠全力達到標準。如果標準顯得曖昧不明，如「優秀」、「允收品質水準」、「足以自傲」等等，員工的表現就會搖擺不定。但如果標準斬釘截鐵，就是「零缺點」、「零故障」、「第一次就完全做對」，人們便能學會防患未然，因此，執行標準必須是「零缺點」，而不能是「差不多」（克勞斯比，1995：146─148）。

「品質改進十四步驟」內容（克勞斯比，1995：164─196）

★步驟一：管理階層的承諾──最高主管本身的威信相當重要，採取實際行動以增進威信是必須的。若是主管展現「承諾」將有助於提高員工

對他的信任。而必須要採取的行動有：第一、發布公司的品質政策，以宣示改革的決心，並且內容要清楚易懂，避免模稜兩可的字眼。第二、在例行的管理會議上，須把品質列為第一項議題。第三、管理階層心中對品質應有清楚的答案，做好隨時對公司中任何人宣揚新的品質觀念，並一再表明品質改善的決心。

★步驟二：建立品質改善團隊——必須有清晰的目標與明確的領導，引導品質改善的程序，以及幫助它進行。此團隊通常由最高主管、協調人及團隊領導人共同制定品質改善策略，但最重要的工作還是在教育員工，而團隊成員本身所獲得的經驗，便是最真實的學習。

★步驟三：設定品質測量標準——必須了解任何工作都是透過輸入材料、工作程序、輸出成果的模式來完成，將這個模式套上去，將可發展成可以衡量的標準。如果這樣還是不行，可以去詢問那些接受你工作成果的人，詢問他們你的表現如何，他們的回答就可以是一個衡量標準。

★步驟四：知道品質的花費成本——品質的成本必須正式而客觀地統合計算，須將公司中的品質成本確認為日常管理的方法，使得高階主管認為有朝一日品質成本會成為衡量工作表現的準繩，必須學會將品質成本的數目視為一種具有積極意義的數字，而不可視之為具有威脅性的敵人。

★步驟五：建立對品質的警覺——公司必須時時提醒員工有關品質的宣言，使員工對品質有切身的感覺，並瞭解品質政策。最有效的方式是透過公司內原有的溝通系統來傳播給員工品質的概念，例如：可在公司原有的刊物上宣揚品質的觀念，或是製作海報以廣泛宣揚品質的概念，而主管人員的行動和談論品質的方式，也是改進行動成功與否的重要關鍵。

★步驟六：改正行動──改正行動的最大問題在於誤解了「改正」的意義。總以為改正系統建立的目的，是要把不對的項目改成對的，但真正的改正行動，應該是認清問題根本來源並永遠消除它。改正行動的系統，必須以能顯示問題的資料與精確分析問題根源的能力為基礎，只要找出問題根源，問題自然就可以解決。

★步驟七：零缺點計畫──決心執行零缺點，便是在品質管理方面邁進了一步，表示要全力以赴，並持久不衰，應以慎重嚴肅的態度進行。

★步驟八：管理人員與員工的教育──教育公司內的所有員工，傳統上，這項教育工作就是交給訓練單位，搜集一些資料，和一位顧問商量，然後擬訂一套課程。但教育要避免所謂的「失落的文明」式教育，也就是，只是口耳相傳，但卻不知其所然。

★步驟九：零缺點日──零缺點日最重要的目的，是讓主管人員站出來，以堅持不違背的方式，做出承諾。也讓員工了解此日是重新肯定決心的日子，全公司充滿積極氣氛的日子。

★步驟十：設定目標──最終的目標，當然是零缺點。但是在進行計畫中，一些短程的目標將能夠幫助邁向成功的方向前進，這些短程目標可以透過團體討論產生，使得團體成員對於這些目標都有共識與承諾。

★步驟十一：消除引起錯誤的因素──要求每個人說出自己在品質改善上遇到的問題，以設法解決。員工只要嘗試提出問題所在，事實上，大部分問題也包含建議在內，這樣便有助於解決問題。

★步驟十二：表揚品質改善的榜樣──透過這樣的獎賞，肯定某些工作認真、有價值的員工，同時，也清楚地展示何謂好的品質表現，提供其他員工一個指引，以及這使公司有了一個學習的榜樣，使人們見賢思齊。

★步驟十三：建立品質委員會──建立此委員會的目的，是讓各個品管專家齊聚一堂，互相商討計畫內容以及切磋學習，幫助品質改善的進行。

★步驟十四：從頭再次執行──在品質改善計畫進行幾時之後，可能會遭遇團隊成員或員工的汰換，這時下一代成員就必須再次從頭進行品質改善訓練。為了使教育成為更有意義，內容也必須因材施教，適時修正使之更為充實。（克勞斯比，1995：164─196）

附錄二　台灣飛利浦組織轉型年表

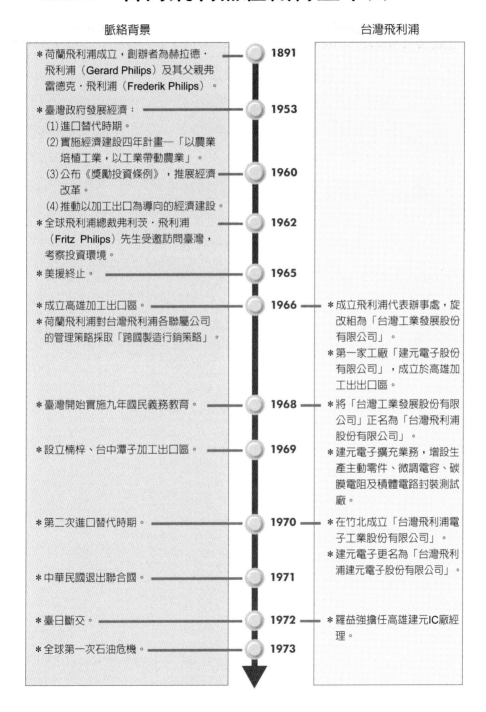

脈絡背景		台灣飛利浦

1891　＊荷蘭飛利浦成立，創辦者為赫拉德・飛利浦（Gerard Philips）及其父親弗雷德克・飛利浦（Frederik Philips）。

1953　＊臺灣政府發展經濟：
(1)進口替代時期。
(2)實施經濟建設四年計畫—「以農業培植工業，以工業帶動農業」。

1960　(3)公布《獎勵投資條例》，推展經濟改革。
(4)推動以加工出口為導向的經濟建設。

1962　＊全球飛利浦總裁弗利茨・飛利浦（Fritz Philips）先生受邀訪問臺灣，考察投資環境。

1965　＊美援終止。

1966
＊成立高雄加工出口區。
＊荷蘭飛利浦對台灣飛利浦各聯屬公司的管理策略採取「跨國製造行銷策略」。
　➡ ＊成立飛利浦代表辦事處，旋改組為「台灣工業發展股份有限公司」。
　　 ＊第一家工廠「建元電子股份有限公司」，成立於高雄加工出出口區。

1968　＊臺灣開始實施九年國民義務教育。
　➡ ＊將「台灣工業發展股份有限公司」正名為「台灣飛利浦股份有限公司」。

1969　＊設立楠梓、台中潭子加工出口區。
　➡ ＊建元電子擴充業務，增設生產主動零件、微調電容、碳膜電阻及積體電路封裝測試廠。

1970　＊第二次進口替代時期。
　➡ ＊在竹北成立「台灣飛利浦電子工業股份有限公司」。
　　 ＊建元電子更名為「台灣飛利浦建元電子股份有限公司」。

1971　＊中華民國退出聯合國。

1972　＊臺日斷交。
　➡ ＊羅益強擔任高雄建元IC廠經理。

1973　＊全球第一次石油危機。

脈絡背景　　　　　　　　　　　　台灣飛利浦

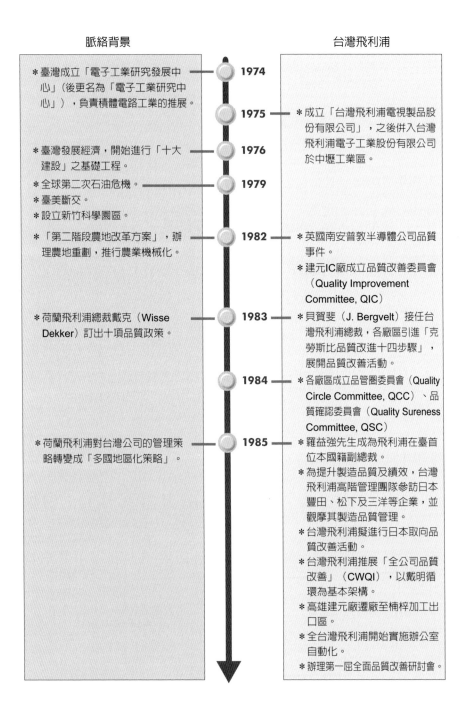

＊臺灣成立「電子工業研究發展中心」（後更名為「電子工業研究中心」），負責積體電路工業的推展。　　1974

1975　　＊成立「台灣飛利浦電視製品股份有限公司」，之後併入台灣飛利浦電子工業股份有限公司於中壢工業區。

＊臺灣發展經濟，開始進行「十大建設」之基礎工程。　　1976

＊全球第二次石油危機。
＊臺美斷交。
＊設立新竹科學園區。　　1979

＊「第二階段農地改革方案」，辦理農地重劃，推行農業機械化。　　1982　　＊英國南安普敦半導體公司品質事件。
＊建元IC廠成立品質改善委員會（Quality Improvement Committee, QIC）

＊荷蘭飛利浦總裁戴克（Wisse Dekker）訂出十項品質政策。　　1983　　＊貝賀斐（J. Bergvelt）接任台灣飛利浦總裁，各廠區引進「克勞斯比品質改進十四步驟」，展開品質改善活動。

1984　　＊各廠區成立品管圈委員會（Quality Circle Committee, QCC）、品質確認委員會（Quality Sureness Committee, QSC）

＊荷蘭飛利浦對台灣公司的管理策略轉變成「多國地區化策略」。　　1985　　＊羅益強先生成為飛利浦在臺首位本國籍副總裁。
＊為提升製造品質及績效，台灣飛利浦高階管理團隊參訪日本豐田、松下及三洋等企業，並觀摩其製造品質管理。
＊台灣飛利浦擬進行日本取向品質改善活動。
＊台灣飛利浦推展「全公司品質改善」（CWQI），以戴明循環為基本架構。
＊高雄建元廠遷廠至楠梓加工出口區。
＊全台灣飛利浦開始實施辦公室自動化。
＊辦理第一屆全面品質改善研討會。

	脈絡背景		台灣飛利浦

脈絡背景

＊荷蘭飛利浦投資「台灣積體電路製造股份有限公司」，以晶圓製造代工服務為主。

1986

＊臺灣政府宣布不再以美元為基準調整匯率。
＊荷蘭飛利浦全球品質管理領導人來臺實體查訪後，支持台灣飛利浦推行CWQI活動及實施績效。

1987

＊荷蘭飛利浦強化在地組織的權力，藉由亞太地位的提升，達成開拓亞太市場的目標。

1988

台灣飛利浦

＊台灣飛利浦正式宣布參與角逐日本戴明獎。
＊CWQI第一年：進行現狀分析，找出問題。
・第一線員工組成品管圈（Quality Circle）。
・非製造員工組成品質改善團隊（Quality Improvement Team, QIT）。
・首次的總裁診斷。
・品質意識調查。
・員工士氣調查。
・顧客滿意度調查。
・年度方針管理，策略及執行目標。

＊羅益強先生再赴荷蘭報告角逐戴明獎的原因，獲得荷蘭飛利浦總公司支持。
＊CWQI第二年：教導員工「分析問題與進行解決」的思維。
・依據經驗修改飛利浦之克勞斯比的「十四個實施步驟」為「九個步驟」，推行零缺點日。
・邀請日本顧問進行現場諮詢。
・品管圈擴大為全臺飛利浦大會。
・品質管理團隊進行廠際間的交流。
・總裁診斷。
・顧客滿意度調查。
・企業形象調查。
・年度方針管理，策略及執行目標。

＊羅益強先生接任台灣飛利浦總裁。
＊成立台灣飛利浦電器股份有限公司（大園廠）。
＊中壢顯示器廠晉階為全球飛利浦視訊事業中心。
＊CWQI第三年：引進品管的專業技術與知識。
・零缺點日由「週」延伸至「月」，根據上半年的績效結果進行總檢討與適當調整。
・邀請日本顧問進行現場諮詢。
・總裁診斷。
・員工士氣調查。
・企業形象調查。
・年度方針管理，策略及執行目標。

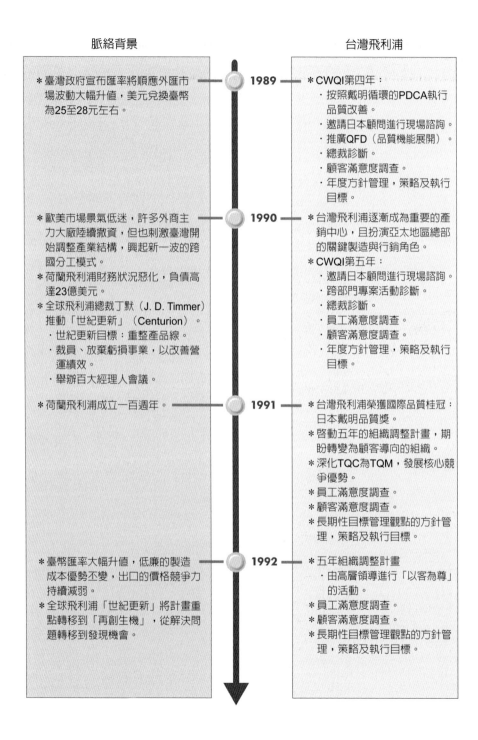

脈絡背景

台灣飛利浦

1989

＊臺灣政府宣布匯率將順應外匯市場波動大幅升值，美元兌換臺幣為25至28元左右。

＊CWQI第四年：
・按照戴明循環的PDCA執行品質改善。
・邀請日本顧問進行現場諮詢。
・推廣QFD（品質機能展開）。
・總裁診斷。
・顧客滿意度調查。
・年度方針管理，策略及執行目標。

1990

＊歐美市場景氣低迷，許多外商主力大廠陸續撤資，但也刺激臺灣開始調整產業結構，興起新一波的跨國分工模式。
＊荷蘭飛利浦財務狀況惡化，負債高達23億美元。
＊全球飛利浦總裁丁默（J. D. Timmer）推動「世紀更新」（Centurion）。
・世紀更新目標：重整產品線。
・裁員、放棄虧損事業，以改善營運績效。
・舉辦百大經理人會議。

＊台灣飛利浦逐漸成為重要的產銷中心，且扮演亞太地區總部的關鍵製造與行銷角色。
＊CWQI第五年：
・邀請日本顧問進行現場諮詢。
・跨部門專案活動診斷。
・總裁診斷。
・員工滿意度調查。
・顧客滿意度調查。
・年度方針管理，策略及執行目標。

1991

＊荷蘭飛利浦成立一百週年。

＊台灣飛利浦榮獲國際品質桂冠：日本戴明品質獎。
＊啟動五年的組織調整計畫，期盼轉變為顧客導向的組織。
＊深化TQC為TQM，發展核心競爭優勢。
＊員工滿意度調查。
＊顧客滿意度調查。
＊長期性目標管理觀點的方針管理，策略及執行目標。

1992

＊臺幣匯率大幅升值，低廉的製造成本優勢不變，出口的價格競爭力持續減弱。
＊全球飛利浦「世紀更新」將計畫重點轉移到「再創生機」，從解決問題轉移到發現機會。

＊五年組織調整計畫
・由高層領導進行「以客為尊」的活動。
＊員工滿意度調查。
＊顧客滿意度調查。
＊長期性目標管理觀點的方針管理，策略及執行目標。

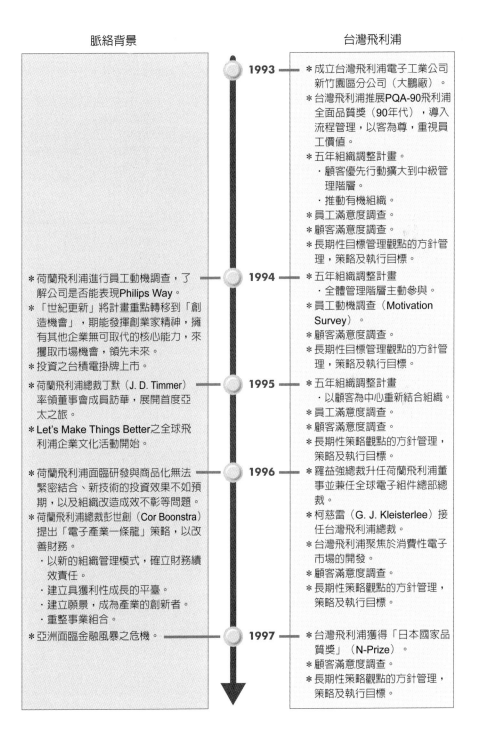

脈絡背景　　　　　　　　　　　　　　台灣飛利浦

1993

＊成立台灣飛利浦電子工業公司
　新竹園區分公司（大鵬廠）。
＊台灣飛利浦推展PQA-90飛利浦
　全面品質獎（90年代），導入
　流程管理，以客為尊，重視員
　工價值。
＊五年組織調整計畫。
　‧顧客優先行動擴大到中級管
　　理階層。
　‧推動有機組織。
＊員工滿意度調查。
＊顧客滿意度調查。
＊長期性目標管理觀點的方針管
　理，策略及執行目標。

＊荷蘭飛利浦進行員工動機調查，了
　解公司是否能表現Philips Way。
＊「世紀更新」將計畫重點轉移到「創
　造機會」，期能發揮創業家精神，擁
　有其他企業無可取代的核心能力，來
　攫取市場機會，領先未來。
＊投資之台積電掛牌上市。

1994

＊五年組織調整計畫
　‧全體管理階層主動參與。
＊員工動機調查（Motivation
　Survey）。
＊顧客滿意度調查。
＊長期性目標管理觀點的方針管
　理，策略及執行目標。

＊荷蘭飛利浦總裁丁默（J. D. Timmer）
　率領董事會成員訪華，展開首度亞
　太之旅。
＊Let's Make Things Better之全球飛
　利浦企業文化活動開始。

1995

＊五年組織調整計畫
　‧以顧客為中心重新結合組織。
＊員工滿意度調查。
＊顧客滿意度調查。
＊長期性策略觀點的方針管理，
　策略及執行目標。

＊荷蘭飛利浦面臨研發與商品化無法
　緊密結合、新技術的投資效果不如預
　期，以及組織改造成效不彰等問題。
＊荷蘭飛利浦總裁彭世創（Cor Boonstra）
　提出「電子產業一條龍」策略，以改
　善財務。
　‧以新的組織管理模式，確立財務績
　　效責任。
　‧建立具獲利性成長的平臺。
　‧建立願景，成為產業的創新者。
　‧重整事業組合。
＊亞洲面臨金融風暴之危機。

1996

＊羅益強總裁升任荷蘭飛利浦董
　事並兼任全球電子組件總部總
　裁。
＊柯慈雷（G. J. Kleisterlee）接
　任台灣飛利浦總裁。
＊台灣飛利浦聚焦於消費性電子
　市場的開發。
＊顧客滿意度調查。
＊長期性策略觀點的方針管理，
　策略及執行目標。

1997

＊台灣飛利浦獲得「日本國家品
　質獎」（N-Prize）。
＊顧客滿意度調查。
＊長期性策略觀點的方針管理，
　策略及執行目標。

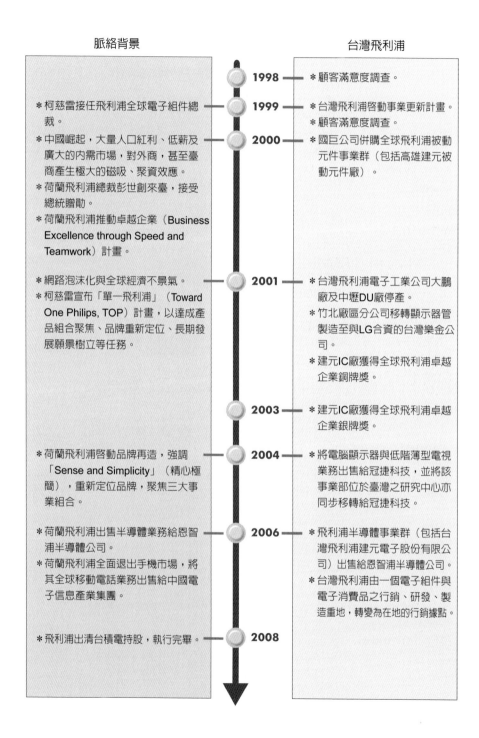

脈絡背景　　　　　　　　　　　　　　　　台灣飛利浦

1998 ─── ＊顧客滿意度調查。

＊柯慈雷接任飛利浦全球電子組件總 ─── **1999** ─── ＊台灣飛利浦啓動事業更新計畫。
　裁。　　　　　　　　　　　　　　　　　　　　　　＊顧客滿意度調查。

＊中國崛起，大量人口紅利、低薪及 ─── **2000** ─── ＊國巨公司併購全球飛利浦被動
　廣大的內需市場，對外商，甚至臺　　　　　　　　　元件事業群（包括高雄建元被
　商產生極大的磁吸、聚資效應。　　　　　　　　　　動元件廠）。
＊荷蘭飛利浦總裁彭世創來臺，接受
　總統贈勛。
＊荷蘭飛利浦推動卓越企業（Business
　Excellence through Speed and
　Teamwork）計畫。

＊網路泡沫化與全球經濟不景氣。 ─── **2001** ─── ＊台灣飛利浦電子工業公司大鵬
＊柯慈雷宣布「單一飛利浦」（Toward　　　　　　　　廠及中壢DU廠停產。
　One Philips, TOP）計畫，以達成產　　　　　　　＊竹北廠區分公司移轉顯示器管
　品組合聚焦、品牌重新定位、長期發　　　　　　　　製造至與LG合資的台灣樂金公
　展願景樹立等任務。　　　　　　　　　　　　　　　司。
　　　　　　　　　　　　　　　　　　　　　　　　　＊建元IC廠獲得全球飛利浦卓越
　　　　　　　　　　　　　　　　　　　　　　　　　　企業銅牌獎。

2003 ─── ＊建元IC廠獲得全球飛利浦卓越
　　　　　　　企業銀牌獎。

＊荷蘭飛利浦啓動品牌再造，強調 ─── **2004** ─── ＊將電腦顯示器與低階薄型電視
　「Sense and Simplicity」（精心極　　　　　　　　業務出售給冠捷科技，並將該
　簡），重新定位品牌，聚焦三大事　　　　　　　　　事業部位於臺灣之研究中心亦
　業組合。　　　　　　　　　　　　　　　　　　　　同步移轉給冠捷科技。

＊荷蘭飛利浦出售半導體業務給恩智 ─── **2006** ─── ＊飛利浦半導體事業群（包括台
　浦半導體公司。　　　　　　　　　　　　　　　　　灣飛利浦建元電子股份有限公
＊荷蘭飛利浦全面退出手機市場，將　　　　　　　　　司）出售給恩智浦半導體公司。
　其全球移動電話業務出售給中國電　　　　　　　　＊台灣飛利浦由一個電子組件與
　子信息產業集團。　　　　　　　　　　　　　　　　電子消費品之行銷、研發、製
　　　　　　　　　　　　　　　　　　　　　　　　　　造重地，轉變為在地的行銷據點。

＊飛利浦出清台積電持股，執行完畢。 ─── **2008**

脈絡背景　　　　　　　　　　　　　　台灣飛利浦

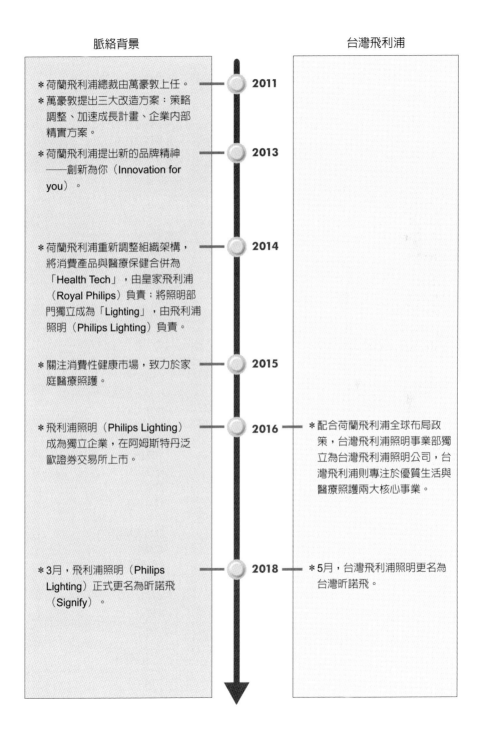

2011
＊荷蘭飛利浦總裁由萬豪敦上任。
＊萬豪敦提出三大改造方案：策略
　調整、加速成長計畫、企業內部
　精實方案。

2013
＊荷蘭飛利浦提出新的品牌精神
　——創新為你（Innovation for
　you）。

2014
＊荷蘭飛利浦重新調整組織架構，
　將消費產品與醫療保健合併為
　「Health Tech」，由皇家飛利浦
　（Royal Philips）負責；將照明部
　門獨立成為「Lighting」，由飛利浦
　照明（Philips Lighting）負責。

2015
＊關注消費性健康市場，致力於家
　庭醫療照護。

2016
＊飛利浦照明（Philips Lighting）
　成為獨立企業，在阿姆斯特丹泛
　歐證券交易所上市。

＊配合荷蘭飛利浦全球布局政
　策，台灣飛利浦照明事業部獨
　立為台灣飛利浦照明公司，台
　灣飛利浦則專注於優質生活與
　醫療照護兩大核心事業。

2018
＊3月，飛利浦照明（Philips
　Lighting）正式更名為昕諾飛
　（Signify）。

＊5月，台灣飛利浦照明更名為
　台灣昕諾飛。

家圖書館出版品預行編目資料

組織創新五十年：台灣飛利浦的跨世紀轉型／鄭
伯壎著. -- 二版. -- 臺北市：五南圖書出
版股份有限公司, 2024.09
面；　公分.

ISBN 978-626-393-473-3(平裝)

1.CST：台灣飛利浦公司　2.CST：電器業
3.CST：組織管理

484.55　　　　　　　113008793

1BOP

組織創新五十年：
台灣飛利浦的跨世紀轉型

作　　　者 ─ 鄭伯壎（382.8）

企劃主編 ─ 王俐文

責任編輯 ─ 金明芬

封面設計 ─ 徐碧霞

出 版 者 ─ 五南圖書出版股份有限公司

發 行 人 ─ 楊榮川

總 經 理 ─ 楊士清

總 編 輯 ─ 楊秀麗

地　　　址：106台北市大安區和平東路二段339號4樓

電　　　話：(02)2705-5066　　傳　　真：(02)2706-6100

網　　　址：https://www.wunan.com.tw

電子郵件：wunan@wunan.com.tw

劃撥帳號：01068953

戶　　　名：五南圖書出版股份有限公司

法律顧問　林勝安律師

出版日期　2019年6月初版一刷
　　　　　2024年9月二版一刷

定　　　價　新臺幣520元